パワークエリも関数も
ぜんぶ使う！

Excelでできる
データの
収集・整形・加工を
極めるための本

Here's the best solution to a tedious task.

オールカラー版

森田貢士 著

ソシム

はじめに

　Excelの得意領域はデータの集計や分析といった作業です。ただし、本当に時間がかかるのは、散らばったデータを集める、または集めたデータを綺麗に使いやすく整形するといった「データの前処理」でしょう。これはExcelに限った話ではありません。総務省のICTスキル総合習得プログラムに掲載されている、世界のデータサイエンティストに対する調査結果を要約したものが以下の内容です。

出典：総務省 ICTスキル総合習得プログラム 講座3-1
(https://www.soumu.go.jp/ict_skill/pdf/ict_skill_3_1.pdf)
・データサイエンティストが最も時間を割いている業務を前処理と回答した者が
　53%
・データサイエンティストの最も楽しめない業務のTOP3はいずれも前処理（データ収集、ラベル付け、データクレンジング）

　このように、データサイエンティストという「データ分析のプロ」でもデータの前処理に大部分の工数を割き、かつ精神的な負荷が高いのです。
　では、どうすれば良いのか。それは、前処理を力技の手作業で行うのではなく、Excelの力をフル活用し、可能な限り作業手順の簡略化や自動化を行うことです。
　Excelには、400種類以上ある関数をはじめ、大小さまざまな機能が豊富にあり、前処理の大半のケースに対応が可能です。また、最近のExcelは「モダンExcel」と言われ、データ分析までの一連の作業に活用できる「パワークエリ」と「パワーピボット」という強力な2機能が搭載されています。この内のパワークエリも、前処理の自動化に効果的です。
　こうしたExcelの各種機能をフル活用し、前処理のケースに応じて適材適所に使い倒すこと。それが、前処理の工数や精神的負荷を大幅に軽減する秘訣です。
　なお、本書の各章のラストには演習ページを用意しておりますので、サンプルファイルをダウンロードし、各章で学んだ内容を「自分の手を動かす」ことで身体に刻み込んでください。本書に掲載されたノウハウを一通り身につけることができれば、前処理の作業時間を削減でき、肝心の集計/分析作業に費やす時間を劇的に増やすことが可能です。つまり、成果を上げる確率を大幅に高めることができるわけです。
　ぜひ、本書を通じてExcelを使い倒し、前処理を楽に速くできるようになってください！

contents

第 1 章 実践的な話の前に、最低限押さえておいてほしい6つの前提知識

第 2 章 まずは「データの不備」を手早く解消することがスタートライン

第3章 さらに集計/分析の切り口を広げるための前処理テクニック

第4章 前処理の一連の作業プロセスをまとめて「自動化」するには

第7章 手入力前提のテーブルを制御すれば、前処理がもっと楽になる

サンプルファイルについて

　本書では「ダウンロードしたサンプルファイルを使って、実際に手を動かしながらノウハウを身につける」という主旨の演習ページを、各章のラストに設けています。その章の中でも特に利用頻度が高く、かつ基本となるテクニックが演習のテーマです。

　ぜひ、サンプルファイルを元に、各演習ページに記載した指示内容を達成できるよう、自分の手を動かしてみてください。

　各演習ページのサンプルファイルですが、下記URLからダウンロードできます。

　（各章の解説用のファイルも、同一URLからダウンロード可能です）

> https://www.socym.co.jp/support/s-1357#ttlDownload

　また、使用するサンプルファイル名は、次のように各演習タイトルの下に記載されています。

▼サンプルファイル名が表記されている位置

　なお、サンプルファイルは十分なテストを行っておりますが、すべての環境を保証するものではありません。また、ダウンロードしたファイルを利用したことにより発生したトラブルにつきましては、著者およびソシム(株)は一切の責任を負いかねます。あらかじめご了承ください。

本書の作業環境について

本書の紙面は、Windows 10、Excel for Microsoft 365（2022年2月時点）を使用した環境で作業を行い、画面を再現しています。異なる OSや Excelバージョンをご利用の場合は、基本的な操作方法は同じですが、一部画面や操作が異なる場合がありますので、ご注意ください。

なお、本書は原則 Excel2013 までのバージョンを想定し、解説する機能を選別しています。一部機能は旧バージョンでは使用できないものがありますので、併せてご注意ください。

第1章

実践的な話の前に、
最低限押さえておいてほしい
6つの前提知識

Excelで実務上の前処理作業に応用していくためには、単純にExcelの各機能の操作方法を学ぶだけでは不十分です。大事なのは、データを取り扱う上での「正しい前提知識」を持っていること。「理想的なデータの状態」を知らなければ、実務上で扱うデータのどこに問題があり、どのように是正すれば良いか分かるはずがないからです。

第1章では、データの前処理を行う上で必要な前提知識を6つにまとめて解説します。第2章以降の各種テクニックを活用するための「大前提」なので、しっかり押さえていきましょう。

そもそも「使えないデータ」とは何かを把握しておく

✓ どんなデータが集計/分析に使えないのか

実務で「そのまま使える」データが少ないのはなぜ？

いざデータを集計/分析しよう思い、データを集めてみると、そのままでは使えない状態のデータの方が案外多いものです。

例えば、以下のようなデータです。

図1-1-1 「使えないデータ」の例①

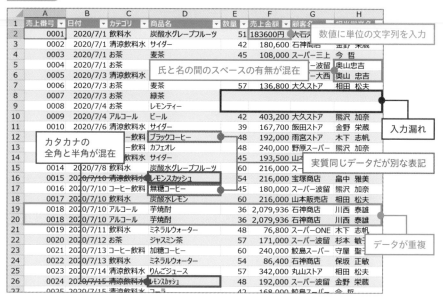

このデータは、いろいろな種類の不備がある状態ですが、あなたもこうしたデータを目にしたことは一度や二度では済まないのではないでしょうか？

こうした不備は、主にヒューマンエラーが原因です。データの入力作業を人間が行う場合、どうしても作業のミスや漏れが起きるリスクをゼロにすることは難しいものです。

「使えないデータ」の原因はヒューマンエラーだけじゃない

ヒューマンエラー以外が原因で「使えないデータ」になっているケースもあります。例えば、図1-1-2をご覧ください。

図1-1-2 「使えないデータ」の例②

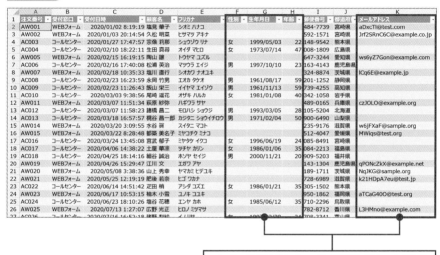

データの取得方法によって取得情報にばらつきがある

図1-1-2は、受付窓口によって取得できるデータが異なっています。これは、電話では聴取できない情報がある、またWEBフォームでは離脱を減らすために入力対象の情報を絞るといった、運用上の問題でデータが不完全になっているというケースですね。

こうしたことも、実務では起こり得ます。

他にも、次のような運用上の問題のため、データが使えない状態になることもあります。

- ・データの意味が分からない（列の見出しが英字、類似的な名称等）
- ・データ内に特定の組織だけで使われる略語や専門用語がある
- ・入力者によってデータの入力頻度や分量にばらつきがある

「使えないデータ」は、こうしたヒューマンエラーと運用上の問題のいずれか、あるいは両方が原因となっているものです。

　まずは、前処理の具体的なテクニックの前に、データがどういう状態で使えないのか、またその原因が何かをしっかりと把握することから始めると良いでしょう。そこを明確にすることで、本書の各章で紹介するテクニックから使うべきものが分かります。

1-2 前処理のゴールは「PC目線」で 使いやすい表を作ること

☑ 前処理で最終的にどんな表にすれば良いのか

そもそも「前処理」とは

本書で取り扱うのは「データ集計/分析の前処理」ですが、具体的にどんな作業なのか、認識を合わせておきましょう。

まずは、前処理だけでなく、Excelでデータを扱う一連の作業プロセスの全体像を整理すると、図1-2-1のイメージとなります。

図1-2-1　Excelを用いる作業プロセスの全体像

A：データ収集	集計/分析の元データを集めること
B：データ整形	・集めた元データを綺麗に使いやすくすること ・集めた元データを一つの表にまとめること
C：データ集計	元データを集計すること
D：データ分析	・集計結果の可視化や原因特定すること ・集計結果を元に将来予測すること
E：データ共有	集計/分析結果を共有すること

（A、Bは「前処理」）

ご覧の通り「前処理」とは、「データ収集」と「データ整形」のプロセスが該当します。

なお、「データ収集」は、データを蓄積するための表の作成（作表）と、各種形式のファイルデータを集めることの両方を対象とします。

またデータ整形については、不備を無くして綺麗で正しい状態にするだけでなく、後工程の集計/分析に役立つように、情報の追加や加工を行うことも含みます。

前処理のゴール＝1つのテーブル形式の表を作成すること

　では、データ集計のプロセスに進む前に、前処理でどこまで対応すれば良いのでしょうか？

　それは、1つのテーブル形式の表を作成することがゴールとなります。「テーブル形式の表」とは、図1-2-2のような表のことです。基本的な用語は1-3で解説しますので、ここではざっくりとした特徴を確認していきましょう。

図1-2-2 テーブルの特徴

	A	B	C	D	E	F	G	H	
1	売上番号	日付	商品コード	カテゴリ	商品名	単価	数量	売上金額	見出しが1行
2	0001	2020/7/1	PB002	お茶	ウーロン茶	2,600	39	101,400	
3	0002	2020/7/1	PB003	お茶	麦茶	2,400	45	108,000	
4	0003	2020/7/1	PA002	清涼飲料水	サイダー	4,300	42	180,600	
5	0004	2020/7/1	PD004	飲料水	炭酸水グレープフルーツ	3,600	51	183,600	
6	0005	2020/7/3	PA002	清涼飲料水	サイダー	4,300	39	167,700	
7	0006	2020/7/3	PB001	お茶	緑茶	2,760	57	157,320	
8	0007	2020/7/3	PB003	お茶	麦茶	2,400	57	136,800	1行1データ
9	0008	2020/7/4	PB006	お茶	レモンティー	4,000	54	216,000	
10	0009	2020/7/4	PE001	アルコール	ビール	9,600	42	403,200	
11	0010	2020/7/6	PA002	清涼飲料水	サイダー	4,300	39	167,700	
12	0011	2020/7/7	PC004	コーヒー飲料	カフェオレ	5,000	48	240,000	
13	0012	2020/7/7	PC001	コーヒー飲料	無糖コーヒー	4,000	48	192,000	
14	0013	2020/7/7	PA002	清涼飲料水	サイダー	4,300	45	193,500	1列同一種類のデータ
15	0014	2020/7/8	PD004	飲料水	炭酸水グレープフルーツ	3,600	60	216,000	

　大きな特徴は、次の3点です。

　・見出しが1行
　・1行1データ
　・1列同一種類データ

　テーブルはデータを蓄積しやすく、かつ集計しやすいです。このテーブルは、PC（つまりExcel）目線で理解しやすい表形式のため、関数やピボットテーブル等の様々な集計機能をフル活用でき、後の集計作業を効率化できます。つまり、集計の元データとしてテーブルが最適な表形式だと言えます。

　なお、前処理で集めたデータ（表）が複数ある場合、バラバラなままでは集計しにくいため、このテーブルの形式で1つの表にまとめましょう。そうすることで、集計できるデータの種類や量が増え、集計結果の精度や効率が上がります。

1-3 今さら聞けない テーブルの基礎知識

☑ 「テーブル」について何を知っていれば良いか

☑ Excelでテーブル化しておくと何が良いか

テーブルの構成要素

　テーブルは、次の要素で構成されています。Excel上の操作の中でも目にする単語のため、ぜひ覚えておきましょう。

図1-3-1　テーブルの構成要素

　なお、テーブルに絶対に入れておくべきフィールドがあります。それは「主キー」です。主キーとは、「テーブル内の各レコードに重複がないことを示すための番号」のことです。主キーは、図1-3-2のように、一般的には表の左端に用意しておきましょう。

図1-3-2　主キーのイメージ

主キー

この主キーは、実は私たちの身の回りにたくさんあります。例えば、社員番号や製品番号、注文番号等ですね。社員番号であれば、仮に同姓同名の社員が複数名いたとしても、別人として管理できます。

主キーがあると、そのテーブルのデータに重複がないことを示すだけでなく、他テーブルで情報を参照したい際の目印になるため、必ず盛り込みましょう。

表を「テーブル化」する方法とは

このテーブルですが、Excelでは専用の機能があります。それが「テーブルとして書式設定」です。設定手順は以下の通りです。

---

1. テーブル化したい表のいずれかのセルを選択
2. リボン「ホーム」タブをクリック
3. 「テーブルとして書式設定」をクリック
4. 任意のテーブルスタイルを選択

この設定を行うことで、表を「テーブル化」できます。なお、テーブル化された表は、表の右下が図1-3-3のようになります。

図1-3-3 テーブル化された表

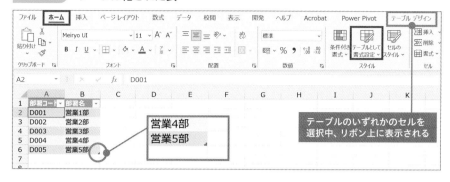

またテーブル化には、次のようなメリットがあります。

1. フィールド・レコードを追加すると、テーブル範囲が自動拡張する
2. レコードを追加すると、同じフィールドで設定していた書式や数式、入力規則等も自動的に引き継ぐ
3. 他の機能・数式でテーブル範囲を参照しておくと、テーブルの拡張に合わせて参照範囲も自動的に拡張してくれる
4. デフォルトでテーブル化した表にフィルターボタンが付く
5. 表のスタイルや体裁を、マウスクリックで簡単に設定・変更できる
6. 表を下にスクロールしても、見出しが固定される

　これらのメリットにより、テーブル化した表自体の利便性が上がるのはもちろん、他の機能や数式で指定した参照範囲のメンテナンス工数も減ります。

　またテーブル化しておくと、テーブルの条件に該当しない「セル結合」機能は非活性となり、見出しを2行にする等もできません。つまり、自ずとテーブルの条件を満たした表を作ることができます。よって、特段制約がなければ、前処理でまとめる表はテーブル化しておきましょう。

　なお、この便利なテーブル機能の注意点は、「共有ブックでは利用不可」という点です。共有ブックは壊れやすく、ファイル容量も重くなりがちなため、必要以上に共有ブックを多用しない運用を心掛けておくと良いでしょう。

1-4 最終的なアウトプットから逆算し、必要なデータを用意する

☑ データを用意する上でどんなことに気を付ければ良いか

必要なデータは「何を報告するか」から考える

　元データの表はテーブル型にすれば良いことがお分かりいただけたかと思います が、肝心なのは表の「中身」です。では、テーブルにどんなデータを用意すれ ば良いでしょうか？

　ここで大事なのは、最終的に「何を報告するか」というアウトプットから逆算 することです。例えば、最終的なアウトプットが図1-4-1のレポートだったとし ましょう。

図1-4-1　レポート例

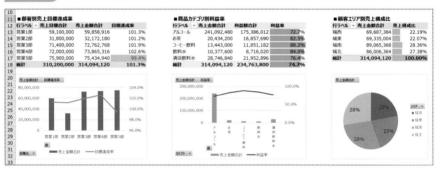

　この中の「部署別売上目標達成率」だけに限定すると、少なくとも元データの レコードには以下の要素が含まれている必要があります。

> ・部署名
> ・売上目標金額
> ・売上金額

　このように、最終的なアウトプットイメージが固まっていた方が、元データに

必要なデータを特定できます。

　なお、図1-4-1の「目標達成率」は、集計した「売上金額合計」を「売上目標金額」で割ったものです。このように、集計した数値間で計算するものは元データへ入れなくとも問題ありません。

元データの「行」と「列」の役割とは

　後工程のデータ集計/分析が上手くいくかどうかは、元データの行と列が大きく影響します。それぞれの役割は、図1-4-2の通りです。

図1-4-2 元データの行と列の役割

　まず、列（フィールド）は集計/分析の「切り口の種類」を示し、多ければ多いだけ、多角的な集計/分析が可能となります。ただし、不要なフィールドがあると、その分余計な集計/分析が発生し工数増のリスクもあるため、最終的なアウトプットに必要なものに絞りましょう。

　なお、場合によっては、フィールドを追加することで集計/分析がしやすくなるケースもあります。一例として、図1-4-3をご覧ください。

第1章
実践的な話の前に、最低限押さえておいてほしい6つの前提知識

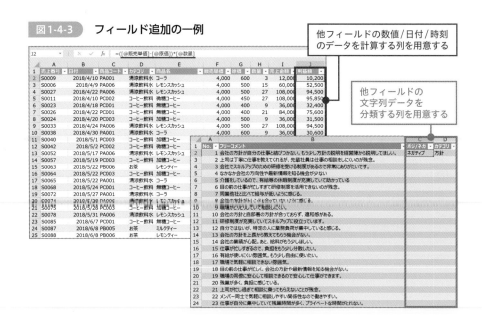

図 1-4-3 フィールド追加の一例

このように、他フィールドのデータ（数値/日付/時刻）を用いて計算する、あるいは他フィールドの文章に対しカテゴリ・ラベル付けを行う等です。集計/分析が得意な方は、このフィールド追加が上手いです。

もう一方の行（レコード）については、集計/分析の「精度」を示し、一般的には多ければ多いだけ集計/分析の精度が上がります。取得できるものは、可能な範囲でレコード追加しておくと良いでしょう。

なお、日付/時刻フィールドのレコードについては、例外的にフィールドと同じく集計/分析の切り口を増やす効果もあります。（年/月/日/時間別等の切り口）

用意するデータは各フィールドでデータ型を統一すること

1-2のテーブルの解説の際、「1列同一種類データ」である必要性をお伝えしましたが、必要なフィールドが決まったら、フィールド毎にデータ型を揃えることも重要です。「データ型」とは、「数値」や「日付（時刻含む）」、「文字列」等のデータの種類のことです（図1-4-4）。

図1-4-4 データ型のイメージ

Excelでは、表示形式でデータ型よりも細かく設定ができますが、最低限上記のデータ型の粒度で正しいものに統一しておきましょう。

特に、本来は「数値」や「日付」のデータが「文字列」扱いになっていると、せっかくデータを用意しても関数等で集計できないといったリスクがあります。よって、「10,200円」のように「円」という余計な単位（文字列）まで入力する、または表示形式を「文字列」にする等は基本的に厳禁です。「数値」や「日付」等のデータの扱いには留意しましょう。

使う機能は「自動化範囲」×「難易度」の2軸で選ぶ

☑️ 前処理で使うExcel機能をどんな基準で選べば良いか

Excelは「得たい作業結果」に対して複数の選択肢がある

Excelを学んでいくと、得たい作業結果に対して、複数の手段・方法が存在することが分かるようになります。

例えば、図1-5-1のように、「売上明細」の商品コードに対応するカテゴリ・商品名・単価を別表「商品一覧」から転記したいとしましょう。この場合、あなたならどんな方法で対応しますか？

図1-5-1	商品コードに対応する情報の転記イメージ

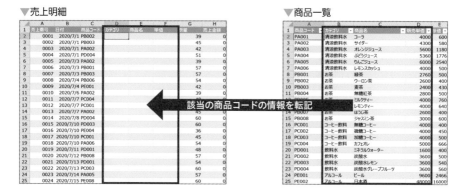

▼売上明細　　　　　　　　　　　　　　　　　　　　▼商品一覧

該当の商品コードの情報を転記

ざっと考えられる方法は、以下の通りです。

> ・手作業で1件ずつコピペを繰り返す
> ・VLOOKUP関数等の関数で自動化する
> ・パワークエリで自動化する
> ・マクロで自動化する

Excelは人の作業を減らし、いかに自動化していくかが大事です。よって、基

本は自動化できる2~4番目の方法を活用しましょう。

次に大事なのが、費用対効果です。この判断は以下の2要素を使います。

> 1. 自動化で削減できる時間
> 2. 機能の設定に要する時間

これが「1>2」の関係性になる方法を選びましょう。つまり、自動化による削減効果が同程度なら、より短時間で設定できる機能を活用するということです。なお、ルーティンワークが対象の場合、1,2ともに目先の作業だけでなく、月・年等に換算して考慮すると良いですね。

前処理を行うのが「自分だけかどうか」も判断軸の1つ

組織で仕事をしていると、自分以外の人も前処理を行う場合の方が多いですよね。この場合、「各担当者のExcelスキルで問題なく使える機能を選択すること」が重要です。この点を考慮しておくと、日々の運用や作業の引継ぎが楽になります。

では、具体的にどの機能を使えば良いのか、「自動化範囲」と「難易度」の4象限で主要なExcel機能の位置付けを整理してみます（図1-5-2）。

図1-5-2 「自動化範囲」×「難易度」の4象限マトリクス

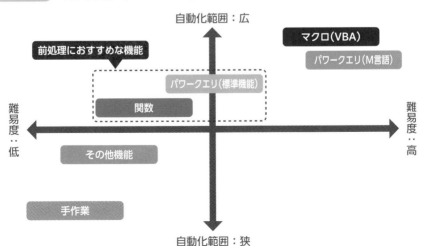

まとめると、前処理の自動化にあたり、「パワークエリ（標準機能）」と「関数」を主軸に活用することがおすすめです。

　理由としては、それぞれ比較的覚えやすく、かつ自動化できる範囲も一定以上あるからです。なお、関数と違い、パワークエリはまだ普及し始めたばかりのため、周囲に使えない方もいるかもしれませんが、標準機能の範囲であれば、マウス操作中心で覚えやすいです。もし他メンバーが知らない場合は、必要な操作手順をレクチャーすると良いでしょう。

　本書は、パワークエリ（標準機能）＋関数を中心に前処理の各種テクニックを解説していきますので、覚えたら関係者へぜひ広めてください。

　もし、パワークエリ（標準機能）＋関数以上の範囲を自動化したい場合、マクロがおすすめです。ただし、マクロを設定するには「VBA」のスキルが必要となり、習得のハードルが高めです。スキル保有者が少ないと属人化してしまい、エラー発生時や運用変更時の改修等が大変になります。よって、なるべくパワークエリ＋関数で対応し、それでもカバーできない領域を局所的にマクロで補うことがベターだと思います。

　ちなみに、VBA以外にもExcelには「M言語」というプログラミング言語があり、パワークエリはこの言語に基づいて動作しています。標準機能を使う分には特に意識しなくて良いですが、パワークエリでより高度な作業を行いたい場合、M言語を用いたコーディングが必要です。

　ただし、現時点ではVBAに比べて参考となる書籍やサイト記事が少ないため、より高度な作業が必要になった際はマクロに一本化した方が良いと考えます。

「データをどう運用するか」も 前処理効率化のキーファクター

✓ 前処理を効率化するためにデータをどう運用すれば良いか

データを効率的に集めるための運用ルールを決めておく

前処理を効率化するために、最終的に自動化が可能なように運用ルールを定めておくことも大事です。

まずは、どこにデータを蓄積していくかですが、大枠で次の4種類のパターンが一般的ですね。

図1-6-1 代表的なデータの蓄積パターン

①Excelで1つの表へ直接入力

②Excelで同一形式の複数の表（シート別）へ直接入力

③Excelで同一形式の複数の表（ブック別）へ直接入力

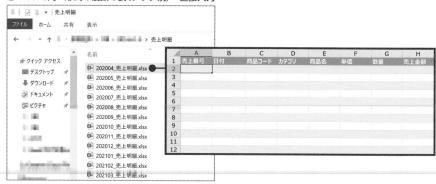

④別システムのデータをエクスポート

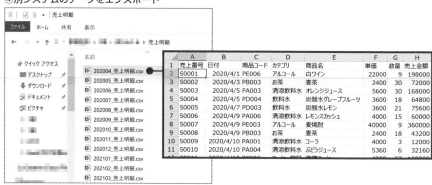

　上記①～③は人がExcelへ直接入力してデータを蓄積し、④は別システムで蓄積したデータを定期的に出力する、といった運用となります。

　なお、今回②～④は月別で分けていますが、他にも部署別で分ける等、目的に応じて分け方を決めてください。②～④は最終的に1つの表へまとめる必要があるため、同じ形式の表にすることが大事です。

　後は、どのパターンで運用するか分岐するのは、人がExcelへ直接入力する場合です。この場合、基本は前処理が簡単な①とし、以下の条件に該当する際に②か③を選択すると良いでしょう。

・同時に複数人でデータ入力する必要がある
・報告サイクルやデータ量等の関係により、データを区切って管理する必要がある

同時に複数人がデータ入力する場合、③にした方が良いです。理由は、②の場合はブックを共有化する必要があり、共有時にテーブル機能は使えないためです（同時入力がなければ②がおすすめ）。

ちなみに、③・④の場合の置き場所は、ローカルフォルダーか社内の共有フォルダーが前提です。Teams等のオンライン上では、一時的な管理には良いですが、自動化の設定がまだ難しい印象です。

データの名前の付け方にも規則性を持たせることが大事

何気に大事なのがデータの名前です。最終的に自動化するには、各種データの名前の付け方に規則性を持たせる必要があります。一例として、月別に名称を付けたものが図1-6-2です。

図1-6-2 規則性のある名前の例

①テーブル名

②シート名

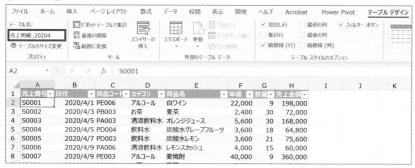

第1章 実践的な話の前に、最低限押さえておいてほしい6つの前提知識

③ファイル名 (ブック名)

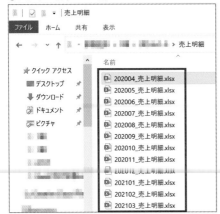

④フォルダー名

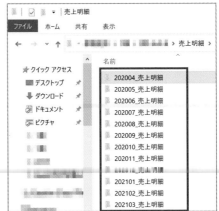

　このように、制御対象の各データの名前に規則性があると、対象データを判別しやすくなります。これはExcelに限らず、RPA等の自動化ツールを活用する上でも共通する考え方なので、徹底してください。

　なお、各データの名付けに使わない方が無難なものとして、環境依存文字があります。環境依存文字とは、文字を変換時に図1-6-3のように「環境依存」と表示される文字のことです。

図1-6-3　　環境依存文字の例

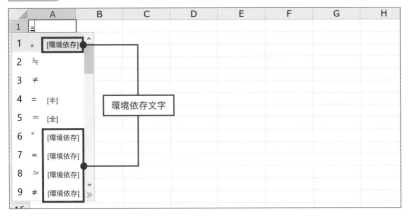

　この文字を使った場合、対象のデータ名を取得する際に文字化けしてしまい自動化できないケースがあります。ご注意ください。

第2章

まずは「データの不備」を
手早く解消することが
スタートライン

実務の場面では「不備があるデータ」を取り扱うケースが予想以上に多いものです。そして、この不備が残ったまま後工程のデータ集計に取り掛かった場合、集計作業が止まる、あるいは誤った集計結果が出てしまうというリスクがあります。

だからこそ、データ集計を行う前に、しっかりとデータの不備を取り除き、正しいデータに修正する前処理が重要なのです。そして、この不備修正こそが「データ整形」の基本です。

データの不備修正の作業をしっかり行うことで、集計作業の手戻りや集計結果の誤り等を防止できるようになります。

前処理は「不要データ」の削除から

✓ 前処理は何からやれば良いか

✓ 元データのデータ量が大きい場合、注意することはあるか

元データのデータ量が大きいと前処理が捗らない

実務では、扱う元データのデータ量が大きいケースも多々あります。「データ量が大きい」とは、図2-1-1のように表の行列（フィールド×レコード）のデータ数が多いものを指すことが一般的です。

図2-1-1 データ量の大きい元データ例

	A	B	C	D	E	F	G	H	I	J	K	L	M	N
1	売上番号	日付	商品コード	カテゴリ	商品名	販売単価	原価	数量	売上金額	利益額	顧客コード	会社名	担当者	エリア
2	S0009	2018/4/10	PA001	清涼飲料水	コーラ	4,000	600	3	12,000	10,200	C013	大阪商店	西城様	城南
3	S0006	2018/4/9	PA006	清涼飲料水	レモンスカッシュ	4,000	500	15	60,000	52,500	C012	スーパー三上	橘様	城東
4	S0027	2018/4/22	PA006	清涼飲料水	レモンスカッシュ	4,000	500	27	108,000	94,500	C002	橋本商店	橋本様	城東
5	S0011	2018/4/10	PC002	コーヒー飲料	微糖コーヒー	4,000	450	27	108,000	95,850	C015	野原スーパー	伊藤様	城南
6	S0023	2018/4/18	PC001	コーヒー飲料	無糖コーヒー	4,000	400	9	36,000	32,400	C009	スーパーONE	元様	城西
7	S0026	2018/4/22	PC001	コーヒー飲料	無糖コーヒー	4,000	400	21	84,000	75,600	C003	鮫島スーパー	阿部様	城東
8	S0024	2018/4/20	PC003	コーヒー飲料	加糖コーヒー	4,000	500	9	36,000	31,500	C016	石神商店	石神様	城北
9	S0033	2018/4/24	PA006	清涼飲料水	レモンスカッシュ	4,000	500	27	108,000	94,500	C012	スーパー三上	橘様	城東
10	S0038	2018/4/30	PA001	清涼飲料水	コーラ	4,000	600	9	36,000	30,600	C002	橋本商店	橋本様	城東
11	S0040	2018/5/1	PC003	コーヒー飲料	加糖コーヒー	4,000	500	3	12,000	10,500	C018	立花商店	立花様	城北
12	S0042	2018/5/2	PC002	コーヒー飲料	微糖コーヒー	4,000	450	9	36,000	31,950	C008	宝塚商店	宇野様	城西
13	S0052	2018/5/17	PA006	清涼飲料水	レモンスカッシュ	4,000	500	24	96,000	84,000	C004	富士ストア	御手洗様	城東
14	S0057	2018/5/19	PC003	コーヒー飲料	加糖コーヒー	4,000	500	3	12,000	10,500	C002	橋本商店	橋本様	城東
15	S0063	2018/5/22	PB006	お茶	レモンティー	4,000	640	15	60,000	50,400	C012	スーパー三上	橘様	城東
16	S0064	2018/5/22	PC001	コーヒー飲料	無糖コーヒー	4,000	500	30	120,000	105,000	C017	スーパー波留	新庄様	城北
17	S0065	2018/5/22	PA001	清涼飲料水	コーラ	4,000	600	24	96,000	81,600	C015	野原スーパー	伊藤様	城南
18	S0068	2018/5/24	PC001	コーヒー飲料	無糖コーヒー	4,000	400	15	60,000	54,000	C020	丸山ストア	松井様	城北
19	S0072	2018/5/27	PA001	清涼飲料水	コーラ	4,000	600	6	24,000	20,400	C018	立花商店	立花様	城北
20	S0074	2018/5/28	PA006	清涼飲料水	レモンスカッシュ	4,000	500	12	48,000	42,000	C005	山本販売店	石井様	城東
21	S0075	2018/5/28	PC003	コーヒー飲料	加糖コーヒー	4,000	500	9	36,000	31,500	C007	山崎スーパー	山崎様	城西
22	S0078	2018/5/31	PA006	清涼飲料水	レモンスカッシュ	4,000	500	6	24,000	21,000	C008	宝塚商店	宇野様	城西
23	S0085	2018/6/7	PC001	コーヒー飲料	無糖コーヒー	4,000	400	45	180,000	162,000	C015	野原スーパー	伊藤様	城南
24	S0087	2018/6/8	PB005	お茶	ミルクティー	4,000	760	42	168,000	136,080	C007	山崎スーパー	山崎様	城西
25	S0088	2018/6/8	PB006	お茶	レモンティー	4,000	640	45	180,000	151,200	C007	山崎スーパー	山崎様	城西
26	S0091	2018/6/10	PB005	お茶	ミルクティー	4,000	760	27	108,000	87,480	C015	野原スーパー	伊藤様	城南

フィールド数もレコード数も多いデータ

こうした大量なデータを扱うと、前処理が捗りません。具体的には、データが重いためにExcel側の動作が遅くなる、最悪、作業途中でExcelが落ちるといった事象が発生するからです。

なお、どの程度で「データが重い」と判断できるかは、扱うPCのメモリに依存します。また、データの中に数式等の自動計算する量が多ければ、その分データ量が大きくなります。

よって、体感的にExcelの動作が通常よりもラグが生じる場合、他の前処理を始める前に、次のテクニックで「不要データ」（＝集計/分析に絶対に使わないデータ）を取り除くことがおすすめです。

元データを新規ブックへコピペし、不要な行列の削除が基本

元データのデータ量が大きい場合、基本は新規ブックへデータをコピペし、不要な行列のデータを削除すると良いです。そうすることで、元データはしっかり保全しつつ、今回の集計/分析作業に必要なデータのみにすることで作業効率を高められます。

まずは図2-1-2の通り、手軽な列（フィールド）削除から行いましょう。

図2-1-2 新規ブックへコピペ→「シートの列の削除」の例

STEP1で元データ全体を選択するには、「Ctrl」＋「A」で表全体を選択すると時短になります。ちなみに、テーブル化された表の場合、見出し部分を選択してからショートカットキーを使ってください（レコード部分を選択中だと、見出し

行を除いたレコード部分のみ全選択されてしまう)。

　また、新規ブックへコピペする際は、値のみ貼り付けをすると、数式等のデータ量が大きくなる要素を減らすことができます。コピペ後は、忘れずにテーブル化しておきましょう。

　STEP2でのポイントは、いかに迅速に削除する列をまとめて選択できるかです。連続した列を複数選択する場合、起点の列をクリック後、「Shift」キーを押しながら終点の列をクリックすると、起点〜終点の連続した列を選択できます。また、離れた列を複数選択したい場合は、「Ctrl」キーを押しながらクリックすればOKです。

　不要な列をすべて選択したら、右クリックメニューの「削除」でまとめて削除できます。

　列の次は、行（レコード）を削除します。ここで役立つのがフィルターです。フィルターをうまく使うと、図2-1-3のように不要なレコードをまとめて削除することが可能です。

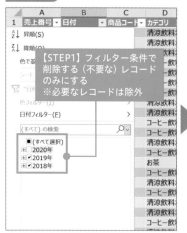

図2-1-3　フィルターを活用した一括削除イメージ

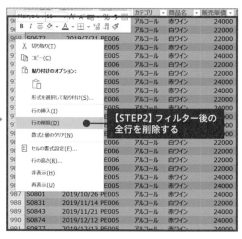

　STEP1のポイントは、削除したいレコードのみを絞り込む条件にすることです。つまり、残したいレコードのチェックを外せば良いです。

STEP2では、抽出された全レコードが削除対象のため、見出しの1行下の行を選択したら、「Ctrl」+「Shift」+「↓」で最下行までまとめて選択してしまいましょう。選択できたら、右クリックメニューの「行の削除」で一括削除が可能です。

削除後は、フィルターをクリアすれば、必要なレコードのみ残った状態にできます。フィルターのクリア方法は、図2-1-4の通りです。

図 2-1-4　フィルターのクリア方法

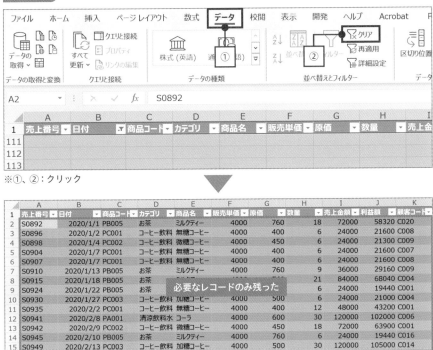

※①、②：クリック

なお、削除したいレコードの条件が複雑な場合は、チェックボックスではなく、より高度な条件を選択できるテキストフィルター/日付フィルター/数値フィルターを使いましょう。

これらは対象の列のデータ型によって、使えるものが変わります。データ型が文字列なら「テキストフィルター」、日付/時刻なら「日付フィルター」、数値なら「数値」フィルターとなります（図2-1-5）。

図2-1-5　フィルターの各種条件

▼テキストフィルター

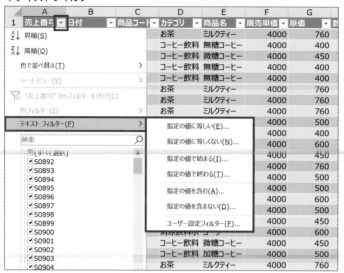

▼日付フィルター

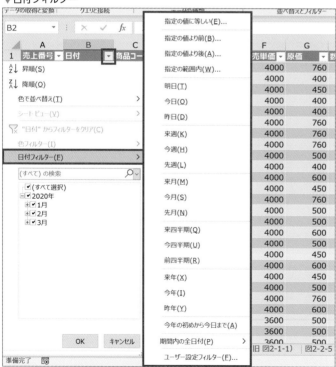

▼数値フィルター

	D	E	F		G	H	I	J	
ド▼	カテゴリ ▼	商品名 ▼	販売単価	▼	原価 ▼	数量 ▼	売上金額 ▼	利益額 ▼	顧客

					760	18	72000	58320	C020
↑↓	昇順(S)				400	6	24000	21600	C008
↓↑	降順(O)				450	6	24000	21300	C009
	色で並べ替え(T)		>		400	6	24000	21600	C007
	シートビュー(V)		>		400	6	24000	21600	C008
	"販売単価" からフィルターをクリア(C)				760	9	36000	29160	C009
	色フィルター(I)		>		760	21	84000	68040	C004
	数値フィルター(E)		>		760	6	24000	19440	C001

		指定の値に等しい(E)…			4000		21000	C004
検索	🔍	指定の値に等しくない(N)…			8000		43200	C001
☑(すべて選択)		指定の値より大きい(G)…			0000		102000	C006
☑1600					2000		63900	C001
☑2400		指定の値以上(O)…			4000		19440	C016
☑2600		指定の値より小さい(L)…			0000		105000	C014
☑2760		指定の値以下(Q)…			6000		84000	C020
☑2800		指定の範囲内(W)…			4000		71400	C015
☑3000					4000		73500	C015
☑3600		トップテン(T)…			4000		74550	C002
☑4000		平均より上(A)			2000		61200	C004
☑4300					0000		53250	C017
☑5000		平均より下(O)			8000		94500	C003
☑5360					0000		48600	C011
☑5600		ユーザー設定フィルター(F)…			2000		61200	C011
☑6000					0800		9300	C006
☑9600					500	6	21600	18600	C018

　ちなみに、新規ブックへコピペ以降、Excelが落ちやすい場合は、こまめな上書き保存（「Ctrl」＋「S」）を忘れずに行いましょう。やり直しのスタートラインをなるべく最新にした方が、ストレスを減らせます。

　また、なるべくPCのメモリを解放するためにも、Excel以外のアプリケーションを閉じた状態で作業することがおすすめです。

データの「入力漏れ」や「誤入力」を効率的に解消する

☑ 「入力漏れ」や「誤入力」を解消するにはどうすれば良いか

オーソドックスだがやっかいな不備が「入力漏れ」と「誤入力」

データ不備の中でも代表的なものが、ヒューマンエラーによる「入力漏れ」と「誤入力」です。どちらも文字通りの意味ですが、「入力漏れ」は本来入力すべきデータが入っていないこと、「誤入力」は誤ったデータにしてしまうことを指します。「誤入力」でよくあるのは、数式が入ったセルを誤って上書き・削除してしまうといったミスですね。

この「入力漏れ」と「誤入力」のイメージは、図2-2-1の通りです。

図2-2-1　「入力漏れ」・「誤入力」のイメージ

	A 売上番号	B 日付	C カテゴリ	D 商品名	E 単価	F 数量	G 売上金額	H 顧客名	I 担当営業名
2	0001	2020/7/1	飲料水	炭酸水グレープフルーツ	3,600	51	183,600	大石ストア	奥田 道雄
3	0002	2020/7/1	清涼飲料水	サイダー	4,300	42	180,600	石神商店	金野 栄蔵
4	0003	2020/7/1		麦茶	2,400	45	108,000	スーパー三上	今 哲
5	0004	2020/7/1		ウーロン茶	2,600	39	101,400	スーパー波留	奥山忠吉
6	0005	2020/7/3	清涼飲料水	サイダー	4,300	39	167,700	スーパー大西	奥山 忠吉
7	0006	2020/7/3	お茶	麦茶	2,400	57	136,800	大久ストア	相田 松夫
8	0007	2020/7/3	お茶	緑茶	2,760	57	157,320	山本販売店	川西 泰雄
9	0008	2020/7/4	お茶	レモンティー	4,000	54	216,000	石神商店	相田 松夫
10	0009	2020/7/4		ビール	9,600	42	403,200	大久ストア	熊沢 加奈
11	0010	2020/7/6		サイダー	4,300	39	167,700	飯田ストア	金野 栄蔵
12	0011	2020/7/7		ブラックコーヒー	4,000	48			
13	0012	2020/7/7		カフェオレ	5,000	48			
14	0013	2020/7/7	清涼飲料水	サイダー	4,300	45	193,500	山本販売店	島田 楓華
15	0014	2020/7/8	飲料水	炭酸水グレープフルーツ	3,600	60	216,000	スーパー波留	杉本 敏子
16	0015	2020/7/10	清涼飲料水	レモンスカッシュ	4,000	54	216,000	宝塚商店	畠中 雅美
17	0016	2020/7/10	コーヒー飲料	無糖コーヒー	4,000	45		スーパー波留	熊沢 加奈
18	0017	2020/7/10	飲料水	炭酸水レモン	3,600	60	216,000	山本販売店	相田 松夫
19	0018	2020/7/10	アルコール	芋焼酎	57,776	36	2,079,936	石神商店	川西 泰雄

（入力漏れ）

（誤入力（数式の上書き・削除））

特に「入力漏れ」の不備は一目瞭然ですが、案外修正が難しいことが問題です。同じレコードの別フィールドの情報から入力すべきデータが判断できれば良いのですが、判断できない場合はレコードの入力者に聞くか、情報源となる紙やデータを見るしかなく、修正が大変です。

よって、本来は事前に人が入力する項目を最小限にし、かつ入力時に不備が減

る仕掛けを準備しておく必要がありますが、ここでは事後に検知した場合に役立つテクニックを解説していきます（事前の準備については、第7章で詳細を解説します）。

「入力漏れ」対策は複数セルへ同じ値をまとめて入力することが基本

「入力漏れ」を効率的に修正するための基本は、同じ値を入れる複数セルへ一括入力していくことです。これを知っていると、作業効率が段違いです。手順は図2-2-2をご覧ください。

図2-2-2 複数セルの一括入力手順

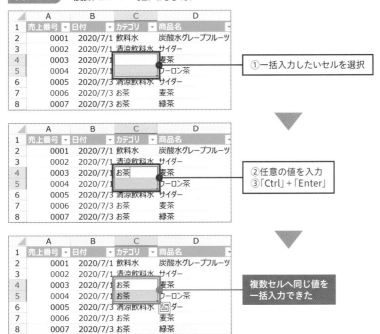

ここでのポイントは手順①です。一括入力したい複数セルをいかに迅速に選択できるかで、作業時間に大きく違いが生まれます。ちなみに、離れたセルを複数選択したい場合は、「Ctrl」キーを押しながらセル選択しましょう。

手順③のタイミングは、手順②の文字を確定する「Enter」キーの後です。難しい方は、手順②から「Ctrl」キーを押したまま行いましょう。

第2章 まずは「データの不備」を手早く解消することがスタートライン

一括入力の効果を高めるには、様々なセル選択の手法を覚えること

一括入力する前段の複数セル選択は、他にも便利な方法がありますので、セットで覚えておくと良いです。

まずはフィルターです。フィルターの使い方は、大枠で2種類あります。1つ目は、「入力漏れ」があるフィールドで「(空白セル)」という条件で絞り込んで、他フィールドの状況を確認し、まとめて入力できそうな条件がないかを探ること。もう1つは、「入力漏れ」をまとめて入力するために、1つ目で探した条件で絞込むという使い方です。

フィルターの手順は、図2-2-3の通りです（今回は2つ目の使い方）。

図2-2-3 フィルターの操作手順

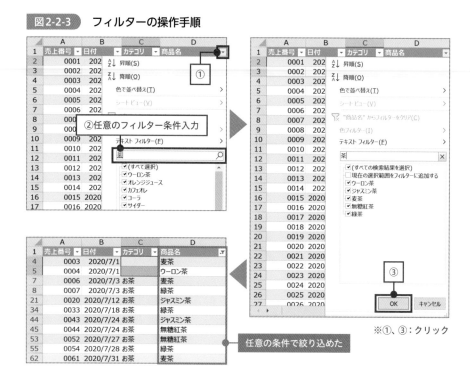

図2-2-3では、「カテゴリ」フィールドの「入力漏れ」を判断する上で、「商品名」フィールドがヒントになるため、手順②で「茶」が含まれるレコードを絞り込みました。これで、ちゃんと入力されている他のレコードを見て正しいデータを入力しやすくなります。

　状況によって、2-1で触れた高度な検索条件を設定できるテキストフィルター/日付フィルター/数値フィルターも活用すると良いでしょう。

　なお、フィルターをかけた後も、なるべく一括入力して時短してください（フィルター状態で複数セルを一括入力しても、非表示のセルまで入力されることはないのでご安心ください）。

　フィルター以外にも、便利なセル選択の機能として、ジャンプがあります。ジャンプは、「空白セル」や「数式セル」等、任意の条件に合致するセルをまとめて選択することが可能です。一例として、図2-2-4で「空白セル」を選択する場合のジャンプの手順をご覧ください。

図2-2-4　　ジャンプの操作手順

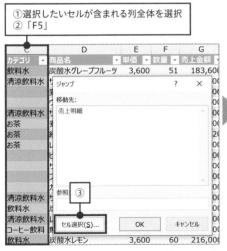

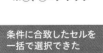

※③、⑤：クリック

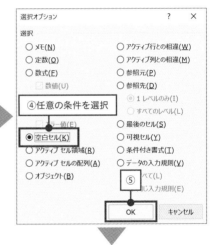

条件に合致したセルを一括で選択できた

　ここでのポイントは手順①です。予めセル選択したい列を選択して絞り込んでいないと、ワークシート上の空白セルがすべて選択されてしまうため、ご注意ください。なお、手順②は「ジャンプ」ダ

イアログを起動するショートカットキーです。ぜひ覚えておきましょう。

ちなみに、ジャンプを活用することで、数式の列の中に誤入力（上書き）されていないか調べることも可能です。その場合、手順④を「定数」の条件にすることで、数式以外の値のセルを選択できます。

このジャンプと一括入力を組み合わせると、元データにセル結合があった場合に、結合解除後の空白セルへ一括入力することも可能です。

詳細は、図2-2-5の通りです。

図2-2-5　セル結合解除後の空白セルへの一括入力方法

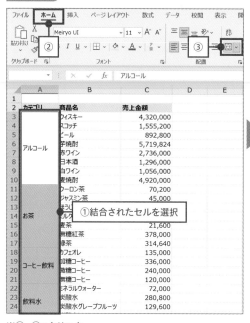

※②、③：クリック

セル結合解除後の空白
セルへ一括入力できた

なお、手順④の詳細は図2-2-4を参照してください。手順⑤については、この操作を行うことで空白セルすべてに「=A3」等の数式が入り、1つ上のセルの値が参照されるように設定できます。

数式の誤入力は「形式を選択して貼り付け」で一括修正する

続いて、数式の「誤入力」の修正についてです。基本的に、テーブルであれば、同じ列で使う数式は同一という特性があります。よって、問題ないセルの数式をコピーし、列中の全セルへコピペすれば上書き・削除両方を同時に修正できます（手順は図2-2-6）。

図2-2-6 数式の誤入力の修正手順

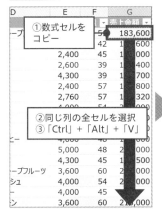
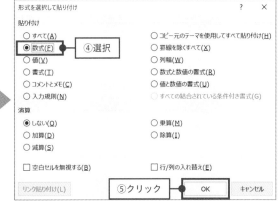

この修正作業は、ショートカットキーを多用して行うとスピーディーに対応できます。手順①であれば「Ctrl」＋「C」を、手順②であれば、起点のセルを選択してから、「Ctrl」キーと「Shift」キーを押しながら終点のセル方向を示す矢印キー（「↓」キー）を押す等ですね。

ちなみに、今回は手順③〜⑤を「形式を選択して貼り付け」にしていますが、テーブル化された表であれば通常の貼り付け（「Ctrl」＋「V」）でも大丈夫です。普通の表の場合、

「形式を選択して貼り付け」でないと表の体裁が崩れてしまう可能性があるため、状況に合わせて使い分けてください（間違えたら、「Ctrl」＋「Z」で元に戻せばOK）。

　その他、手順④等のダイアログ上の操作は、各メニューの後にあるアルファベット（「数式」であれば（F）の部分）に該当するキーを押すと選択でき、「Enter」キーを押すと手順⑤の代用となります。他のダイアログでも共通操作なので、時短のためにも覚えておくと良いですね。

2-3 代表的な「表記ゆれ」に対応するには

✓ 「表記ゆれ」をなくすためにはどうすれば良いか

「表記ゆれ」も集計結果を狂わせる原因の1つ

　ヒューマンエラーによる分かりやすい不備は「入力漏れ」や「誤入力」でしたが、やっかいな不備の代表格が「表記ゆれ」です。「表記ゆれ」のイメージは、図2-3-1の通りです。

図2-3-1 「表記ゆれ」のイメージ

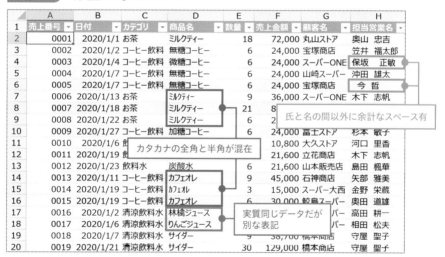

　ご覧の通り、「表記ゆれ」は全角/半角の違いや記号の有無、同義語等、実質同じ意味のデータですが、別な表記になっていることを意味します。

　この「表記ゆれ」がやっかいな理由は、人間目線であればパッと見で同じデータだと推測できますが、PC（Excel）目線では、全くの別データ扱いとなってしまうことです。つまり、集計/分析結果が誤る原因となるリスクとなります。

　よって、後工程の集計作業を行う前に、この「表記ゆれ」があるかどうか確認し、もしある場合は事前に「表記ゆれ」を修正しておく必要があります。

「表記ゆれ」を効率的かつ確実に発見するには

「表記ゆれ」修正の最大のポイントは、そもそもどのデータが「表記ゆれ」になっているかを発見することです。というのも、「表記ゆれ」は非常にパターンが多く、目視で探そうにも工数も手間もかかる割に、すべてを逃さず検知できる保証はないからです。

では、どうすれば良いのか。おすすめの方法は、「表記ゆれ」を探したい対象のフィールドと、そのフィールドのデータ一覧（このような一覧を「マスタ」と言います）を突合することです。そうすると、効率的かつ確実に「表記ゆれ」があるセルを特定できます。

この突合作業は、図2-3-2のように元データとなる表のデータがマスタ上に存在するか、関数等でカウントするイメージです。

図2-3-2 マスタを基準とした突合作業イメージ

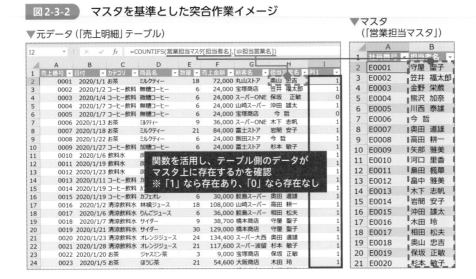

今回は「担当営業名」の「表記ゆれ」を突合しましたが、結果的に元データの4、6行目のみが「0」となりました。つまり、この2データがマスタ上に存在しておらず、「表記ゆれ」だと判定できたということです。後は、マスタの正しい表記データをコピーし、この2データへそれぞれ貼り付けすれば修正完了です。「表記ゆれ」の修正作業後、突合作業に使った列が不要な場合は削除しておきましょう。

突合作業に役立つ関数をマスターする

図2-3-2の突合の際、元データとなる表のデータがマスタ上に存在するかのカウントに用いた関数は「COUNTIFS」でした。こちらの関数は、「特定のキーワード」に一致したセルの「個数」をカウントしてくれます。通常の集計作業でも頻出の関数のため、ぜひ覚えてください。

> **COUNTIFS(検索条件範囲1,検索条件1,…)**
> 特定の条件に一致するセルの個数を返します。

ちなみに、図2-3-2の元データ側のI2セルの数式を確認すると、「=COUNTIFS(営業担当マスタ[担当者名],[@担当営業名])」となっていました（該当セルを選択すると、ワークシート上部の「数式バー」で確認できます）。この数式の意味は、図2-3-3の通りです。

図2-3-3　COUNTIFSの数式の意味

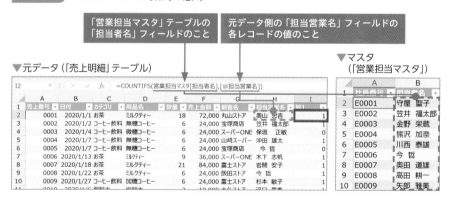

まとめると、今回の数式の意味は『「営業担当マスタ」テーブルの「担当者名」フィールドから、元データ側の「担当営業名」フィールドの各レコードの値と同じセルの個数をカウントせよ』となります（テーブル名がない場合は、自テーブルのフィールドやセル等を意味します）。

このCOUNTIFSの使い方について、図2-3-2を例に解説していきましょう。詳細な手順は図2-3-4の通りです。

図2-3-4 COUNTIFSの集計手順

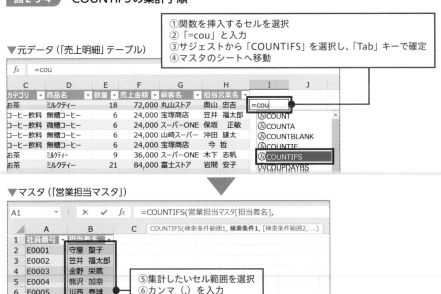

①関数を挿入するセルを選択
②「=cou」と入力
③サジェストから「COUNTIFS」を選択し、「Tab」キーで確定
④マスタのシートへ移動

▼元データ（「売上明細」テーブル）

⑤集計したいセル範囲を選択
⑥カンマ（,）を入力
⑦元データのシートへ戻る

▼マスタ（「営業担当マスタ」）

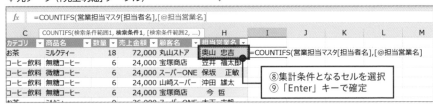

▼元データ（「売上明細」テーブル）

⑧集計条件となるセルを選択
⑨「Enter」キーで確定

　元データ側がテーブル化された表の場合、I2セルの数式を手順⑨まで終えると、同じフィールドの全レコード分の数式が自動的に挿入されます。もし、テーブル化された表でない場合、I2セルの数式をコピーし、I3セル以下のレコードへペーストしてください。

　なお、手順②の入力の前に、IMEの入力モードは「半角英数」にしておきましょう。「ひらがな」モードだとサジェストされませんので、ご注意ください。

　また、今回は集計条件が1種類でしたが、COUNTIFSは最大127まで設定できます。2種類以上の条件を設定したい場合は、手順⑧の後にカンマ（,）を入力し、条件の数だけ手順④～⑧を繰り返しましょう。

その他、私は今回のように「関数をセルへ直接入力する方法」を推奨しています。理由は2点あります。1つは、単純にこちらの方法がスピード的に速いこと。もう1つは、今後複数の関数を1つの数式に組み合わせて使う際、こちらの方が数式を記述しやすいためです。

同じ修正を複数セルに行う場合の一括修正テクニック

「表記ゆれ」の該当セルが分かり、かつ複数セルの修正内容が同じ場合、ちまちまコピペするよりも「置換」で一括修正することがおすすめです。

「置換」とは、文字通り特定の文字列を任意の文字列へ置き換えることができる機能です。使い方について、商品名「ミルクティー」の全角/半角の「表記ゆれ」をすべて全角に修正するケースで説明します（手順は図2-3-5）。

図2-3-5 「置換」の操作手順

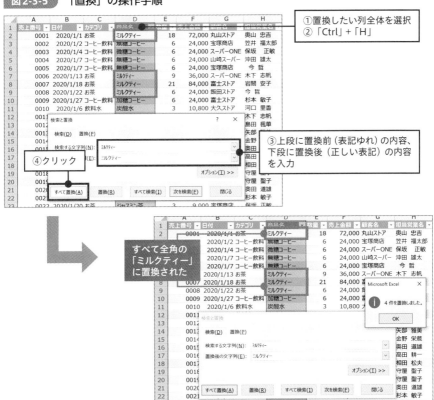

ご覧の通り、すべて全角の「ミルクティー」になりました。他にも「表記ゆれ」があれば、「表記ゆれ」の種類だけ上記手順を繰り返してください。

　ポイントは手順①です。2-2で解説したジャンプと同様、予め対象範囲を選択しておくと、その範囲内で置換されるように限定できます。

　これをしておかないと、本当は置換したくなかったデータまで置換されてしまうことがあり、二度手間となってしまいます。ぜひ、忘れずにご対応ください。

　なお、手順②は置換のショートカットキーです。実務で置換を使う機会は多いため、覚えることをおすすめします。

2-4 「表記ゆれ」の修正を 自動化するテクニック

☑ 「表記ゆれ」をもっと楽に修正するにはどうすれば良いか

「表記ゆれ」を楽に修正するため関数で自動化する

2-3で解説した「表記ゆれ」の修正方法は、手作業が中心でした。そのため、データ数が多い、あるいは「表記ゆれ」の種類が多い場合は工数もかかり、作業漏れ/誤りのリスクも上がります。

よって、「表記ゆれ」の種類を特定したら、その種類別に適した関数で修正作業を自動化しましょう。一度関数をセットしてしまえば、同じ種類の修正作業が定期的に発生しても瞬時に対応することが可能です。

英数カナの全角/半角の「表記ゆれ」に有効な関数とは

英数字やカタカナの全角/半角の「表記ゆれ」があり、どちらかに統一したい場合に有効な関数は、「ASC」と「JIS」です。

ASC(文字列)

全角の英数カナ文字を、半角の英数カナ文字に変換します。

JIS(文字列)

半角の英数カナ文字を、全角の英数カナ文字に変換します。

COUNTIFSと比べて非常にシンプルな数式で、変換したい文字列が入ったセルを指定するのみです。この2つの関数は正反対の機能なため、ぜひセットで覚えてください。

使い方のイメージはどちらも同じですが、今回はJISを使って商品名をすべて「全角」に表記を統一していきましょう（図2-4-1）。

図2-4-1　JISの使用イメージ

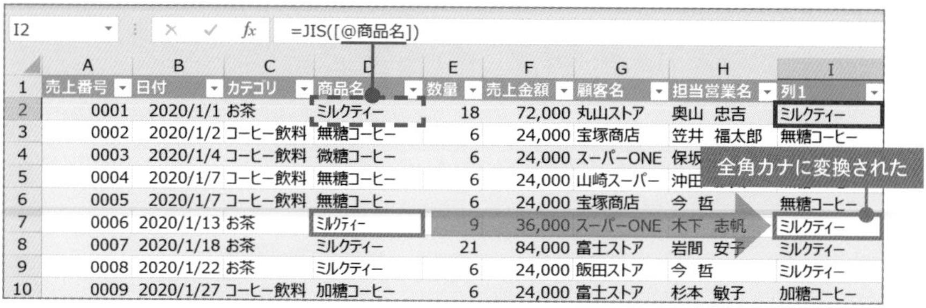

	A	B	C	D	E	F	G	H	I
1	売上番号	日付	カテゴリ	商品名	数量	売上金額	顧客名	担当営業名	列1
2	0001	2020/1/1	お茶	ﾐﾙｸﾃｨｰ	18	72,000	丸山ストア	奥山　忠吉	ミルクティー
3	0002	2020/1/2	コーヒー飲料	無糖コーヒー	6	24,000	宝塚商店	笠井　福太郎	無糖コーヒー
4	0003	2020/1/4	コーヒー飲料	微糖コーヒー	6	24,000	スーパーONE	保坂	
5	0004	2020/1/7	コーヒー飲料	無糖コーヒー	6	24,000	山崎スーパー	沖田	
6	0005	2020/1/7	コーヒー飲料	無糖コーヒー	6	24,000	宝塚商店	今　哲	無糖コーヒー
7	0006	2020/1/13	お茶	ﾐﾙｸﾃｨｰ	9	36,000	スーパーONE	木下　志帆	ミルクティー
8	0007	2020/1/18	お茶	ミルクティー	21	84,000	富士ストア	岩間　安子	ミルクティー
9	0008	2020/1/22	お茶	ミルクティー	6	24,000	飯田ストア	今　哲	ミルクティー
10	0009	2020/1/27	コーヒー飲料	加糖コーヒー	6	24,000	富士ストア	杉本　敏子	加糖コーヒー

ご覧のように、半角だったD7セルのデータ「ﾐﾙｸﾃｨｰ」が、JISが入ったI7セルのデータでは全角の「ミルクティー」へ変換されました。ちなみに、JISは元々全角カナだった部分や英数カナ以外のデータには影響を与えないため、I列の他のセルには変化はありません。

なお、ASC/JISに限らず、2-4で解説する関数の操作対象は1関数につき1セルのみです。よって、図2-4-1のように作業用の列を用意し、レコード数分の関数をセットする必要があります。

テーブルの場合は、ベースとなる数式（図2-4-1で言えばI2セル）をセットすれば、自動的に全レコード分コピペされますが、テーブル以外の表の場合、ベースの数式を全レコード分コピペしてください。

英字の大文字/小文字の「表記ゆれ」に有効な3つの関数

英字の大文字/小文字の「表記ゆれ」を修正する場合に有効な関数は、「UPPER」、「LOWER」、「PROPER」の3つです。

UPPER(文字列)
文字列に含まれる英字をすべて大文字に変換します。

LOWER(文字列)
文字列に含まれる英字をすべて小文字に変換します。

> **PROPER(文字列)**
> 文字列中の各単語の先頭文字を大文字に変換した結果を返します。

こちらの使い方はASC/JISと一緒です。英字を大文字に統一するならUPPER、小文字に統一するならLOWER、頭文字だけ大文字にしたいならPROPERを使いましょう。

使用例として、今回はUPPERで顧客名の英字を大文字に統一していきます（図2-4-2）。

図2-4-2 UPPERの使用イメージ

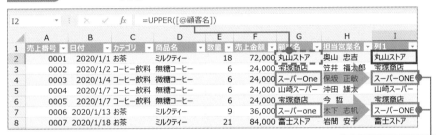

英字部分がすべて
大文字に変換された

結果、G4・G7セルに部分的に英字の小文字がありましたが、I4・I7セルで「スーパーONE」と英字部分がすべて大文字に変換できました。UPPER/LOWER/PROPERはあくまでも英字のみに影響する関数のため、I列の英字以外のデータには変化はありません。

スペースや改行等、余計な文字の除去に有効な関数

スペースや改行等の余計な文字列が含まれることが原因で「表記ゆれ」となっている場合もあります。その場合に有効な関数は、「TRIM」と「CLEAN」です。

> **TRIM(文字列)**
> 単語間のスペースを1つずつ残して、不要なスペースをすべて削除します。

> **CLEAN（文字列）**
>
> 印刷できない文字を文字列から削除します。

　削除したいものが「スペース」ならTRIM、「改行」ならCLEANを使えばOK
です。まず、TRIMで担当者名の余計なスペースの除去をしてみます。図2-4-3を
ご覧ください。

図2-4-3 **TRIMの使用イメージ**

※■：不要な全角スペース

氏と名の間のスペース
1つのみ以外は削除された

　ご覧の通り、必要なスペース（単語間の最初のスペース）以外は削除されまし
た。ちなみに、図2-4-3の通り、削除してくれるスペースの数に上限はありませ
ん。

　ちなみに、スペースの全角／半角の「表記ゆれ」を修正したい場合はASC/JIS
を、単語間のスペース有→無にする場合は、後述のSUBSTITUTEにて対応して
ください。

　続いて、「改行」を削除してくれるCLEANです。

　Excelでは、セル内で「Alt」＋「Enter」で改行できますが、これを行うと「改
行コード」という特殊な文字がセル内に追加されます。

　この改行コードが意図せず残っていた場合は、CLEAN関数が便利です。使用
イメージは、図2-4-4の通りです。

図2-4-4 CLEANの使用イメージ

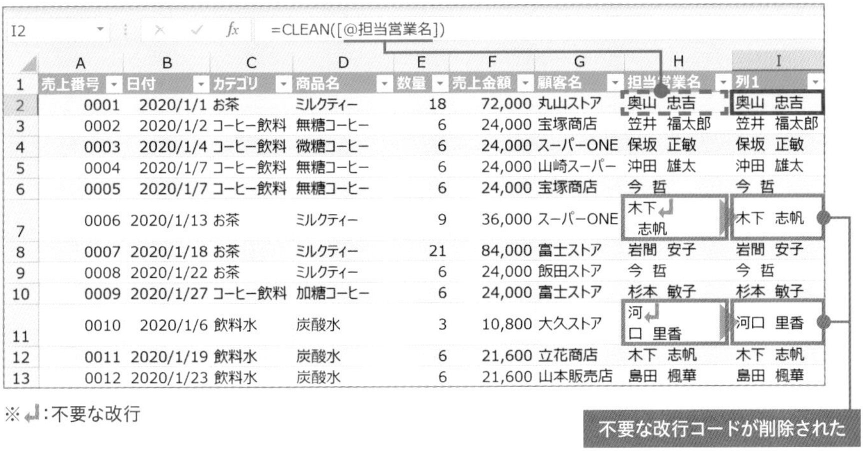

	A	B	C	D	E	F	G	H	I
	売上番号	日付	カテゴリ	商品名	数量	売上金額	顧客名	担当営業名	列1
2	0001	2020/1/1	お茶	ミルクティー	18	72,000	丸山ストア	奥山 忠吉	奥山 忠吉
3	0002	2020/1/2	コーヒー飲料	無糖コーヒー	6	24,000	宝塚商店	笠井 福太郎	笠井 福太郎
4	0003	2020/1/4	コーヒー飲料	微糖コーヒー	6	24,000	スーパーONE	保坂 正敏	保坂 正敏
5	0004	2020/1/7	コーヒー飲料	無糖コーヒー	6	24,000	山崎スーパー	沖田 雄太	沖田 雄太
6	0005	2020/1/7	コーヒー飲料	無糖コーヒー	6	24,000	宝塚商店	今 哲	今 哲
7	0006	2020/1/13	お茶	ミルクティー	9	36,000	スーパーONE	木下↲志帆	木下 志帆
8	0007	2020/1/18	お茶	ミルクティー	21	84,000	富士ストア	岩間 安子	岩間 安子
9	0008	2020/1/22	お茶	ミルクティー	6	24,000	飯田ストア	今 哲	今 哲
10	0009	2020/1/27	コーヒー飲料	加糖コーヒー	6	24,000	富士ストア	杉本 敏子	杉本 敏子
11	0010	2020/1/6	飲料水	炭酸水	3	10,800	大久ストア	河↲口 里香	河口 里香
12	0011	2020/1/19	飲料水	炭酸水	6	21,600	立花商店	木下 志帆	木下 志帆
13	0012	2020/1/23	飲料水	炭酸水	6	21,600	山本販売店	島田 楓華	島田 楓華

I2 に =CLEAN([@担当営業名])

※ ↲ : 不要な改行

不要な改行コードが削除された

別表記の場合は関数で「置換」を自動化する

実質同じデータなのに「表記ゆれ」となっている場合に有効な関数は、「SUBSTITUTE」です。

> **SUBSTITUTE（文字列,検索文字列,置換文字列,[置換対象]）**
> 文字列中の指定した文字を、新しい文字で置き換えます。

これは2-3で解説した「置換」の関数版です。ここまで解説したASC/JIS、UPPER/LOWER/PROPER、TRIM/CLEANで対応できない「表記ゆれ」で使うと良いでしょう。

SUBSTITUTEの使い方は、図2-4-5の通りです。

コラム　関数によっては一部の数式を省略可能なものもある

関数によって数式中で設定すべき要素（引数）が複数あるケースがあり、中には角カッコ（[]）で囲われているものがあります。

これは記述を省略できるという意味です（例：SUBSITUTEなら「置換対象」）。

あえて設定する必要がないものは本書では説明を省いていますが、記述することで、より詳細な設定が可能になります。

ご興味があれば、各関数をネット検索してみてください。

第2章　まずは「データの不備」を手早く解消することがスタートライン

図2-4-5　SUBSTITUTEの使用イメージ

変換前の文字、変換後の文字の順に指定

I2 ▼ : × ✓ fx =SUBSTITUTE([@商品名],"林檎ジュース","りんごジュース")

	A	B	C	D	E	F	G	H	I
1	売上番号	日付	カテゴリ	商品名	数量	売上金額	顧客名	担当営業名	列1
2	0001	2020/1/1	お茶	ミルクティー	18	72,000	丸山ストア	奥山 忠吉	ミルクティー
3	0002	2020/1/2	コーヒー飲料	無糖コーヒー	6	24,000	宝塚商店	笠井 福太郎	無糖コーヒー
4	0003	2020/1/4	コーヒー飲料	微糖コーヒー	6	24,000	スーパーONE	保坂 正敏	微糖コーヒー
5	0004	2020/1/7	コーヒー飲料	無糖コーヒー	6	24,000	山崎スーパー	沖田 雄太	無糖コーヒー
6	0005	2020/1/7	コーヒー飲料	無糖コーヒー	6	24,000	宝塚商店	今 哲	無糖コーヒー
7	0006	2020/1/13	お茶	ミルクティー	9	36,000	スーパーONE	木下 志帆	ミルクティー
8	0007	2020/1/18	お茶	ミルクティー	21	84,000	富士ストア	岩間 安子	ミルクティー
9	0008	2020/1/22	お茶	ミルクティー	6	24,000	飯田ストア	今 哲	ミルクティー
10	0009	2020/1/27	お茶 飲料	加糖コーヒー	3	21,000	富士ストア	竹中 咲子	加糖コーヒー
11	0010	2020/1/6	飲料水	炭酸水	3	10,800	大久ストア	河口 里香	炭酸水
12	0011	2020/1/19	飲料水	炭酸水	6	21,600	立花商店	木下 志帆	炭酸水
13	0012	2020/1/23	飲料水	炭酸水	6	21,600	山本販売店	島田 楓華	炭酸水
14	0013	2020/1/11	コーヒー飲料	カフェオレ	9	45,000	石神商店	矢部 雅美	カフェオレ
15	0014	2020/1/19	コーヒー飲料	カフェオレ	3	15,000	スーパー大西	金野 栄蔵	カフェオレ
16	0015	2020/1/19	コーヒー飲料	カフェオレ	6	30,000	鮫島スーパー	奥田 道雄	カフェオレ
17	0016	2020/1/2	清涼飲料水	林檎ジュース	18	108,000	山崎スーパー	高田 耕一	りんごジュース
18	0017	2020/1/6	清涼飲料水	りんごジュース	6	36,000	鮫島スーパー	相田 松夫	りんごジュース

「林檎ジュース」が
「りんごジュース」へ置換された

　「置換」機能と同様に変換前後の文字を指定する必要がありますが、これらを数式上に直接入力する場合、ダブルクォーテーション（"）で囲う必要があります（"林檎ジュース"等）。

　また、置換したい数だけSUBSTITUTEが必要です。その場合、図2-4-5で言えば、「列2」に新たに用意し、「列1」のセル（置換後の文字）を参照したSUBSTITUTEを追加し、さらに別の置換を行うことを繰り返しましょう。

「重複データ」を
確実に削除する方法

☑ 「重複データ」を削除するにはどうすれば良いか

☑ 「重複データ」を削除するにあたり注意することはあるか

「重複データ」も頻出の不備の1つ

データ不備の中でも「入力漏れ」や「表記ゆれ」以外に代表的なものとして、「重複データ」があります。図2-5-1のように、文字通り「データ（レコード）が重複」してしまっていることを指します。

図2-5-1　「重複データ」のイメージ

	A	B	C	D	E	F	G	H
1	売上番号	日付	カテゴリ	商品名	数量	売上金額	顧客名	担当営業名
2	0001	2020/1/1	お茶	ミルクティー	18	72,000	丸山ストア	奥山 忠吉
3	0002	2020/1/2	コーヒー飲料	無糖コーヒー	6	24,000	宝塚商店	笠井 福太郎
4	0003	2020/1/4	コーヒー飲料	微糖コーヒー	6	24,000	スーパーONE	保坂 正敏
5	0004	2020/1/7	コーヒー飲料	無糖コーヒー	6	24,000	山崎スーパー	沖田 雄太
6	0005	2020/1/7	コーヒー飲料	無糖コーヒー	6	24,000	宝塚商店	今 哲
7	0004	2020/1/7	コーヒー飲料	無糖コーヒー	6	24,000	山崎スーパー	沖田 雄太
8	0005	2020/1/7	コーヒー飲料	無糖コーヒー	6	24,000	宝塚商店	今 哲
9	0006	2020/1/13	お茶	ミルクティー	9	36,000	スーパーONE	木下 志帆
10	0007	2020/1/18	お茶	ミルクティー	21	84,000	富士ストア	岩間 安子
11	0007	2020/1/18	お茶	ミルクティー	21	84,000	富士ストア	岩間 安子
12	0008	2020/1/22	お茶	ミルクティー	6	24,000	飯田ストア	今 哲

レコードが重複

重複したデータは当然不要なため、重複に気付かずに集計してしまうと集計誤りとなってしまいます。よって、集計作業を行う前に、重複したレコードがある場合は必ず削除し、全レコードが「一意」（＝重複していない状態）になるようにしましょう。

なお、この「重複データ」を削除するための機能として、Excel2007以降は「重複の削除」がありますが、こちらは使わない方が無難です。理由は、この機能を用いると「重複していないデータ」まで削除してしまうケースがあるためです。

よって、「重複データ」を削除する際は、これから解説する手法のどれかを使ってください。

どのレコードが重複しているか、条件付き書式で視覚的に特定する

まずはお手軽なものとして、図2-5-2のように条件付き書式を使って「重複データ」を特定するという方法があります。

図2-5-2 条件付き書式での「重複データ」の特定方法

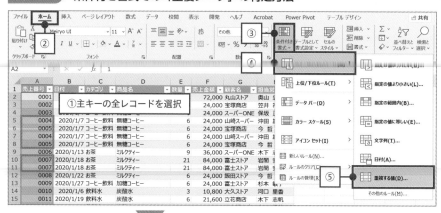

重複データに色付けされた

※②〜⑥：クリック

主キーのフィールド（今回は「売上番号」）を対象に条件付き書式を設定することで、どのレコードが重複しているかが色で分かります。

後は、色付けされたレコードが一意の状態になるまで行削除すればOKです（重複が解消されると、色が自動的に元に戻ります）。

関数でも応用すれば、重複か否かの判断が可能

条件付き書式と同じことが、COUNTIFSを活用することで実現可能です。作業用の列（今回は「列1」）にCOUNTIFSをセットし、各主キーが主キーのフィー

ルド中にいくつあるかをカウントします。

一意であれば、文字通り「1」という結果となり、「2」以上であれば重複している、と見ればOKです（図2-5-3）。

図2-5-3 COUNTIFSでの「重複データ」の特定方法

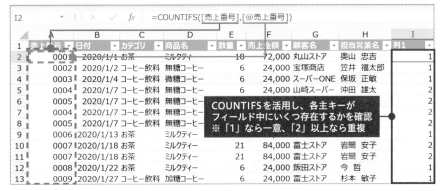

後は、「列1」で「2」のレコードがすべて一意（「1」）になるまで行削除すれば良いです。その際、2-1で解説した通りフィルターをかけて、削除対象のレコードを一括で削除することが望ましいです。

ただし、テーブル化した表の場合、離れた行を複数選択した状態だと、図2-5-4の通り「行の削除」ができません。

図2-5-4 テーブル化された表の「行の削除」注意点

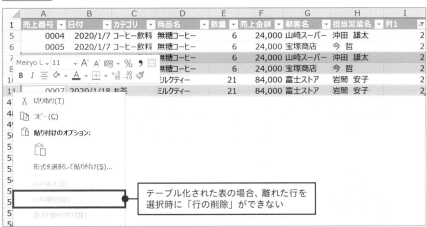

これは、数少ないテーブル化のデメリットだと言えますね。この場合、1レコード単位、もしくは連続した複数行毎に削除してください（連続した複数行であれば、テーブル化された表でも削除可能）。

関数の参照範囲を工夫すれば、テーブルでも重複を一括削除できる

テーブル化した表の重複データをちまちま削除するのが面倒な場合は、COUNTIFSの参照範囲を工夫して、削除対象のレコードだけ抽出できるようにしましょう。

その具体的なテクニックの前に知る必要があるのが、数式の参照ルールです。図2-5-3のCOUNTIFSの数式「=COUNTIFS([売上番号],[@売上番号])」を例にしますが、実は、これはテーブル化した表のフィールドやセルを参照した場合特有のものです。

テーブル化していない表の場合だと、同じ結果を得るためのCOUNTIFSの数式の表示が異なります（図2-5-5）。

図2-5-5 テーブル化していない表での数式例

	A	B	C	D	E	F	G	H	I
									I2 =COUNTIFS($A$2:$A$46,$A2)
1	売上番号	日付	カテゴリ	商品名	数量	売上金額	顧客名	担当営業名	列1
2	0001	2020/1/1	お茶	ミルクティー	18	72,000	丸山ストア	奥山 忠吉	1
3	0002	2020/1/2	コーヒー飲料	無糖コーヒー	6	24,000	宝塚商店	笠井 福太郎	1
4	0003	2020/1/4	コーヒー飲料	微糖コーヒー	6	24,000	スーパーONE	保坂 正敏	1
5	0004	2020/1/7	コーヒー飲料	無糖コーヒー	6	24,000	山崎スーパー	沖田 雄太	2
6	0005	2020/1/7	コーヒー飲料	無糖コーヒー	6	24,000	宝塚商店	今 哲	2
7	0004	2020/1/7	コーヒー飲料	無糖コーヒー	6	24,000	山崎スーパー	沖田 雄太	2
8	0005	2020/1/7	コーヒー飲料	無糖コーヒー	6	24,000	宝塚商店	今 哲	2
9	0006	2020/1/13	お茶	ミルクティー	9	36,000	スーパーONE	木下 志帆	1
10	0007	2020/1/18	お茶	ミルクティー	21	84,000	富士ストア	岩間 安子	2
11	0007	2020/1/18	お茶	ミルクティー	21	84,000	富士ストア	岩間 安子	2
12	0008	2020/1/22	お茶	ミルクティー	6	24,000	飯田ストア	今 哲	1

このように、テーブル化していない表のセル範囲、あるいはテーブル化している表の部分的なセル範囲（フィールドの一部）を指定した場合は、セル番地で表示されます。

なお、数式の「$A$2:$A$46」部分の意味ですが、図2-5-5で青の枠線で囲われている通り、「A2セルからA46セルまでの範囲」と理解すれば良いです。

このCOUNTIFSの検索範囲の参照形式を工夫すると、テーブル上でその主キーが何回目に登場したかが分かります。具体的には、図2-5-6のI2セルの数式「=COUNTIFS($A$2:A2,[@売上番号])」のように、セル範囲の起点となるセルのみ「$」を付ければOKです（テーブル以外の表の場合、この数式をI3セル以降へコピペが必要）。

図2-5-6 COUNTIFSで各レコードの登場順のカウント例

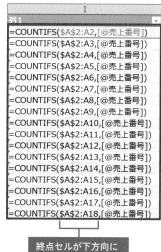

	A	B	C	D	E	F	G	H	I
	I2			fx	=COUNTIFS($A$2:A2,[@売上番号])				
1	売上番号	日付	カテゴリ	商品名	数量	売上金額	顧客名	担当営業名	列1
2	0001	2020/1/1	お茶	ミルクティー	18	72,000	丸山ストア	奥山 忠吉	1
3	0002	2020/1/2	コーヒー飲料	無糖コーヒー	6	24,000	宝塚商店	笠井 福太郎	1
4	0003	2020/1/4	コーヒー飲料	微糖コーヒー	6	24,000	スーパーONE	保坂 正敏	1
5	0004	2020/1/7	コーヒー飲料	無糖コーヒー	6	24,000	山崎スーパー	沖田 雄太	1
6	0005	2020/1/7	コーヒー飲料	無糖コーヒー	6	24,000	宝塚商店	今 哲	1
7	0004	2020/1/7	コーヒー飲料	無糖コーヒー	6	24,000	山崎スーパー	沖田 雄太	2
8	0005	2020/1/7	コーヒー飲料	無糖コーヒー	6	24,000			2
9	0006	2020/1/13	お茶	ミルクティー	9				1
10	0007	2020/1/18	お茶	ミルクティー	21			子	1
11	0007	2020/1/18	お茶	ミルクティー	21	84,000	富士ストア	岩間 安子	2
12	0008	2020/1/22	お茶	ミルクティー	6	24,000	飯田ストア	今 哲	1
13	0009	2020/1/7	コーヒー飲料	加糖コーヒー	6	24,000	富士ストア	杉本 敏子	1
14	0010	2020/1/6	飲料水	炭酸水	3	10,800	大久ストア	河口 里香	1
15	0011	2020/1/19	飲料水	炭酸水	6	21,600	立花商店	木下 志帆	1
16	0012	2020/1/23							1
17	0013	2020/1/11	コーヒー飲料						1
18	0014	2020/1/18	コーヒー飲料						1
19	0015	2020/1/19	コーヒー飲料	カフェオレ	6	30,000	鮫島スーパー	奥田 道雄	1
20	0016	2020/1/2	清涼飲料水	りんごジュース	18	108,000	山崎スーパー	高田 耕一	1
21	0017	2020/1/6	清涼飲料水	りんごジュース	6	36,000	鮫島スーパー	相田 松夫	1
22	0018	2020/1/7	清涼飲料水	サイダー	9	38,700	橋本商店	守屋 聖子	1

この主キーが2回目に登場したことを示す

COUNTIFSの参照範囲に絶対参照を活用することで、各主キーが何回目に登場したかを確認

I
列1
=COUNTIFS($A$2:A2,[@売上番号])
=COUNTIFS($A$2:A3,[@売上番号])
=COUNTIFS($A$2:A4,[@売上番号])
=COUNTIFS($A$2:A5,[@売上番号])
=COUNTIFS($A$2:A6,[@売上番号])
=COUNTIFS($A$2:A7,[@売上番号])
=COUNTIFS($A$2:A8,[@売上番号])
=COUNTIFS($A$2:A9,[@売上番号])
=COUNTIFS($A$2:A10,[@売上番号])
=COUNTIFS($A$2:A11,[@売上番号])
=COUNTIFS($A$2:A12,[@売上番号])
=COUNTIFS($A$2:A13,[@売上番号])
=COUNTIFS($A$2:A14,[@売上番号])
=COUNTIFS($A$2:A15,[@売上番号])
=COUNTIFS($A$2:A16,[@売上番号])
=COUNTIFS($A$2:A17,[@売上番号])
=COUNTIFS($A$2:A18,[@売上番号])

終点セルが下方向に1行ずつ広がっていく

こうすると、2回目に登場したレコードが判別できます。これで、削除対象の登場回数でフィルター抽出すれば、テーブル化した表であっても「重複データ」を一括削除できるわけですね。

後は、数式の意味をしっかり理解しましょう。I3セル以降の数式を見ると、起点セルはA2セルで固定ですが、終点セルはA3→A4→A5…のように1行ずつ広がっています。この理由は、セル範囲の起点セルに付けた「$」です。この「$」は、この数式を別セルへコピペした際に、参照セルが固定されるかどうかの目印です。

なお、今回は「$A$2」のように、アルファベットと数字両方の前に「$」があります。これは、行列とも固定されることを意味します。ちなみに、固定することを「絶対参照」、スライドさせることを「相対参照」と言います。

　この参照形式は、デフォルトは行列とも相対参照（スライドできる状態）です。参照形式を変えたい場合は、数式入力中にセルを選択したら、「F4」キーを押す回数で参照形式を変更できます（A4セルの場合：A4→$A$4→A$4→$A4→A4…　※以下繰り返し）。

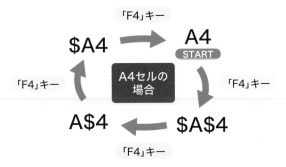

図2-5-7　参照形式の設定方法

　関数での効率化では、「1つの数式をコピペし、複数セルに使い回せるようにするか」が非常に重要です。そのため、参照セルは固定とスライドのどちらが良いか、ぜひ状況に適した設定を行ってください。

　もちろん、コピペ後は各セルの数式に問題がないか、数式のセル上で「F2」キーを押して忘れずにチェックしましょう。

　ちなみに、参照セルがテーブル化した表の場合、別の参照形式（構造化参照）が適用されます。セルや行なら「[@商品名]」等と表記され、コピペ後は列が固定、行はスライドします。それ以外の「[売上番号]」等の表記になった場合は、行列ともに固定されます。上記の仕様が不都合であれば、「$A$2:$A$46」等の形式に手入力で変えましょう。

2-6

/////////

/////////

後で困らないために
「データ型」を見直す

☑ データが正しいはずなのに集計できない場合、どうしたら良いか

データの値とデータ型の不一致も前処理で解決すべき不備

見た目のデータが正しいはずなのに、なぜか集計等の作業がうまく行かないケースが実務では起こり得ます。一例として、図2-6-1をご覧ください。こちらは、関数のSUMでF2〜F5セルの数値を合計したいのですが、うまく行きません。

> **SUM(数値1, [数値2], …)**
> セル範囲に含まれる数値をすべて合計します。

図2-6-1 数値の集計がうまくいかない例

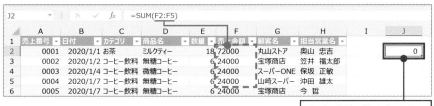

なぜか数値の集計ができない

この原因こそがデータ型です。実は、図2-6-1のF列の数値はすべて、データ型が「数値」でなく「文字列」になっています。

このデータ型が問題になるのは、本来データ型が「数値」あるいは「日付/時刻」のデータが「文字列」扱いとなっているケースです。この原因は主に、以下の3種類です。

> 1. 表示形式を「文字列」にしている
> 2. 数値や日付の頭にシングルクォーテーション（'）を付けている
> 3. システム等の出力時の設定でデータ型を制御していない

上記のいずれかに該当すると、「数値」や「日付/時刻」のデータ型を対象とした Excel 機能（SUM等）を使用する場合に不具合が発生してしまいます。よって、「文字列」扱いになっている場合は、事前に正しいデータ型へ変換しましょう。

「文字列」扱いのデータ型の対処の基本は「手作業」

まず、「文字列」扱いのデータ型ある場合の対処法は、Excel の「エラーチェック」機能を使うことです。この機能は、Excel 側でデータの値とデータ型に矛盾がある場合に検知し、アラートを出してくれます。

また、アラートだけでなく、本来のデータ型へ修正することも可能です。具体的な操作方法は、図2-6-2をご覧ください。

図2-6-2 手作業での文字列→数値への変換方法

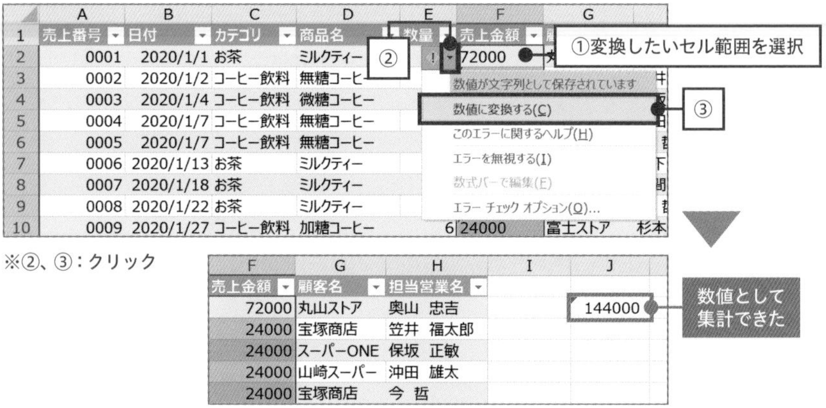

※②、③：クリック

「エラーチェック」が機能しない場合、関数でデータ型を特定する

ただし、「エラーチェック」も完璧ではありません。ケースによっては表示されないこともあるため、こうした場合は関数「TYPE」を使うと良いです。

> **TYPE（値）**
> 値のデータ型を示す整数（数値＝1、文字列＝2、論理値＝4、エラー値＝16、配列＝64、複合データ＝128）を返します。

TYPEの結果の整数で覚えるべきは2つのみです。1つは「1」(=数値)、もう1つは「2」(=文字列)です。ちなみに、「1」は「日付/時刻」も含まれます(理由は後述します)。

TYPEの使い方の例として、図2-6-1で集計できなかった「売上金額」フィールドのデータ型を調べてみます(図2-6-3)。

図2-6-3 TYPEの使用イメージ

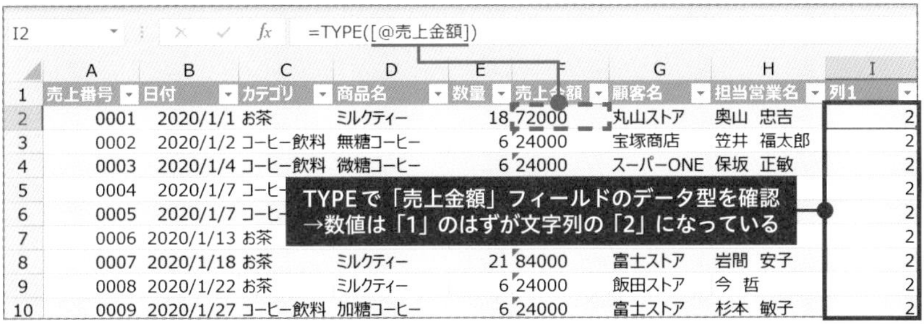

	A	B	C	D	E	F	G	H	I
1	売上番号	日付	カテゴリ	商品名	数量	売上金額	顧客名	担当営業名	列1
2	0001	2020/1/1	お茶	ミルクティー	18	72000	丸山ストア	奥山 忠吉	2
3	0002	2020/1/2	コーヒー飲料	無糖コーヒー	6	24000	宝塚商店	笠井 福太郎	2
4	0003	2020/1/4	コーヒー飲料	微糖コーヒー	6	24000	スーパーONE	保坂 正敏	2
5	0004	2020/1/7	コーヒ						2
6	0005	2020/1/7	コーヒ						2
7	0006	2020/1/13	お茶						2
8	0007	2020/1/18	お茶	ミルクティー	21	84000	富士ストア	岩間 安子	2
9	0008	2020/1/22	お茶	ミルクティー	6	24000	飯田ストア	今 哲	2
10	0009	2020/1/27	コーヒー飲料	加糖コーヒー	6	24000	富士ストア	杉本 敏子	2

結果、F列はやはり「文字列」扱いされていることが分かりました。後は、F列のデータ型を「数値」へ変換する前処理を行いましょう。

定期的にデータ型の変換に役立つ関数とは

定期的に扱うデータ型の変換の前処理が発生する場合、毎回手作業で「エラーチェック」を行うよりも、データ型の変換に適した関数を活用すると効率的です。

変換したいデータ型が「数値」なら「VALUE」、「日付」なら「DATEVALUE」、「時刻」なら「TIMEVALUE」を使います。

VALUE(文字列)
文字列として入力されている数字を数値に変換します。

DATEVALUE(日付文字列)
文字列の形式で表された日付を、Microsoft Excelの組み込みの日付表示形式で数値に変換して返します。

TIMEVALUE(日付文字列)

文字列の表された時刻を、シリアル値（0（午前0時）から0.999988426（午後11時59分59秒）までの数値）に変換します。数式の入力後に、数値を時刻表示形式に設定します。

最も利用頻度が高く代表的なのは、「数値」のVALUEです。

使い方は、2-4で解説したASC等と同じです（図2-6-4）。

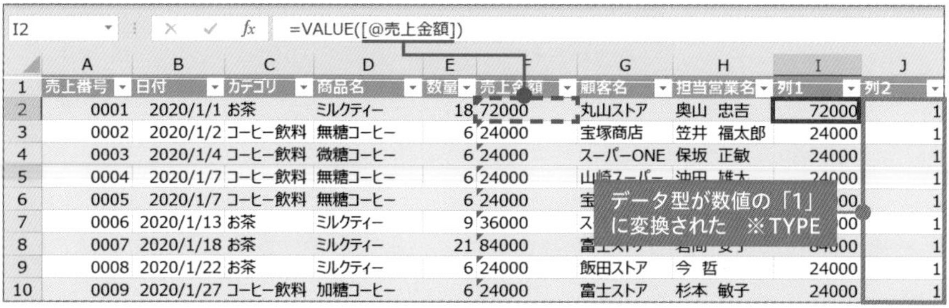

図2-6-4　VALUEの使用イメージ

	A	B	C	D	E	F	G	H	I	J
1	売上番号	日付	カテゴリ	商品名	数量	売上金額	顧客名	担当営業名	列1	列2
2	0001	2020/1/1	お茶	ミルクティー	18	72000	丸山ストア	奥山 忠吉	72000	1
3	0002	2020/1/2	コーヒー飲料	無糖コーヒー	6	24000	宝塚商店	笠井 福太郎	24000	1
4	0003	2020/1/4	コーヒー飲料	微糖コーヒー	6	24000	スーパーONE	保坂 正敏	24000	1
5	0004	2020/1/7	コーヒー飲料	無糖コーヒー	6	24000	山崎スーパー	沖田 雄大	24000	1
6	0005	2020/1/7	コーヒー飲料	無糖コーヒー	6	24000	宝		00	1
7	0006	2020/1/13	お茶	ミルクティー	9	36000	ス		00	1
8	0007	2020/1/18	お茶	ミルクティー	21	84000	富士ストア		84000	1
9	0008	2020/1/22	お茶	ミルクティー	6	24000	飯田ストア	今 哲	24000	1
10	0009	2020/1/27	コーヒー飲料	加糖コーヒー	6	24000	富士ストア	杉本 敏子	24000	1

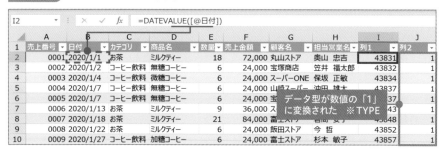

このように、VALUEで変換後の数値（I列）は、J列のTYPEで検証すると「1」（=数値）になっており、問題ないことが分かります。

その他、DATEVALUEとTIMEVALUEの使い方もVALUEと同じです。DATEVALUEの使用例として、図2-6-5をご覧ください。

図2-6-5　DATEVALUEの使用イメージ

	A	B	C	D	E	F	G	H	I	J
1	売上番号	日付	カテゴリ	商品名	数量	売上金額	顧客名	担当営業名	列1	列2
2	0001	2020/1/1	お茶	ミルクティー	18	72,000	丸山ストア	奥山 忠吉	43831	1
3	0002	2020/1/2	コーヒー飲料	無糖コーヒー	6	24,000	宝塚商店	笠井 福太郎	43832	1
4	0003	2020/1/4	コーヒー飲料	微糖コーヒー	6	24,000	スーパーONE	保坂 正敏	43834	1
5	0004	2020/1/7	コーヒー飲料	無糖コーヒー	6	24,000	山崎スーパー	沖田 雄大	43837	1
6	0005	2020/1/7	コーヒー飲料	無糖コーヒー	6	24,000	宝		37	1
7	0006	2020/1/13	お茶	ミルクティー	9	36,000	ス		43	1
8	0007	2020/1/18	お茶	ミルクティー	21	84,000	富士ストア		43848	1
9	0008	2020/1/22	お茶	ミルクティー	6	24,000	飯田ストア	今 哲	43852	1
10	0009	2020/1/27	コーヒー飲料	加糖コーヒー	6	24,000	富士ストア	杉本 敏子	43857	1

B列の「日付」フィールドは「文字列」扱いですが、DATAVALUEで変換後の

値（I列）は、J列のTYPEで検証すると「1」（＝数値）となっています。後は、I列に「日付」の表示形式を設定すればOKです。

結果としては問題ないですが、I列の数値が独特だと思った方もいるかもしれません。実は、これは「シリアル値」というExcel上の日付/時刻を管理する数値を意味します。

シリアル値は、「1900/1/1」を起点に何日目なのかをカウントした数値です（「43831」なら、1900/1/1から43831日目）。

また、シリアル値の「1」は1日（=24h）となり、時刻はこれを時間換算した結果の小数点で示されます（1h=1日/24h、1m=1日/24h/60m、1s=1日/24h/60m/60s）。

数値やシリアル値を「文字列」にしたい場合に役立つ関数

今までとは逆で、数値やシリアル値を「文字列」にしたい場合、関数の「TEXT」が有効です。

> **TEXT（値,表示形式）**
> 数値に指定した書式を設定し、文字列に変換した形式で返します。

このTEXTの使い方の一例は、図2-6-6の通りです。

図2-6-6　TEXTの使用イメージ

今回は「日付」フィールドのシリアル値を元に、「曜日」（表示形式：aaa）を文字列としてC列に表示させました。このデータを用いて、K・L列で各曜日のデータ数をカウントしています。

このように、TEXTの数式で指定する「表示形式」は、「セルの書式設定」の

第2章　まずは『データの不備』を手早く解消することがスタートライン

「表示形式」タブで設定するものと同じです。表示形式は利用頻度も高いため、活用できるよう適宜調べてみてください。

　参考までに、覚えておいた方が良い表示形式の一覧を図2-6-7にまとめておきます。

図2-6-7　**TEXTで使用頻度が高い表示形式一覧**

カテゴリ	用途	表示形式	数値の例	表示結果	備考
数値	数値の桁を揃える	000	1	001	"0"の数で桁数を調節可能
	小数点の桁を揃える	0.0	1.234	1.2	小数点以下の"0"の数で桁数を調節可能
	千単位で四捨五入する	###0,	12345678	12346	"###0,,"で百万単位で四捨五入が可能
日付	西暦（4桁）+月+日の8桁の数値で表記する	yyyymmdd	44000	20200618	"m"と"d"は1桁の場合、十の位は「0」で表示
	西暦（2桁）+月の4桁の数値で表記する	yymm	44000	2006	西暦は下2桁が表示
	曜日（1文字）で表記する	aaa	44000	木	"aaaa"で「木曜日」、"ddd"で「Thu」表記
時刻	時+分+分の6桁の数値で表記する	hhmmss	15:10:26	151026	"m"と"s"は1桁の場合、十の位は「0」で表示
	時間を数値で表記する	h	15:10:26	15	"h"は1つのみのため時刻によって1桁か2桁で表示

<table>
<tr><td>演習
2-A</td><td>## 売上明細の「カテゴリ」の入力漏れを一括入力する</td></tr>
</table>

> サンプルファイル：【2-A】202007_売上明細.xlsx

各種機能でカテゴリ名の「入力漏れ」を解消する

　ここからは演習です。今までの解説を実務へ活用していくためにも、サンプルファイルをもとに実際に操作してみましょう。

　まずは、2-2で解説した「入力漏れ」の解消方法の復習です。サンプルファイルの「売上明細」シートの「カテゴリ」フィールドの「入力漏れ」を解消してください（「商品マスタ」シートに入力すべきデータの内容は記載あり）。

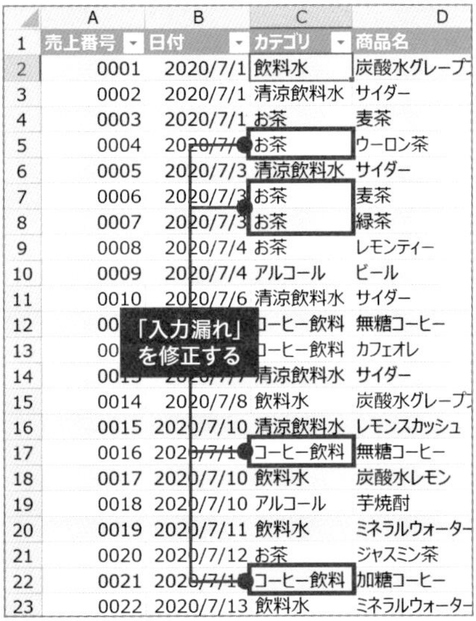

　入力の手順はお任せしますが、なるべく一括入力して効率的に作業しましょう。なお、図2-A-1と同じ結果となればOKです。

図2-A-1　演習2-Aのゴール

▼Before　　　　　　　　　　　　　　▼After

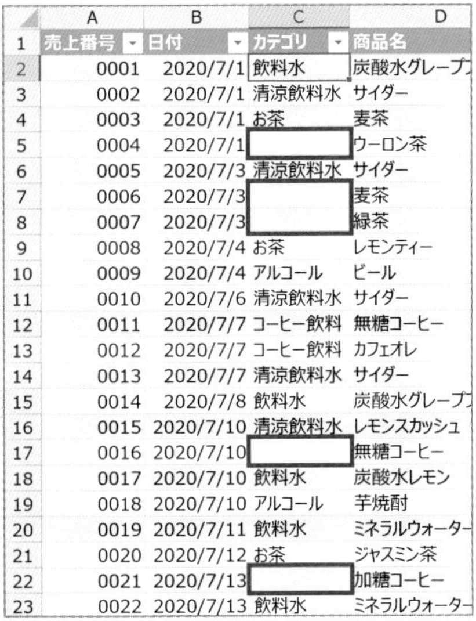

　一例ですが、私が行う場合の手順を参考まで解説していきます。実際に手を動かしながら確認していきましょう。

フィルターで「入力漏れ」を一括で入力できる条件を探す

「入力漏れ」のポイントは、なるべく同じ値を入れる複数セルへ一括入力していくことでしたね。そうしたセルがないか特定するために、まずはフィルターを活用し、「カテゴリ」フィールドの「入力漏れ」レコードの特徴を探してみましょう。

具体的には、図2-A-2の手順で絞り込めば良いです。

図2-A-2 フィルターでの「入力漏れ」のレコード抽出方法

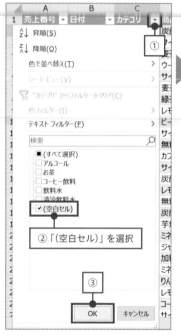

※①、③：クリック

「商品名」がお茶系とコーヒー系の
カテゴリが「入力漏れ」の傾向

なお、「入力漏れ」のレコードの特徴で分かったことは、「商品名」フィールドがお茶系とコーヒー系のもののみでした。よって、この2系統の商品名を分けて絞り込めば、「カテゴリ」フィールドをまとめて入力できますね。

「商品名」で絞込み、「入力漏れ」を一括入力する

最初に、商品名がお茶系のレコードから一括入力していきましょう。まずは図2-A-3の通り、フィルターで商品名に「茶」が含まれるレコードをフィルターで絞り込みます。

図2-A-3　フィルターの操作手順

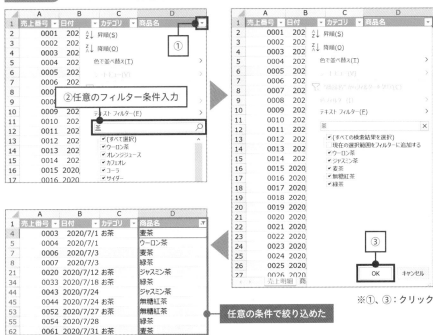

※①、③：クリック

後は図2-A-4のように、「カテゴリ」フィールドの全レコードに、共通のカテゴリ名である「お茶」という文字列を一括入力します。

図2-A-4　複数セルの一括入力手順

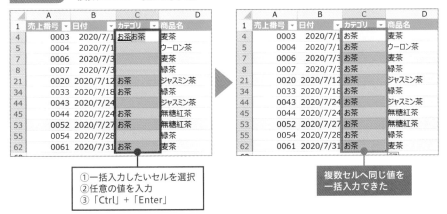

このように、すべて同じ値が入れば良いのであれば、すでに値が入っているセルも含めて一括入力した方が手っ取り早いケースがあることも知っておきましょう。

　後は、コーヒー系のレコードでも図2-A-3・2-A-4の手順で一括入力を行えば、「入力漏れ」の解消は完了です。

　実務では、こんなに簡単に「入力漏れ」を解消できることは稀ですが、「まとめて作業できそうなところはないか？」という視点でデータを確認しないことには始まりません。

　少しでも「入力漏れ」を楽に早く解消するためにも、今回のテクニックを参考にしてみてください。

売上明細の「商品名」を統一する

サンプルファイル：【2-B】202001_売上明細.xlsx

関数で商品名の「表記ゆれ」を修正する

この演習は、2-3と2-4で解説した「表記ゆれ」の復習です。

サンプルファイルの「売上明細」シートの「商品名」フィールドにある「表記ゆれ」の内容を特定し、関数で「表記ゆれ」を修正してください（別シートに「商品マスタ」もあります）。

最終的に、図2-B-1の状態になればOKです。

図2-B-1　演習2-Bのゴール

▼Before

▼After

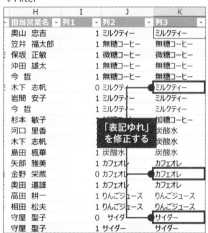

「表記ゆれ」のデータを特定するために、商品マスタと突合する

まずは、「商品名」フィールドにどんな「表記ゆれ」があるか、商品マスタと突合作業を行いましょう。突合作業は図2-B-2のように、COUNTIFSを使います（COUNTIFSの手順詳細は図2-3-4参照）。

図2-B-2 マスタを基準とした突合作業イメージ

▼元データ（「売上明細」テーブル）

I2			✕ ✓ *fx*	=COUNTIFS(商品マスタ[商品名],[@商品名])					
	A	B	C	D	E	F	G	H	I
1	売上番号	日付	カテゴリ	商品名	数量	売上金額	顧客名	担当営業名	列1
2	0001	2020/1/1	お茶	ミルクティー	18	72,000	丸山ストア	奥山 忠吉	1
3	0002	2020/1/2	コーヒー飲料	無糖コーヒー	6	24,000	宝塚商店	笠井 福太郎	1
4	0003	2020/1/4	コーヒー飲料	微糖コーヒー	6	24,000	スーパーONE	保坂 正敏	1
5	0004	2020/1/7	コーヒー飲料	無糖コーヒー	6	24,000	山崎スーパー	沖田 雄太	1
6	0005	2020/1/7	コーヒー飲料	無糖コーヒー	6	24,000	宝塚商店	今 哲	1
7	0006	2020/1/13	お茶	ﾐﾙｸﾃｨｰ	9	36,000	スーパーONE	木下 志帆	0
8	0007	2020/1/18	お茶	ミルクティー	21	84,000	丸山ストア	岩間 宏之	1
9	0008	2020/1/22	お茶	ミルクティー	6	24,000			1
10	0009	2020/1/27	コーヒー飲料	加糖コーヒー	6				1
11	0010	2020/		炭酸水	3				1
12	0011	2020/1/19	飲料水	炭酸水	6				1
13	0012	2020/1/23	飲料水	炭酸水	6				1
14	0013	2020/1/11	コーヒー飲料	カフェオレ	9	45,000	石神商店	大部 雅美	1
15	0014	2020/1/19	コーヒー飲料	ｶﾌｪｵﾚ	3	15,000	スーパー大西	金野 栄蔵	0
16	0015	2020/1/19	コーヒー飲料	カフェオレ	6	30,000	鮫島スーパー	奥田 道雄	1
17	0016	2020/1/2	清涼飲料水	りんごジュース	18	108,000	山崎スーパー	高田 耕一	1
18	0017	2020/1/6	清涼飲料水	りんごジュース	6	36,000	鮫島スーパー	相田 松夫	1
19	0018	2020/1/7	清涼飲料水	サイダー	9	38,700	橋本商店	守屋 聖子	0
20	0019	2020/1/21	清涼飲料水	サイダー	30	129,000	橋本商店	守屋 聖子	1

「表記ゆれ」

関数を活用し、テーブル側の
データがマスタ上に存在する
かを確認
※「1」なら存在あり、
　「0」なら存在なし

▼マスタ（「商品マスタ」）

	A	B	C
1	商品コード	カテゴリ	商品名
2	PA001	清涼飲料水	コーラ
3	PA002	清涼飲料水	サイダー
4	PA003	清涼飲料水	オレンジジュース
5	PA004	清涼飲料水	ぶどうジュース
6	PA005	清涼飲料水	りんごジュース
7	PA006	清涼飲料水	レモンスカッシュ
8	PB001	お茶	緑茶
9	PB002	お茶	ウーロン茶
10	PB003	お茶	麦茶
11	PB004	お茶	無糖紅茶
12	PB005	お茶	ミルクティー
13	PB006	お茶	レモンティー
14	PB007	お茶	ほうじ茶
15	PB008	お茶	ジャスミン茶
16	PC001	コーヒー飲料	無糖コーヒー
17	PC002	コーヒー飲料	微糖コーヒー
18	PC003	コーヒー飲料	加糖コーヒー
19	PC004	コーヒー飲料	カフェオレ
20	PD001	飲料水	ミネラルウォーター

　結果、COUNTIFSの用いたI列を見る限り、今回修正すべき「表記ゆれ」は2種類あることが分かりました。

　1つ目は、D7・D15セルの商品名を全角カナに修正すること、2つ目は、D19セルの商品名の頭にあるスペースを除去することです。

全角カナへの変換は「JIS」を使う

　1つ目は、D7・D15セルの商品名を半角カナ→全角カナに変換する作業です。この場合に有効な関数は「JIS」でした。

　JISの使い方は、図2-B-3の通りです。

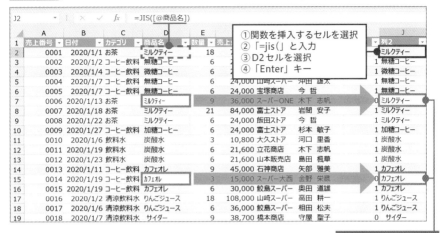

図2-B-3 JISの使用イメージ

①関数を挿入するセルを選択
②「=jis(」と入力
③D2セルを選択
④「Enter」キー

全角カナに変換された

余計なスペースの除去は「TRIM」を使う

2つ目は、D19セルの商品名の頭にある余計なスペースを除去する作業です。この場合に有効な関数は「TRIM」でした。

TRIMの使い方は、図2-B-4の通りです。

図2-B-4 TRIMの使用イメージ

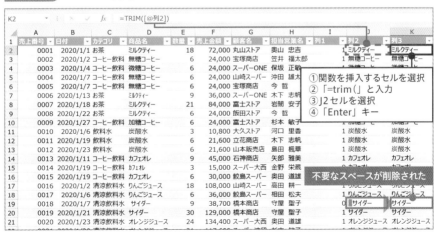

①関数を挿入するセルを選択
②「=trim(」と入力
③J2セルを選択
④「Enter」キー

不要なスペースが削除された

※ ▌：不要な全角スペース

ここでのポイントは、TRIMで参照するセルを、JISがセットされたセルにすることです。こうすることで、K列（列3）ではJISとTRIMの両方の結果を得ることが可能となります。

　このように、関数を用いた「表記ゆれ」の修正作業では、「表記ゆれ」の種類の分だけ、複数の関数を重ねがけしていきましょう。

　ちなみに、これらの関数は組み合わせて「=TRIM(JIS([@商品名]))」のように1つの数式にしても良いです。この場合も、図2-B-4と同じ結果を得ることができます。

重複する担当者名を
削除する

サンプルファイル：【2-C】営業担当マスタ.xlsx

条件付き書式で商品名の「表記ゆれ」を修正する

この演習は、2-5で解説した「重複データ」の削除の復習です。

条件付き書式を使って、サンプルファイルの「営業担当マスタ」テーブルの中から重複したレコードを特定してください。

そして、特定した重複分のレコードを削除し、すべてのレコードが一意の状態になればOKです（図2-C-1の状態）。

図2-C-1　演習2-Cのゴール

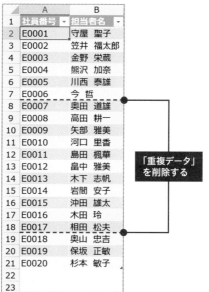

条件付き書式で「重複データ」を特定する

　まずは、どのレコードが重複しているかを特定する必要があります。主キーである「社員番号」フィールドを基準にし、図2-C-2の通り条件付き書式を用いて、「重複する値」という条件で色付けを行っていきましょう。

図2-C-2 条件付き書式での「重複データ」の特定方法

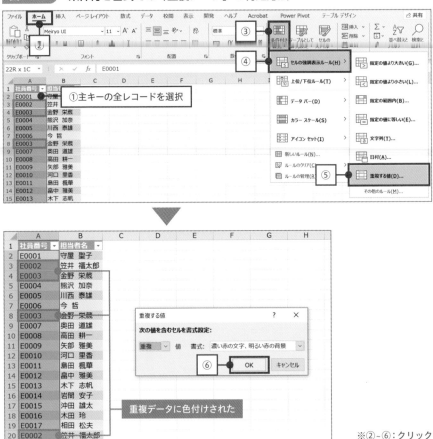

　結果、社員番号「E0002」（3・20行目）と「E0003」（4・8行目）のレコードが重複していることが分かりました。

色フィルターで重複レコードを絞込み、不要なレコードを削除する

　後は、重複分のうち、余計なレコードの方を削除するのみです。その前に、重複しているレコードをフィルターで抽出しておきましょう。

　今回のように、条件付き書式で色付けした場合は、「色フィルター」という機能を使うと良いです（図2-C-3）。

図2-C-3　色フィルターの使い方

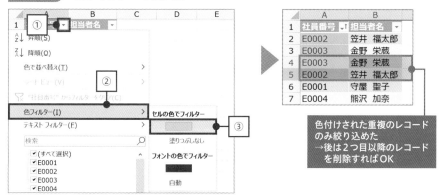

※①~③：クリック

　ご覧の通り、色フィルターだとセルの塗りつぶしとフォントの色でフィルター操作が可能となります。

　ここまでできたら、最後に8行目と20行目のレコードをそれぞれ削除して完了です（テーブルのため、離れた行は1行ずつ削除）。

　ちなみに、「行の削除」は右クリックメニューの他、「Ctrl」＋「－」のショートカットキーでも対応可能です。こちらの方が速いため、少しずつショートカットキーに慣れるようにすることをおすすめします。

第 3 章

さらに集計/分析の
切り口を広げるための
前処理テクニック

データの不備がなくなったら、後工程の集計
/分析に向けて元データをさらに使いやすくする
ための前処理を行いましょう。これをすること
で、多角的な集計/分析ができ、集計/分析作業
の時短やハードルを下げる等の効果まで得られ
ます。
　この章では、集計/分析の切り口を広げるため
に、データの抽出/分割/統合でデータの粒度を
変える、既存の数値/日付/時刻データを計算し
た新たなフィールドを追加する、といったテク
ニックを解説します。

既存データを「抽出」・「分割」・「結合」してデータの粒度を変える

✓ データから一部の文字を抽出するにはどうすれば良いか

✓ 1つのデータを複数に分割するにはどうすれば良いか

✓ 複数データを1つに結合するにはどうすれば良いか

元データの粒度は、集計/分析の目的に合わせて変えておくこと

　実務において、集計/分析で行いたいことと元データ側の粒度が合っていないことがあります。例えば、本部単位の売上を報告したいのに、元データ側は部署名（本部～課）しかない場合、本部の部分のみ抽出した列を用意した方が集計しやすくなります。

　このように、データの粒度を変えたい場合、状況に応じて図3-1-1のようなデータ整形を行いましょう。

図3-1-1 データの「抽出」「分割」「結合」のイメージ

▼データ抽出

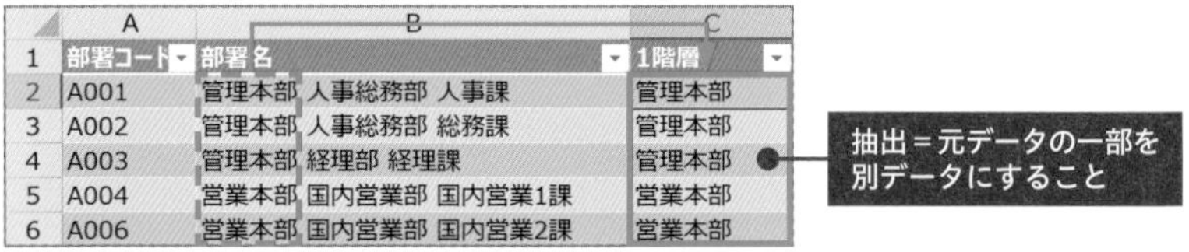

抽出＝元データの一部を別データにすること

▼データ分割

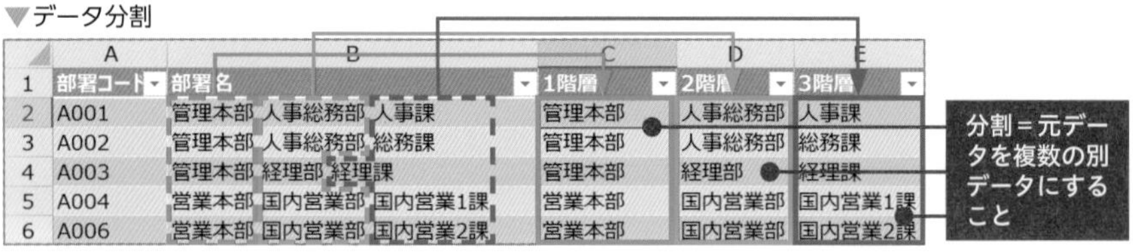

分割＝元データを複数の別データにすること

▼データ結合

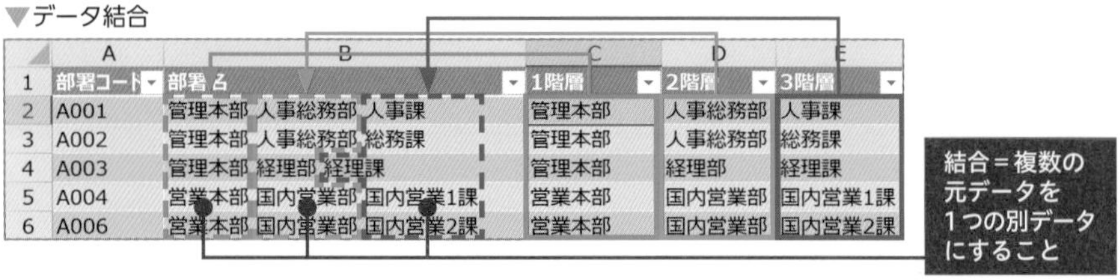

結合＝複数の元データを1つの別データにすること

これらは、特に部署名や住所、フォルダーパス、URL等の階層的なデータに役立つ機会が多いです。

データの「抽出」・「分割」・「結合」に役立つExcel機能とは

ここから、Excelで実際にデータ抽出・分割・結合を行う方法について解説していきます。

まず、データ抽出・分割に役立つのは「表記ゆれ」でも活用した「置換」です（図3-1-2）。

図3-1-2 「置換」でのデータ抽出・分割の例

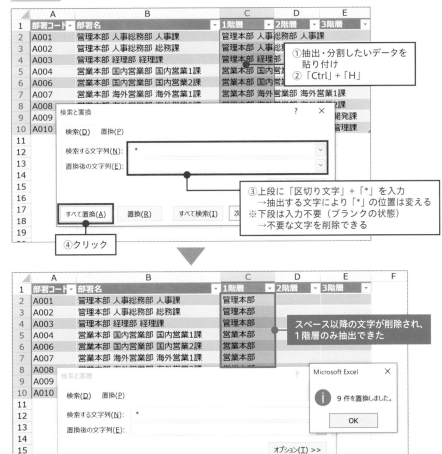

今回は、手順③でアスタリスク（*）を活用していることが最大のポイントです。アスタリスク（*）は「ワイルドカード」と呼ばれ、「任意の文字列の代わり」となります（トランプで言うジョーカー）。

　このアスタリスク（*）は、代わりとなる文字数に制限がありません。今回の「 *」だと、「半角スペース以降の文字すべて」という条件を意味します。

　他にもはてなマーク（?）があり、こちらは1文字単位のワイルドカードとなるため、3文字だけ変えたいなら「???」のように使うと良いです。状況に応じて、アスタリスク（*）と使い分けましょう。

　ちなみに、「区切り文字」とは文字通りですが、文字列の中にある区切りとなる文字（記号）のことです。今回なら各階層の間に入っている「半角スペース」が該当しますね。こうした区切り文字は、抽出・分割を行う際の「目印」となります。

　データの規則性を読み解き、区切り文字等の「目印」を探せるかどうかは他のテクニックでも共通する重要な要素です。ぜひ、本書を参考に実務で扱うデータとにらめっこして経験値を蓄積してください。

　なお、区切り文字を活用してデータ分割を行う機能「区切り位置」も便利です。操作手順は、図3-1-3の通りです。

コラム　代表的な区切り文字とは

　スペース以外の区切り文字で代表的なものは、以下の内容です。

・コンマ（,）

・タブ（　　　）

・セミコロン（;）

・コロン（:）

・スラッシュ（/）

図3-1-3 「区切り位置」の操作手順

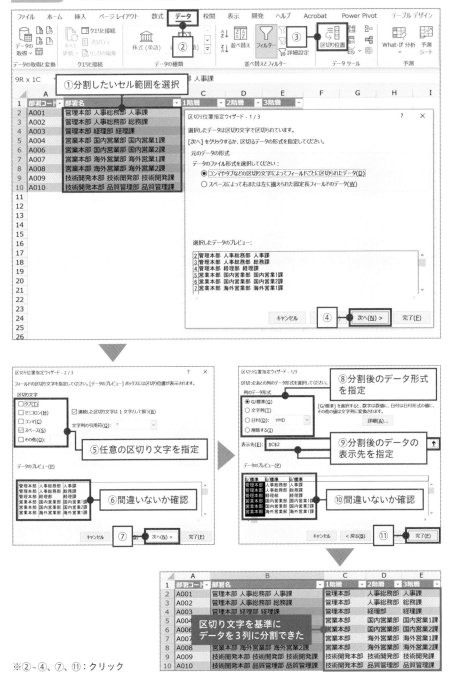

第3章 さらに集計／分析の切り口を広げるための前処理テクニック

① 分割したいセル範囲を選択

② ③ ④ ⑤任意の区切り文字を指定 ⑥間違いないか確認 ⑦ ⑧分割後のデータ形式を指定 ⑨分割後のデータの表示先を指定 ⑩間違いないか確認 ⑪

区切り文字を基準にデータを3列に分割できた

※②~④、⑦、⑪：クリック

設定項目は多いですが、まとめて複数列にデータ分割が可能です。分割する項目が多い場合は、置換よりもこちらを活用しましょう。

　その他、データ結合を行う場合は、数式でアンパサンド（&）を使えば良いです（図3-1-4）。

図3-1-4　数式でのデータ結合の例

　ここでのポイントは、区切り文字も入れておくことです。この方が、結合データを別表へ使い回した場合でも、後で抽出・分割がしやすくなります。

　なお、区切り文字は今回半角スペースにしていますが、記号も文字列なので、忘れずにダブルクォーテーション（"）で囲いましょう。

もっと手軽に「抽出」・「分割」・「結合」を行うテクニック

　データ抽出・分割・結合に共通で役立つ機能もあります。それは、Excel2013以降から実装されたフラッシュフィルです。

　この機能がすごいのは、予め入力されたデータを元に、Excel側で入力パターンを読み取り、以降のデータへパターン通りに自動入力してくれるところです。操作手順は、図3-1-5の通りです（データ抽出の例）。

図3-1-5 フラッシュフィルの操作手順

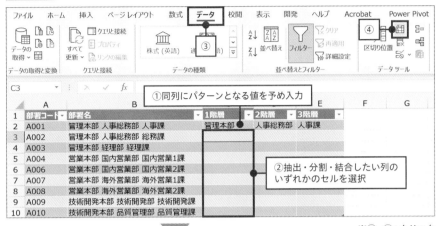

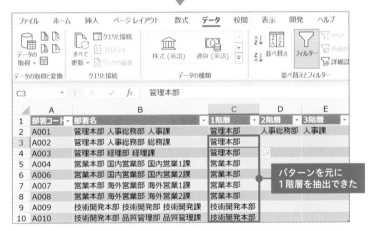

注意点としては、1列ごとでの操作となるため、データ分割は列の数だけ上記手順が必要となります。また、稀にフラッシュフィルの結果が誤る場合もあるため、ちゃんと結果に誤りがないかは確認しましょう。

ただ、それを踏まえても置換や区切り位置より手軽にデータ抽出・分割・結合ができることは間違いありません。Excelのバージョン的に使える方は、ぜひ使ってみてください。

データの「抽出」・「分割」・「結合」を自動化する

☑ データ抽出・分割・結合をもっと楽に修正するにはどうすれば良いか

データ抽出・分割に役立つ基本関数

3-1で解説したテクニックは、都度設定する必要がありました。よって、定期的に同じ作業が発生する場合は関数で自動化しましょう。

まず、データ抽出・分割に役立つ関数で代表的なものは「LEFT」、「RIGHT」、「MID」です。

LEFT(文字列,文字数)

文字列の先頭から指定された数の文字を返します。

RIGHT(文字列,文字数)

文字列の末尾から指定された文字数の文字を返します。

MID(文字列,開始位置,文字数)

文字列の指定された位置から、指定された数の文字を返します。半角と全角の区別なく、1文字を1として処理します。

LEFTの使い方について、部署名から1階層（本部名）を抽出することを例に解説していきます（図3-2-1）。

図3-2-1　LEFTの使用イメージ

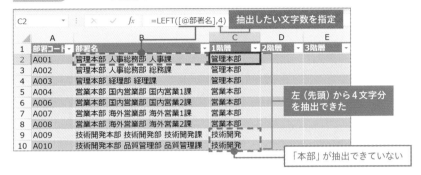

LEFTという関数名通り、対象の文字列の先頭（左）から指定した文字数を抽出することが可能です（RIGHTはLEFTの反対です）。

さらにデータ抽出・分割をしやすくする関数テクニック

なお、図3-2-1の9・10行目は「本部」の文字の抽出に失敗しています。こうした抽出する文字数が変わる場合、FINDを使いましょう。

> **FIND(検索文字列,対象,[開始位置])**
> 文字列が他の文字列内で最初に現れる位置を検索します。大文字と小文字は区別されます。

このFINDを作業列に追加し、1つ目の半角スペースの位置数を調べます。詳細は図3-2-2をご覧ください。

図3-2-2　FINDの使用イメージ

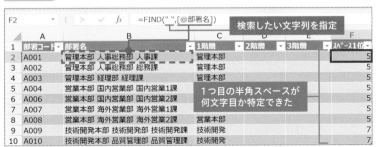

第3章　さらに集計／分析の切り口を広げるための前処理テクニック

このように、左から1つ目の半角スペースが何文字目にあるかカウントできました。後は、この数値をLEFTで参照させ、「-1」等の計算を行うことで1階層をうまく抽出することが可能です（図3-2-3）。

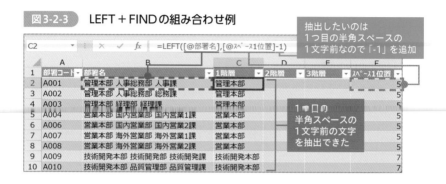

図3-2-3 LEFT＋FINDの組み合わせ例

続いて、MIDを使い2階層（部名）の抽出を行います（図3-2-4）。

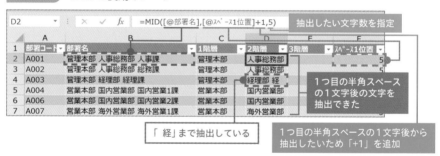

図3-2-4 MIDの使用イメージ

MIDは、対象の文字列の好きな位置から好きな文字数分を抽出できる関数です。図3-2-4では、開始位置をFINDでカウントした1つ目の半角スペースの1文字後にしていますが、抽出する文字数を「5」の固定値にしているため、4行目のみ抽出に失敗しています。

よって、図3-2-5のようにもう1列FINDを追加し、2つ目の半角スペースの位置数をカウントさせ、MIDの抽出文字数を可変にします。

第3章

さらに集計／分析の切り口を広げるための前処理テクニック

図3-2-5 MID＋FIND×2の組み合わせ例

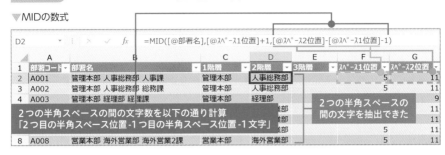

G列のFINDは、MIDのように開始位置を指定することで、2つ目の半角スペースの位置をカウントできるようにしています。

最後に、3階層（課名）を抽出していきますが、REPLACEを使っていきます（図3-2-6）。

> **REPLACE（文字列,開始位置,文字数,置換文字列）**
> 文字列中の指定した位置の文字列を置き換えた結果を返します。半角と全角の区別なく、1文字を1として処理します。

図3-2-6 REPLACEの使用イメージ

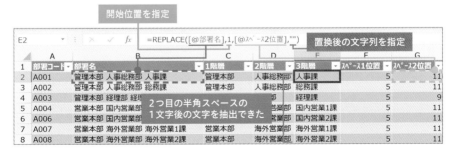

こちらはSUBSTITUTEと似ている関数ですが、違いは「位置数」を基準に置換できる点です。よって、FINDと相性が良いです。

その他、同じことをMIDでも対応可能です。その場合、指定したセルの総文字数をカウントするLENと組み合わせましょう（図3-2-7）。

> **LEN（文字列）**
>
> 文字列の長さ（文字数）を返します。半角と全角の区別がなく、1文字を1として処理します。

図3-2-7 MID＋FIND＋LENの組み合わせ例

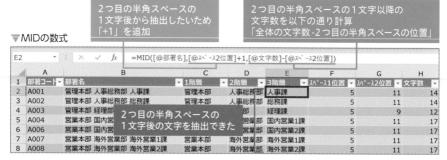

他にも発想次第では、RIGHT等の別手段でも対応できます。うまくFINDやLEN等の数値を使って、柔軟に抽出・分割を行いましょう。

なお、複数の関数を組み合わせる際、一発で完全な数式にならなくても問題ありません。最終的に正しい数式にできれば良いので、適宜関数の結果を見ながら「-1」や「+1」等の調整を行ってください。

「&」以上に設定が簡単な関数とは

データ結合は3-1で解説した「&」の数式でも定期作業を自動化できますが、「CONCATENATE」の方がセットしやすいです（図3-2-8）。

> **CONCATENATE(文字列1,…)**
> 複数の文字列を結合して1つの文字列にまとめます。

図3-2-8 CONCATENATEの使用イメージ

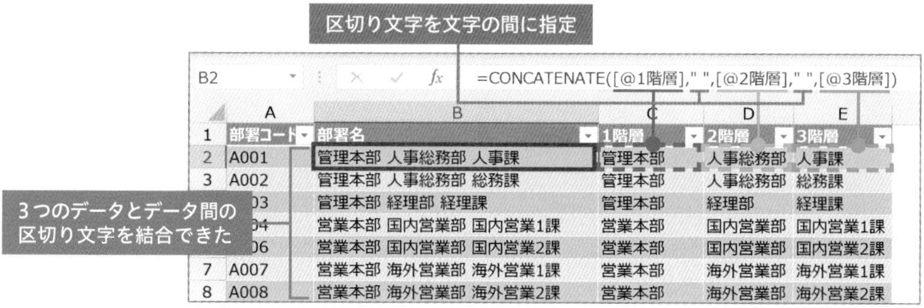

区切り文字を文字の間に指定

3つのデータとデータ間の区切り文字を結合できた

　こちらは「&」の数式と効果は一緒ですが、数式の設定がしやすいため、記述誤りを減らすことが期待できます。

　ちなみに、Excel2019やMicrosoft365のバージョンを関係者間で利用している場合、「CONCAT」や「TEXTJOIN」といった最新関数の方が、同じ結果をよりシンプルな数式で実現することが可能です。環境面さえ問題なければ、こうした関数もお試しください。

既存の数値データを利用した計算データを追加する方法

✓ 既存の数値データで計算を行うにはどうすれば良いか

基本は四則演算の数式を行うこと

　集計/分析作業の切り口を広げる、あるいは集計/分析のハードルを下げるために、元データ側で既存データを利用し、新たなフィールドを追加しておく前処理が有効です。その際、新たなフィールドのデータは数式や関数を使って自動化させましょう。

　ここでは、既存データが数値の場合に有効なテクニックを解説していきます。まず基本となるのは、「四則演算」です。

　四則演算とは、以下の4つの基本的な計算の総称となります。

・足し算（加算）：+
・引き算（減算）：-
・掛け算（乗算）：*
・割り算（除算）：/

　基本的な数式のルールは算数・数学と同じですが、Excelで行う場合に注意すべきは、上記の通り、掛け算と割り算の記号が異なる点です。

　Excel上での四則演算を扱うイメージは、図3-3-1の通りです。

コラム　数式の4つの構成要素とは

　数式は1つの式で、以下4種類の構成要素のいずれか、またはすべてを含むことが可能です。

1. 関数：SUM等
2. セル参照：「A1」等（A1セルの値を参照可能）
3. 定数：数式中に直接入力する値や文字列（1.1等）
4. 演算子：上記の四則演算の記号等（+、-、*、/）

図3-3-1 四則演算の使用イメージ

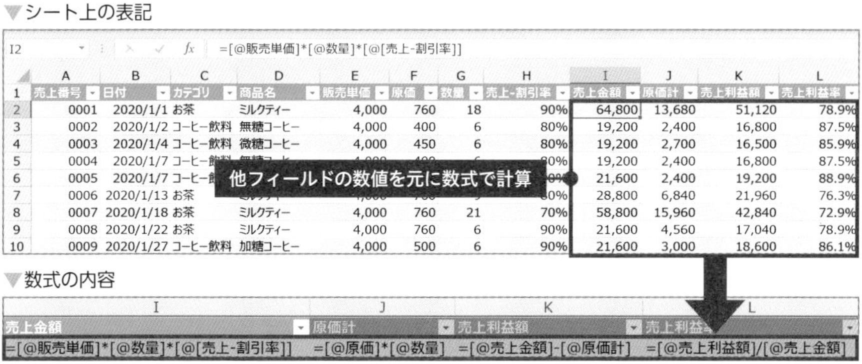

▼シート上の表記

	A	B	C	D	E	F	G	H	I	J	K	L
I2				fx	=[@販売単価]*[@数量]*[@[売上-割引率]]							
1	売上番号	日付	カテゴリ	商品名	販売単価	原価	数量	売上-割引率	売上金額	原価計	売上利益額	売上利益率
2	0001	2020/1/1	お茶	ミルクティー	4,000	760	18	90%	64,800	13,680	51,120	78.9%
3	0002	2020/1/2	コーヒー飲料	無糖コーヒー	4,000	400	6	80%	19,200	2,400	16,800	87.5%
4	0003	2020/1/4	コーヒー飲料	微糖コーヒー	4,000	450	6	80%	19,200	2,700	16,500	85.9%
5	0004	2020/1/7	コーヒー飲料	無糖コーヒー	4,000	400	6	80%	19,200	2,400	16,800	87.5%
6	0005	2020/1/7							21,600	2,400	19,200	88.9%
7	0006	2020/1/13	お茶						28,800	6,840	21,960	76.3%
8	0007	2020/1/18	お茶	ミルクティー	4,000	760	21	70%	58,800	15,960	42,840	72.9%
9	0008	2020/1/22	お茶	ミルクティー	4,000	760	6	90%	21,600	4,560	17,040	78.9%
10	0009	2020/1/27	コーヒー飲料	加糖コーヒー	4,000	500	6	90%	21,600	3,000	18,600	86.1%

他フィールドの数値を元に数式で計算

▼数式の内容

I 売上金額	J 原価計	K 売上利益額	L 売上利益率
=[@販売単価]*[@数量]*[@[売上-割引率]]	=[@原価]*[@数量]	=[@売上金額]-[@原価計]	=[@売上利益額]/[@売上金額]

このように、E～H列の数値を使い、新たなフィールドとしてI～L列を計算しています。これにより、4種類の新たな切り口で集計/分析が可能ですし、元データ側で売上利益率が低い等の任意の条件でレコード抽出が可能です。

なお、四則演算には計算の優先順位があります。例えば、「=(2+3)*2-1」だった場合、最優先はカッコ内の計算「2+3」です。その次は掛け算の「*2」、最後に引き算「-1」の順に計算され、すべての計算結果は「9」となります。

まとめると、カッコ内の計算＞掛け算・割り算＞足し算・引き算の順番です（同じ優先順位は左から順に計算されます）。

計算するデータ数が多い場合は、関数で楽に記述する

四則演算が基本ですが、計算対象が多く同じ計算を行うなら、専用の関数を使いましょう。足し算を行う対象が多いなら「SUM」、掛け算を行う対象が多いなら「PRODUCT」が有効です。

> **PRODUCT（数値1,[数値2],…）**
> 引数の積を返します。

なお、PRODUCTの使い方はSUMと一緒です（図3-3-2）。

図3-3-2　PRODUCTの使用イメージ

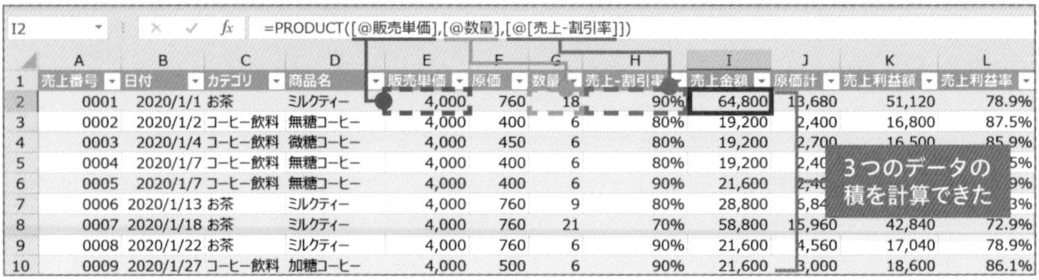

図3-3-2　PRODUCTの使用イメージ

これで、「販売単価」×「数量」×「売上-割引率」の掛け算ができました。なお、SUMも共通ですが、カンマ（,）で参照セルを区切ることで、図3-3-2のように離れたセルを計算対象にできます。

　ちなみに、引き算・割り算にはSUM・PRODUCT等の専用関数がありません。おそらく、引き算・割り算の場合、「何から引くか（割るか）」が重要だからだと思います。例えば、別々な数値のAとBがあった場合、A+BもB+Aも結果は一緒ですが、A-BとB-Aは結果が異なるという具合です。

　よって、引き算や割り算については、引く（割る）数の対象が多い場合に、SUM・PRODUCTを活用しまとめて引く（割る）ようにすると良いでしょう（「=A-SUM(B,C,D)」等）。

四捨五入や切り上げ、切り捨ての処理に役立つ関数

　数値の計算では、場合によっては計算結果の数値を丸める処理が必要な場合があります。「数値を丸める」とは、四捨五入や切り上げ、切り捨て等、端数を処理してキリの良い数値にすることです。

　ここで役立つ関数で代表的なものは、以下4つの関数です。

> **INT（数値）**
> 切り捨てて整数にした数値を返します。

> **ROUND（数値, 桁数）**
> 数値を指定した桁数に四捨五入して値を返します。

> **ROUNDUP（数値,桁数）**
>
> 数値を切り上げます。

> **ROUNDDOWN（数値,桁数）**
>
> 数値を切り捨てます。

　まず、消費税の計算等に便利なのは「INT」です。この関数は、指定した数値の小数点以下を切り捨てた整数にしてくれます。

　例えば、売上金額に10%（0.1）の消費税率を掛けた数式をINTで丸めた結果が、図3-3-3です。

図3-3-3 INTの使用イメージ

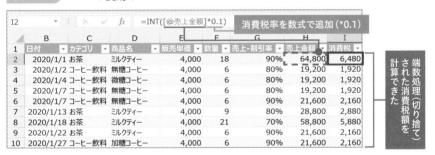

　なお、整数の切り捨て以外の端数処理を行いたい場合、ROUND系の関数を使いましょう。四捨五入なら「ROUND」、切り上げなら「ROUNDUP」、切り捨てなら「ROUNDDOWN」です。

　ROUND系関数の使い方は、図3-3-4の通りです。

図3-3-4　ROUNDの使用イメージ

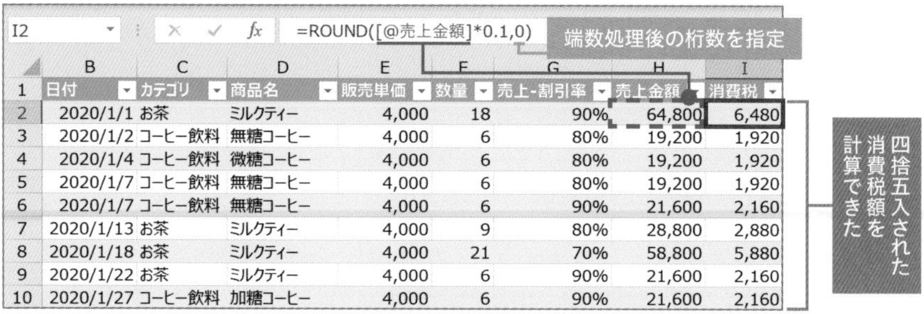

I2	:	×	✓	fx	=ROUND([@売上金額]*0.1,0)

端数処理後の桁数を指定

	B	C	D	E	F	G	H	I
1	日付	カテゴリ	商品名	販売単価	数量	売上-割引率	売上金額	消費税
2	2020/1/1	お茶	ミルクティー	4,000	18	90%	64,800	6,480
3	2020/1/2	コーヒー飲料	無糖コーヒー	4,000	6	80%	19,200	1,920
4	2020/1/4	コーヒー飲料	微糖コーヒー	4,000	6	80%	19,200	1,920
5	2020/1/7	コーヒー飲料	無糖コーヒー	4,000	6	80%	19,200	1,920
6	2020/1/7	コーヒー飲料	無糖コーヒー	4,000	6	90%	21,600	2,160
7	2020/1/13	お茶	ミルクティー	4,000	9	80%	28,800	2,880
8	2020/1/18	お茶	ミルクティー	4,000	21	70%	58,800	5,880
9	2020/1/22	お茶	ミルクティー	4,000	6	90%	21,600	2,160
10	2020/1/27	コーヒー飲料	加糖コーヒー	4,000	6	90%	21,600	2,160

四捨五入された消費税額を計算できた

　INTとの数式の違いは、端数処理後の桁数を指定できるところです。INTと同じく端数処理後を整数にしたい場合は、今回のよう「0」を指定します。

　この桁数は、正か負の整数を指定できます。図3-3-5が一例です。

図3-3-5　ROUND・ROUNDUP・ROUNDDOWNの桁数の例

▼桁数が正の数：小数点以下の丸め

I2	:	×	✓	fx	=ROUND([@売上金額]*0.1,1)

端数処理後が小数点第1位

	日付	カテゴリ	商品名	販売単価	数量	売上-割引率	売上金額	消費税
20	2020/1/21	清涼飲料水	サイダー	4,300	30	90%	116,100	11,610.00
21	2020/1/23	清涼飲料水	オレンジジュース	5,600	24	90%	120,960	12,096.00
22	2020/1/28	清涼飲料水	オレンジジュース	5,600	21	90%	105,840	10,584.00
23	2020/1/20	お茶	ジャスミン茶	3,000	3	80%	7,200	720.00
24	2020/1/5	お茶	ほうじ茶	2,600	21	90%	49,140	4,914.00
25	2020/1/19	お茶	ウーロン茶	2,600	24	90%	56,160	5,616.00
26	2020/1/7	お茶	緑茶	2,760			872	1,987.20
27	2020/1/13	お茶	緑茶	2,760			368	4,636.80
28	2020/1/13	お茶	緑茶	2,760	21		52,164	5,216.40
29	2020/1/16	お茶	緑茶	2,760	15	90%	37,260	3,726.00
30	2020/1/24	お茶	緑茶	2,760	21	80%	46,368	4,636.80
31	2020/1/2	アルコール	麦焼酎	40,000	15	80%	480,000	48,000.00
32	2020/1/3	アルコール	芋焼酎	57,776	18	80%	831,974	83,197.40

小数点第2位の数値が四捨五入等の処理がされる

▼桁数が負の数：十の位以上の丸め

I2	:	×	✓	fx	=ROUND([@売上金額]*0.1,-2)

端数処理後が百の位

	売上番号	日付	カテゴリ	商品名	販売単価	数量	売上-割引率	売上金額	消費税
20	0019	2020/1/21	清涼飲料水	サイダー	4,300	30	90%	116,100	11,600
21	0020	2020/1/23	清涼飲料水	オレンジジュース	5,600	24	90%	120,960	12,100
22	0021	2020/1/28	清涼飲料水	オレンジジュース	5,600	21	90%	105,840	10,600
23	0022	2020/1/20	お茶	ジャスミン茶	3,000	3	80%	7,200	700
24	0023	2020/1/5	お茶	ほうじ茶	2,600	21	90%	49,140	4,900
25	0024	2020/1/19	お茶	ウーロン茶	2,6			60	5,600
26	0025	2020/1/7	お茶	緑茶	2,7			72	2,000
27	0026	2020/1/13	お茶	緑茶	2,7			368	4,600
28	0027	2020/1/13	お茶	緑茶	2,760	21	90%	52,164	5,200
29	0028	2020/1/16	お茶	緑茶	2,760	15	90%	37,260	3,700
30	0029	2020/1/24	お茶	緑茶	2,760	21	80%	46,368	4,600
31	0030	2020/1/2	アルコール	麦焼酎	40,000	15	80%	480,000	48,000
32	0031	2020/1/3	アルコール	芋焼酎	57,776	18	80%	831,974	83,200

十の位までの数値が四捨五入等の処理がされる

ややこしいですが、正の数は小数点第○位を示すものだと思ってください。負の数は、整数部分が「1」なら十の位、「2」なら百の位といったように、「位の0の数」だと思えば覚えやすいです。

また、図3-3-6のように、元が同じ数値でも端数処理の結果が変わる場合が当然あります（赤枠部分が結果の異なる数値）。

図3-3-6 ROUND・ROUNDUP・ROUNDDOWNの結果の違い

▼ROUND（四捨五入）

I2			f_x	=ROUND([@売上金額]*0.1,0)				
	日付	カテゴリ	商品名	販売単価	数量	売上-割引率	売上金額	消費税
26	2020/1/7	お茶	緑茶	2,760	9	80%	19,872	1,987
27	2020/1/13	お茶	緑茶	2,760	21	80%	46,368	4,637
28	2020/1/13	お茶	緑茶	2,760	21	90%	52,164	5,216
29	2020/1/16	お茶	緑茶	2,760	15	90%	37,260	3,726
30	2020/1/24	お茶	緑茶	2,760	21	80%	46,368	4,637
31	2020/1/2	アルコール	麦焼酎	40,000	15	80%	480,000	48,000
32	2020/1/3	アルコール	芋焼酎	57,776	18	80%	831,974	83,197
33	2020/1/6	アルコール	ビール	9,600	15	80%	115,200	11,520

▼ROUNDUP（切り上げ）

I2			f_x	=ROUNDUP([@売上金額]*0.1,0)				
	日付	カテゴリ	商品名	販売単価	数量	売上-割引率	売上金額	消費税
26	2020/1/7	お茶	緑茶	2,760	9	80%	19,872	1,988
27	2020/1/13	お茶	緑茶	2,760	21	80%	46,368	4,637
28	2020/1/13	お茶	緑茶	2,760	21	90%	52,164	5,217
29	2020/1/16	お茶	緑茶	2,760	15	90%	37,260	3,726
30	2020/1/24	お茶	緑茶	2,760	21	80%	46,368	4,637
31	2020/1/2	アルコール	麦焼酎	40,000	15	80%	480,000	48,000
32	2020/1/3	アルコール	芋焼酎	57,776	18	80%	831,974	83,198
33	2020/1/6	アルコール	ビール	9,600	15	80%	115,200	11,520

▼ROUNDDOWN（切り捨て）

I3			f_x	=ROUNDDOWN([@売上金額]*0.1,0)				
	日付	カテゴリ	商品名	販売単価	数量	売上-割引率	売上金額	消費税
26	2020/1/7	お茶	緑茶	2,760	9	80%	19,872	1,987
27	2020/1/13	お茶	緑茶	2,760	21	80%	46,368	4,636
28	2020/1/13	お茶	緑茶	2,760	21	90%	52,164	5,216
29	2020/1/16	お茶	緑茶	2,760	15	90%	37,260	3,726
30	2020/1/24	お茶	緑茶	2,760	21	80%	46,368	4,636
31	2020/1/2	アルコール	麦焼酎	40,000	15	80%	480,000	48,000
32	2020/1/3	アルコール	芋焼酎	57,776	18	80%	831,974	83,197
33	2020/1/6	アルコール	ビール	9,600	15	80%	115,200	11,520

端数処理の誤り自体は、誤差とも思える小さな単位であることが多いです。しかし、扱う数値によってはトラブルの原因になるリスクもあります。端数処理を行う場合、どの処理が正しいか、あるいは最適なのか、しっかりルールの確認や関係者との認識合わせ等を行った上で行ってください。

既存の日付データから納期や期間等を自動算出する

☑ 既存の日付データで計算を行うにはどうすれば良いか

既存の日付データから任意の時間軸のデータを取得する関数

続いて、元データの既存の日付データを元に、新たなフィールドを追加する前処理テクニックを解説していきます。Excelは日付/時刻の各種計算も、関数で自動化が可能です。

まず、日付の基本的な関数は以下の4種類です。

> **YEAR(シリアル値)**
> 年を1900～9999の範囲の整数で返します。

> **MONTH(シリアル値)**
> 月を1(1月)から12(12月)の範囲の整数で返します。

> **DAY(シリアル値)**
> シリアル値に対応する日を1から31までの整数で返します。

> **WEEKDAY(シリアル値,[種類])**
> 日付に対応する曜日を1から7までの整数で返します。

これらは特定の日付(シリアル値)を各関数で指定すれば、図3-4-1のように任意の時間単位を取得可能です。

図3-4-1 YEAR・MONTH・DAY・WEEKDAYの使用イメージ

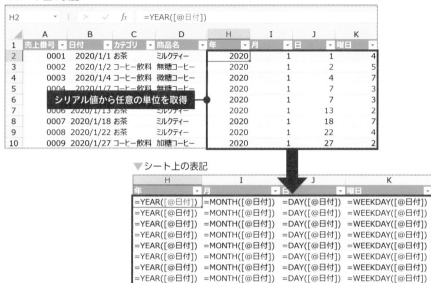

これらの列により、任意の時間単位での集計／分析が容易になります。

ちなみに、逆パターンで「年」・「月」・「日」の列から日付（シリアル値）を作成したい場合は、「DATE」を使うと良いです（図3-4-2）。

DATE(年,月,日)
Microsoft Excelの日付／時刻コードで指定した日付を表す数値を返します。

図3-4-2 DATEの使用イメージ

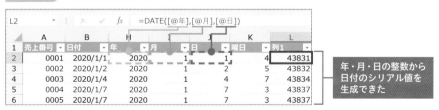

DATEの結果はシリアル値のため、表示形式を「日付」形式に設定しましょう。その他、DATEは「=DATE([@年],[@月]+1,1)」等、足し算・引き算や固定値を

組み合わせることで、日付の計算も可能です。

　ちなみに、今回は日付に特化した解説でしたが、時刻用の関数（「TIME」・「HOUR」・「MINUTE」・「SECOND」）もあり、日付関数と同じ要領で使うことが可能です。

特定の日付を基準に納期や支払日等を算出するには

　日付の計算に役立つ関数は他にもあります。週の休日や祝日を踏まえた上で、特定の日付から指定した日数を加味した日付を計算するのに便利なのが「WORKDAY.INTL」です。使い方は、図3-4-3の通りです。

> **WORKDAY.INTL(開始日,日数,[週末],[祭日])**
> ユーザー定義のパラメーターを使用して、指定した日数だけ前あるいは後の日付に対応するシリアル値を計算します。

図3-4-3　WORKDAY.INTLの使用イメージ

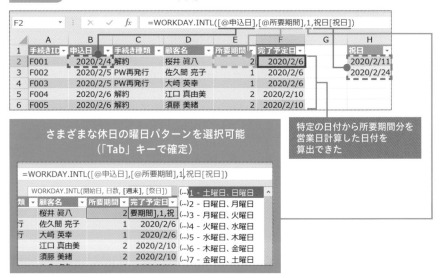

　WORKDAY.INTLの特徴は上記の通り、週の休日と祝日を任意のものに設定できることです。休日は数式中の「週末」の部分で、「Tab」キーで設定できます。祝日は別テーブルを事前に用意しておきましょう。ここは手作業となるため、ネッ

ト上の祝日カレンダー等を参照し、誤りがないようご注意ください。

なお、WORKDAY.INTLに限りませんが、Excelの日付計算では基本的に開始日は含まれません（終了日は含む）。開始日を含みたい場合は、数式の後に「+1」を加えてください。

続いて、月の部分を考慮した日付計算なら、「EDATE」や「EOMONTH」を使うことでシンプルな数式で対応可能です。

EDATE（開始日,月）

開始日から逆算して、指定した月だけ前あるいは後の日付に対応するシリアル値を計算します。

EOMONTH（開始日,月）

開始日から逆算して、指定した月だけ前あるいは後の月の最終日に対応するシリアル値を計算します。

入社日から本採用日を計算する際、単純に月数だけならEDATE（図3-4-4）、入社月からの数えならEOMONTH（図3-4-5）が便利です。

図3-4-4 EDATEの使用イメージ

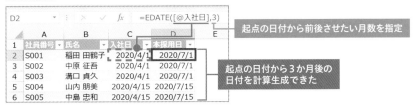

図3-4-5 EOMONTHの使用イメージ

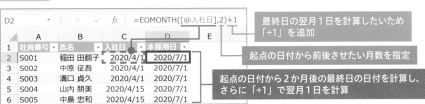

状況により「+1」等の日付調整を行うと、応用範囲が広がります。これらの関数を活用し、納期や支払日等の日付計算を自動化しましょう。

複数の日付から所要期間や年数等を計算する方法

日付の計算だけでなく、2つの日付から所要期間や年数等の計算も可能です。所要期間は「NETWORKDAYS.INTL」を活用します。使い方は、先ほどのWORKDAY.INTLと似ています（図3-4-6）。

> **NETWORKDAYS.INTL（開始日,終了日,[週末],[祭日]）**
> ユーザー設定のパラメーターを使用して、開始日と終了日の間にある週日の日数を計算します。

図3-4-6　NETWORKDAYS.INTLの使用イメージ

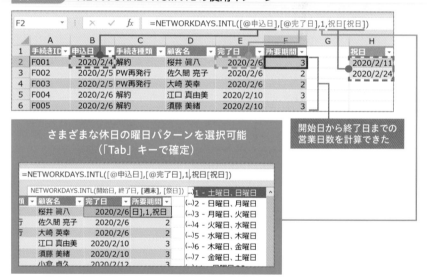

この関数の注意点は、WORKDAY.INTLと異なり、開始日も含まれた所要期間が計算される点です。開始日を含みたくない場合は、数式の後に「-1」を加えてください。

続いて、年齢や勤続年数等の年数の計算は「YEARFRAC」が便利です。現在の日付で計算する際は「TODAY」と併用します（図3-4-7）。

> **YEARFRAC（開始日,終了日,[基準]）**
> 開始日から終了日までの間の日数を、年を単位とする数値で表します。

> **TODAY()**
> 現在の日付を表すシリアル値（Excelで日付や時刻の計算で使用されるコード）を返します。

図3-4-7 YEARFRAC・TODAYの使用イメージ

▼YEARFRACの数式

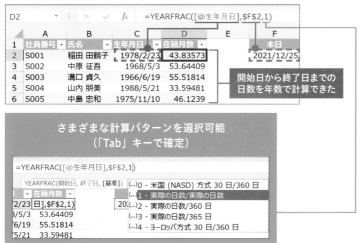

```
開始日から終了日までの
日数を年数で計算できた
```

```
さまざまな計算パターンを選択可能
（「Tab」キーで確定）
```

▼TODAYの数式

```
当日の日付を自動取得できた
```

　うるう年も踏まえて年数計算したい場合、数式中の「基準」で「1」を選択しましょう。また、YEARFRACの結果は小数点以下があるため、INT等で数値を丸めると見栄えが良いです。

年数以外に月数の計算なら、YEARFRACの結果に「*12」で12か月を掛け、日数の計算なら数式で「＝終了日 - 開始日」とすればOKです。

　その他、年数・月数・日数を計算できる「DATEDIF」という関数もありますが、こちらはMicrosoftから公式にバグがあることが報告されています。バグが改修はされる予定は現状ないため、年数・月数・日数を計算時は上記の方法で対応することをおすすめします。

3-5

各レコードの「条件判定」を自動化するには

☑ 各レコードの値から条件判定の作業を自動化するにはどうすれば良いか

Excelの条件判定の基本は「IF」

元データの既存データや3-3,3-4で追加した新フィールドの値に対し、目標の達成・未達等の条件判定した新たなフィールドを追加することも、集計/分析作業の切り口の種類増や効率化に役立ちます。

ただ、こうした条件判定を人が都度判断して手入力して行うことはナンセンスなので止めましょう。逆に、条件判定はExcelの得意領域なので、Excelに任せることがおすすめです。

この条件判定に役立つ関数は「IF」です。

IF(論理式,[値が真の場合],[値が偽の場合])
論理式の結果（真または偽）に応じて、指定された値を返します。

このIFの使い方ですが、例として「目標達成率が100%以上か否か」で判定する場合、図3-5-1の通りとなります。

図3-5-1 IFの使用イメージ

	A	B	C	D	E	F	G	H	I
1	社員番号	氏名	対象月	前年売上実績	売上目標	売上実績	目標達成率	前年比	列1
2	S001	稲田 田鶴子	2020/07	557,331	600,000	927,425	154.6%	166.4%	○
3	S00			368,422	300,000	149,966	50.0%	40.7%	×
4	S00			968,874	600,000	256,925	42.8%	26.5%	×
5	S00			381,533	400,000	354,077	88.5%	92.8%	×
6	S005	中島 忠和	2020/07	292,471	300,000	824,530	274.8%	281.9%	○
7	S006	河		35,584	600,000	411,222	68.5%	55.9%	×
8	S007	吉		59,429	600,000	916,171	152.7%	95.5%	○
9	S008	上原 ひとみ	2020/07	479,940	500,000	598,918	119.8%	124.8%	○
10	S009	谷本 祐子	2020/07	410,262	400,000	188,506	47.1%	45.9%	×

数式バー：=IF([@目標達成率]>=1,"○","×")

「100%以上」を意味する比較演算子

真の場合、偽の場合に表示する値を順に指定

目標達成率が100%以上なら「○」、それ以外なら「×」を返す

なお、数式中の「[@目標達成率]>=1」の部分（「1」は「100%」でも可）が「○」と「×」を分岐させる条件（論理式）です。この部分は「目標達成率が100%以上か？」という質問と同じだと思ってください。この質問にYESなら「値が真の場合」（TRUE）、NOなら「値が偽の場合」（FALSE）となります。

　ちなみに、「>=」等の記号の部分を「比較演算子」と言います。この比較演算子の種類は、図3-5-2の通りです。

図3-5-2　**比較演算子一覧**

演算子	意味	説明	例
=	等しい	左辺と右辺が等しい	A1=B1
<>	等しくない	左辺と右辺が等しくない	A1<>B1
>	より大きい（超）	左辺が右辺よりも大きい	A1>B1
<	より小さい（未満）	左辺が右辺よりも小さい	A1<B1
>=	以上	左辺が右辺以上	A1>=B1
<=	以下	左辺が右辺以下	A1<=B1

　この比較演算子を活用し、状況に合わせた条件設定を行いましょう。なお、こちらも基本的に数学と同じルールになりますが、「>=」等の「=」の位置を間違えるとエラーになるのでご注意ください。また、「<>」は独特なものなので、この機会に覚えましょう。

　ちなみに、IFは1つで2種類の分岐となります。もし、3種類以上の分岐をさせたい場合は、複数のIFを組み合わせる必要があります。こちらの詳細は3-6をご覧ください。

　その他、IF以外にも条件判定を行う機能として、条件付き書式があります。IFよりも設定は簡単ですが、セルやフォント等の色を変えることがメインのため、新たなフィールドの追加には適しません。また、現在のExcelには色を基準に集計する標準機能もないため、IFで条件判定した列を追加することが確実な手法となります。

より高度な条件判定を行う場合に役立つ関数とは

実務では、AND条件やOR条件といった、より高度な条件判定が必要なケースもあります。この場合に役立つのは、「AND」と「OR」です。

> **AND(論理式1,[論理式2],…)**
>
> すべての引数がTRUEのとき、TRUEを返します。

> **OR(論理式1,[論理式2],…)**
>
> いずれかの引数がTRUEのとき、TRUEを返します。引数がすべてFALSEである場合は、FALSEを返します。

これらは関数名の通り、AND条件とOR条件を判定するための関数です。本来、IFの「論理式」に代入して使うことが一般的ですが、単独で使うとどうなるかは、図3-5-3をご覧ください。

AND・ORのどちらも、「目標達成率が100%以上か否か」と「前年比が100%以上か否か」の2つの条件で判定しています。

図3-5-3 AND・ORの使用イメージ

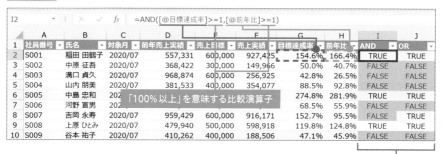

同じ2つの条件（「目標達成率100%以上」、「前年比100%以上」）でも、ANDとORで結果が異なるものある

図3-5-3では、8行目のみ結果が異なります。このように、AND条件とOR条件で判定結果が変わるというケースもあるため、状況に応じて適切な条件設定を行いましょう。

なお、AND・ORの結果は、TRUEかFALSEが返ります。この2種類を「論理値」と言います。IFの「論理式」の部分へI列やJ列の結果を参照することで、通常のIF同様に論理値がTRUEなら「真の場合」、FALSEなら「偽の場合」に分岐します。

　このANDとORの論理値の違いをもっと視覚的に分かりやすいよう、TRUEになる範囲を図3-5-4の通り表で整理してみました（「○」がTRUE）。

図3-5-4　AND・ORのTRUE範囲

▼ANDのTRUE範囲

			論理式1	
			目標達成率 100%以上	
			TRUE	FALSE
論理式2	前月比 100%以上	TRUE	○	×
		FALSE	×	×

▼ORのTRUE範囲

			論理式1	
			目標達成率 100%以上	
			TRUE	FALSE
論理式2	前月比 100%以上	TRUE	○	○
		FALSE	○	×

　ご覧の通り、ANDはTRUE範囲が狭く、一方ORはTRUE範囲が広いことが分かります。

統計的な分析を行う場合は定性データを定量化する

　IFを活用することで、元データの定性データを定量化することも可能です。こうした前処理は、回帰分析等の統計手法を用いる場合に必要となります。

なお、定性データの定量化とは、定量化したいフィールド内のデータを新たに列として追加し、IFで各レコードの値が列名に合致する場合は「1」、合致しない場合は「0」にすることを指します（図3-5-5）。

図3-5-5　定性データの定量化イメージ

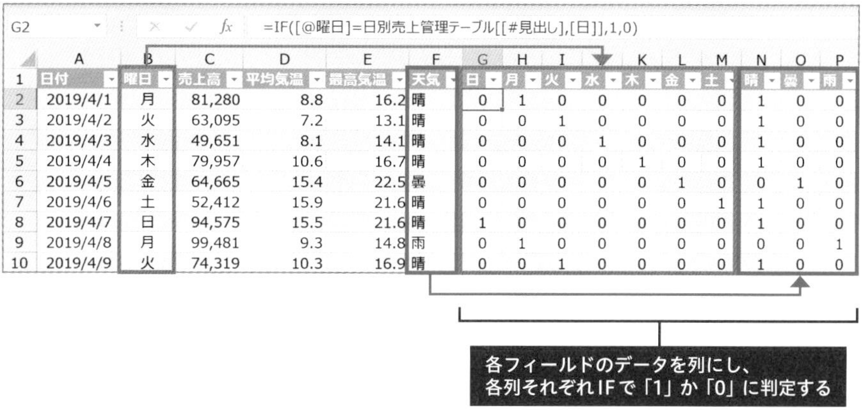

G2　=IF([@曜日]=日別売上管理テーブル[[#見出し],[日]],1,0)

	A	B	C	D	E	F	G	H	I	J	K	L	M	N	O	P
1	日付	曜日	売上高	平均気温	最高気温	天気	日	月	火	水	木	金	土	晴	曇	雨
2	2019/4/1	月	81,280	8.8	16.2	晴	0	1	0	0	0	0	0	1	0	0
3	2019/4/2	火	63,095	7.2	13.1	晴	0	0	1	0	0	0	0	1	0	0
4	2019/4/3	水	49,651	8.1	14.1	晴	0	0	0	1	0	0	0	1	0	0
5	2019/4/4	木	79,957	10.6	16.7	晴	0	0	0	0	1	0	0	1	0	0
6	2019/4/5	金	64,665	15.4	22.5	曇	0	0	0	0	0	1	0	0	1	0
7	2019/4/6	土	52,412	15.9	21.6	晴	0	0	0	0	0	0	1	1	0	0
8	2019/4/7	日	94,575	15.5	21.6	雨	1	0	0	0	0	0	0	1	0	0
9	2019/4/8	月	99,481	9.3	14.8	雨	0	1	0	0	0	0	0	0	0	1
10	2019/4/9	火	74,319	10.3	16.9	晴	0	0	1	0	0	0	0	1	0	0

各フィールドのデータを列にし、各列それぞれIFで「1」か「0」に判定する

こうした定量化により、図3-5-5であれば売上高に影響した曜日や天気を特定する等の分析が可能となります。定性データのままでは、こうした分析が難しいため、統計手法を用いる場合にIFをうまく活用しましょう。

ちなみに、本書では統計手法については詳しく触れませんので、ご興味のある方は関連書籍やネット等で別途学習してください。

3-6 複数の関数の組み合わせテクニック

☑ 1つの数式で複数の関数を組み合わせて使うには、どうすれば良いか

まずは、使う関数の「引数」と「戻り値」のデータ型を知る

これまでの関数の解説は分かりやすさ重視のため、基本的に1つの数式中で使う関数を1種類に留めていました。

しかし、実務では2つ以上の関数を組み合わせた数式を扱うケースがあります。よって、3-6ではこのケースに対応するための知識とテクニックを解説していきます。

まず押さえてほしいのは、関数の「引数」と「戻り値」です。イメージとして、図3-6-1をご覧ください。

図3-6-1 「引数」と「戻り値」のイメージ

引数とは、関数の「材料」だと思えば良いです。引数に指定したデータを元に、各関数の計算や処理がなされます。もう一方の「戻り値」は、関数の「結果」のことです。

複数の関数を組み合わせる際、メインとなる関数の引数として、サブの関数の戻り値を使うことになります。そこで重要なのが、「メイン関数の引数」と「サブ関数の戻り値」のデータ型に矛盾が生じないかどうかです。

当然、データ型に矛盾があると関数がエラーになるため、データ型を把握していない場合は、図3-6-2の方法で「メイン関数の引数」と「サブ関数の戻り値」のデータ型を調べましょう。

図3-6-2 「引数」と「戻り値」のデータ型の調べ方

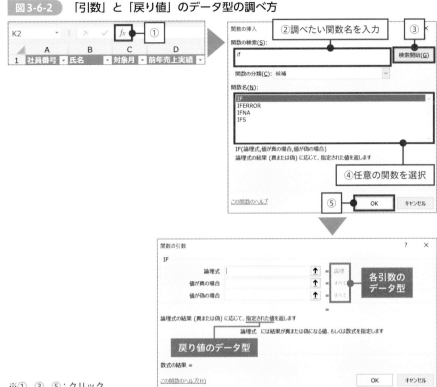

※①、③、⑤：クリック

　上記の通り、任意の関数の「関数の引数」ダイアログを見れば、引数のデータ型は明確に分かります。

　一方、戻り値は関数の解説文を読めば分かると思います。図3-6-2の例であるIFの場合、「指定された値」とややあいまいな表現ですが、引数の「値が真の場合」と「値が偽の場合」に指定した値のデータ型に準じます。

　どうしても自信がない場合は、戻り値が表示されたセルに対し、TYPEでデータ型を判定する等を行いましょう。

組み合わせのコツは「段階的に検証しながら」数式を記述すること

　ここから実際に複数の関数を組み合わせていきますが、慣れるまでは1つの数式でいきなり記述することはおすすめしません。おすすめは、図3-6-3のように段階を踏んで記述していくことです。

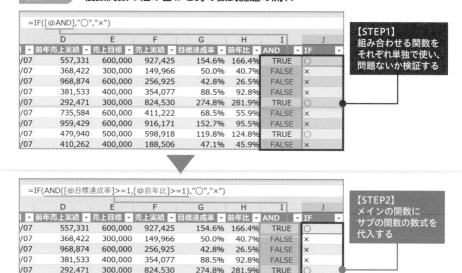

図3-6-3　複数関数の組み合わせ時の数式記述の流れ

【STEP1】
組み合わせる関数を
それぞれ単独で使い、
問題ないか検証する

【STEP2】
メインの関数に
サブの関数の数式を
代入する

　まずSTEP1として、各列で単独の関数をそれぞれ記述しましょう。メインの関数（図3-6-3はIF）は、サブの関数（図3-6-3はAND）のセルを参照させた数式にしておきます。後は、数式に誤りがないか、「F2」キー等でちゃんと確認しましょう。

　各関数が問題ないことが確認できたら、STEP2として、メイン関数（IF）へサブ関数（AND）の数式を代入すればOKです。

　この流れの方が、数式の誤りがあった場合に気づきやすく、無駄な手戻りを回避できます。

　このように、メイン関数にサブ関数を代入して入れ子構造にすることを、「ネスト」と言います。特に、3-5で解説したIFは3種類以上の条件で分岐させたい場合等、ネストの頻度が高い関数です。

　例えば、目標達成率によって3種類のランク付けを行う場合は、図3-6-4の数式となります。

図3-6-4 複数のIFのネスト例

このように1つの数式で複数関数をネストしたものは、チェックもしにくくなります。この場合、「F2」キー等よりも「数式の検証」を用いると良いです（操作手順は図3-6-5）。

図3-6-5 「数式の検証」の操作手順

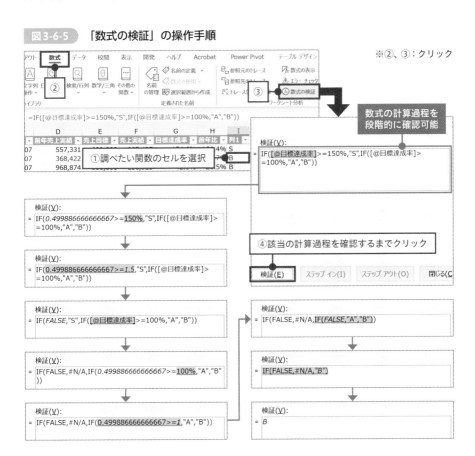

第3章 さらに集計／分析の切り口を広げるための前処理テクニック

図3-6-5の通り、手順④をクリックした分だけ、「検証」ボックス内の数式が段階的に計算結果を確認することが可能です。

複数の関数と「&」で規則性のある文字列を自動生成できる

ネスト以外にも、複数の関数の組み合わせた数式もあります。例えば、アンパサンド（&）を使い、各関数の戻り値を結合する等です。

ちなみに、各関数の戻り値を結合することで、主キー等でコード体系に沿った文字列を自動生成したい場合に役立ちます（図3-6-6）。

図3-6-6　主キーの自動生成例

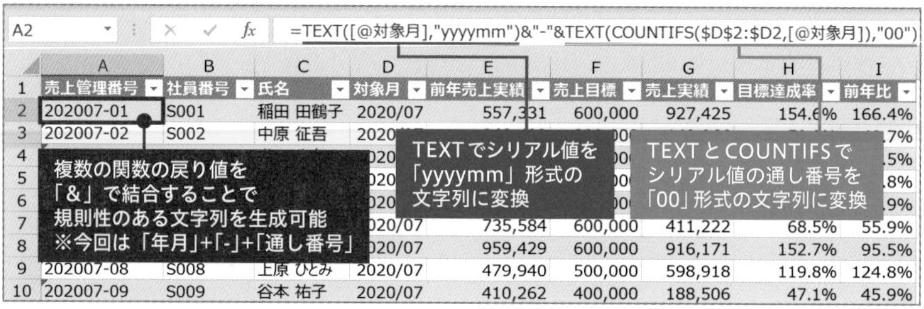

図3-6-6では、2種類のTEXTを結合し、年月内の通し番号を主キーとして自動生成してみました。こうしたコード体系に沿って主キーを作成すると、一意であることを示すだけでなく、より多くの意味を含めることが可能となります（図3-6-6であれば対象年月も分かる等）。

このように、ネスト以外にも複数関数を1つの数式にすることがあることを知っておくと、応用範囲が広がります。

長くなった数式を見やすくする方法とは

1つの数式に複数関数を用いる場合、どうしても数式が長くなり、可読性が下がります。こうした場合、改行（「Alt」+「Enter」）やスペースを活用することで、数式の可読性を高めることが可能です。

一例として、図3-6-7をご覧ください。

116

図3-6-7 数式の改行例

▼デフォルトの数式

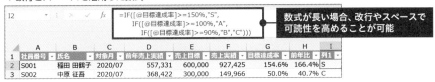

	A	B	C	D	E	F	G	H	I	J	K	L
1	社員番号	氏名	対象月	前年売上実績	売上目標	売上実績	目標達成率	前年比	列1			
2	S001	稲田 田鶴子	2020/07	557,331	600,000	927,425	154.6%	166.4%	S			
3	S002	中原 征吾	2020/07	368,422	300,000	149,966	50.0%	40.7%	C			

▼改行とスペースを活用した数式

I2　＝IF([@目標達成率]>=150%,"S",
　　　　IF([@目標達成率]>=100%,"A",
　　　　　　IF([@目標達成率]>=90%,"B","C")))

数式が長い場合、改行やスペースで
可読性を高めることが可能

	A	B	C	D	E	F	G	H	I
1	社員番号	氏名	対象月	前年売上実績	売上目標	売上実績	目標達成率	前年比	列1
2	S001	稲田 田鶴子	2020/07	557,331	600,000	927,425	154.6%	166.4%	S
3	S002	中原 征吾	2020/07	368,422	300,000	149,966	50.0%	40.7%	C

　図3-6-7の上段は改行等行っていないデフォルトの状態ですが、パッと見てどこがどの引数か分かりにくいです。

　これを関数ごとに改行し、階層ごとにスペースでインデント風に調整したのが下段の数式です。おそらく、下段の方が見やすく読み解きやすいのではないでしょうか。状況によって、こうしたテクニックを使うと第三者にやさしい数式にすることが可能です。

　とはいえ、複数の関数を1の数式にまとめることにこだわり過ぎないように注意してください。数式中の関数の数が増えれば増えるほど、可読性はやはり下がってしまうものです。

　表のレコード数が多いために列を増やしたくない等の事情がない限り、シンプルな数式を複数列に分割した方が、読み解きやすく、かつメンテナンスがしやすいケースが多いです。ぜひ、状況に合わせて使い分けてください。

第3章

さらに集計／分析の切り口を広げるための前処理テクニック

部署名を「本部」と「部」と「課」に分割する

📄 サンプルファイル：【3-A】部署マスタ.xlsx

フラッシュフィルで部署名を分割する

ここでの演習は、3-1で解説したデータ分割の復習です。

サンプルファイルの「部署マスタ」シートでフラッシュフィルを使い、「1階層」・「2階層」・「3階層」フィールドへ「部署名」フィールドのデータを「本部」・「部」・「課」単位のデータへ分割してみましょう。

図3-A-1　演習3-Aのゴール

部署名から「本部」・「部」・「課」へ分割する

まずは「1階層」～「3階層」フィールドの1レコード目を手入力する

フラッシュフィルを使うために、Excel側で入力パターンを識別できるよう、予め1行目のレコードのみ手入力しておきましょう。

　ちなみに、「1階層」〜「3階層」フィールドの3列分をまとめて入力しておいた方が効率的です。

図3-A-2　1レコード目のみ入力した状態

「1階層」フィールドから順番にフラッシュフィルを実行する

　これでフラッシュフィルを使う準備ができましたので、図3-A-3の手順でフラッシュフィルを実行していきましょう。

　なお、フラッシュフィルは1列ずつしか使えませんので、「1階層」フィールドから順番に3列分実行してください。

図3-A-3　フラッシュフィルの操作手順

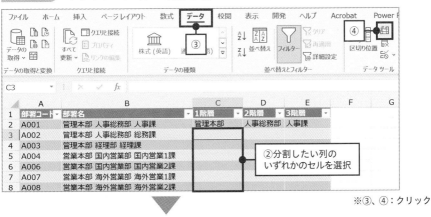

ちなみに、フラッシュフィルの結果に誤りがある場合、該当箇所のデータは削除し、正しい内容を1セル分手入力の上、再度フラッシュフィルを実行すれば良いです。

　このように、フラッシュフィルを活用することで、データ抽出・分割・結合をかなり手軽に行うことができます。定期的に繰り返し行う作業でなく、その場限りのものであれば、フラッシュフィルでさっと終わらせるようにしていきましょう。

申込日と所要期間から「完了予定日」を自動的に計算する

📄 サンプルファイル：【3-B】手続き管理テーブル.xlsx

関数でシート上の申込日・所要期間から「完了予定日」を計算する

ここでの演習は、3-4で解説した日付の計算の復習です。

サンプルファイルの「手続き管理テーブル」シートの「申込日」・「所要期間」フィールドのデータを用いて、関数で「完了予定日」を計算します。図3-B-1がゴールです。

図3-B-1 演習3-Bのゴール

▶Before

	A	B	C	D	E	F
1	手続きID	申込日	手続き種類	顧客名	所要期間	完了予定日
2	F001	2020/2/4	解約	桜井 眞八	2	
3	F002	2020/2/5	PW再発行	佐久間 亮子	1	
4	F003	2020/2/5	PW再発行	大崎 英幸	1	
5	F004	2020/2/6	解約	江口 真由美	2	
6	F005	2020/2/6	解約	須藤 美緒	2	
7	F006	2020/2/7	新規契約	小倉 貞久	2	
8	F007	2020/2/7	支払方法変更	谷川 千恵	3	
9	F008	2020/2/13	PW再発行	嶋田 彰揮	1	
10	F009	2020/2/14	PW再発行	和田 邦美	1	

▶After

	A	B	C	D	E	F
1	手続きID	申込日	手続き種類	顧客名	所要期間	完了予定日
2	F001	2020/2/4	解約	桜井 眞八	2	2020/2/6
3	F002	2020/2/5	PW再発行	佐久間 亮子	1	2020/2/6
4	F003	2020/2/5	PW再発行	大崎 英幸	1	2020/2/6
5	F004	2020/2/6	解約	江口 真由美	2	2020/2/10
6	F005	2020/2/6	解約	須藤 美緒	2	2020/2/10
7	F006	2020/2/7	新規契約	小倉 貞久	2	2020/2/12
8	F007	2020/2/7	支払方法変更	谷川 千恵	3	2020/2/13
9	F008	2020/2/13	PW再発行	嶋田 彰揮	1	2020/2/14
10	F009	2020/2/14	PW再発行	和田 邦美	1	2020/2/17

申込日と所要期間から「完了予定日」を計算する

ちなみに、完了予定日は週の休日と祝日を除いて計算してください。今回は週の休日は土日、祝日は「手続き管理テーブル」シート上にある「祝日」テーブルの通りとします。

「完了予定日」をWORKDAY.INTLで計算する

開始日と日数の情報から該当の日付を計算する関数は、WORKDAY.INTLでしたね。この関数は、週の休日や祝日を除いて計算してくれます。

WORKDAY.INTLを使う際の手順は、図3-B-2の通りです。

図3-B-2 WORKDAY.INTLの使用イメージ

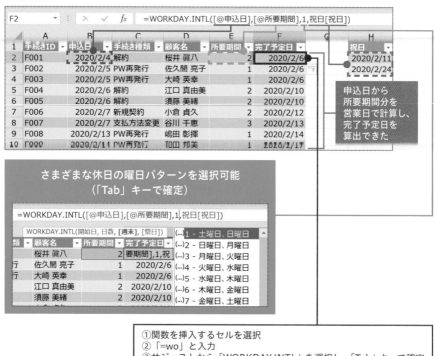

WORKDAY.INTLは引数が多い関数ですが、「週末」と「祭日」さえ押さえておけば問題なく使える難易度だと思います。

なお、今回は予め「祭日」で指定するための「祝日」テーブルを用意しておき

ましたが、通常の実務では自分で用意する必要があります。よって、手入力によるヒューマンエラーや、イレギュラー的な祝日移動（例：東京オリンピック・パラリンピック関連で2021年の祝日移動等）にはご注意ください。

　ちなみに、「週末」の休日パターンが不規則の場合、「祭日」で指定するテーブル上に休日を入れておくことでも対処可能です。あくまでも、「週末」か「祭日」のどちらかで営業日カウントしない日付を管理すれば良いという認識を持って、WORKDAY.INTLを使ってください（上記は類似関数のNETWORKDAYS.INTLにも共通する注意点です）

演習
3-C

売上の目標達成率に応じて「S」〜「B」のランク判定を行う

 サンプルファイル：【3-C】売上管理テーブル.xlsx

関数でシート上の目標達成率から3種類のランク判定を行う

ここでの演習は、3-5,3-6で解説した条件判定の復習です。

サンプルファイルの「売上管理テーブル」シートの「目標達成率」フィールドの数値が150%以上なら「S」、100%以上なら「A」、それ以外なら「B」という3種類のランク判定を関数で行ってください。

最終的に、図3-C-1の状態になればOKです。

| 図3-C-1 | 演習3-Cのゴール |

▶Before

	A	B	C	D	E	F
1	社員番号	氏名	対象月	売上目標	売上実績	目標達成率
2	S001	稲田 田鶴子	2020/07	600,000	927,425	154.6%
3	S002	中原 征吾	2020/07	300,000	149,966	50.0%
4	S003	溝口 貞久	2020/07	600,000	256,925	42.8%
5	S004	山内 朋美	2020/07	400,000	354,077	88.5%
6	S005	中島 忠和	2020/07	300,000	824,530	274.8%
7	S006	河野 宣男	2020/07	600,000	411,222	68.5%
8	S007	吉岡 永寿	2020/07	600,000	916,171	152.7%
9	S008	上原 ひとみ	2020/07	500,000	598,918	119.8%
10	S009	谷本 祐子	2020/07	400,000	188,506	47.1%

▶After

	A	B	C	D	E	F	G
1	社員番号	氏名	対象月	売上目標	売上実績	目標達成率	列1
2	S001	稲田 田鶴子	2020/07	600,000	927,425	154.6%	S
3	S002	中原 征吾	2020/07	300,000	149,966	50.0%	B
4	S003	溝口 貞久	2020/07	600,000	256,925	42.8%	B
5	S004	山内 朋美	2020/07	400,000	354,077	88.5%	B
6	S005	中島 忠和	2020/07	300,000	824,530	274.8%	S
7	S006	河野 宣男	2020/07	600,000	411,222	68.5%	B
8	S007	吉岡 永寿	2020/07	600,000	916,171	152.7%	S
9	S008	上原 ひとみ	2020/07	500,000	598,918	119.8%	A
10	S009	谷本 祐子	2020/07	400,000	188,506	47.1%	B

目標達成率が150%以上なら「S」、100%以上なら「A」、それ以外なら「B」を判定する

条件判定をフローチャート等で可視化し、2つのIFを別々に記述する

　条件判定を行う関数はIFでしたね。IFは1つで最大2種類の分岐となるため、今回の3種類のランク判定（3種類の分岐）では、IFを2つ使う必要があります。

　いきなり2つのIFを1つの数式に記述しても良いですが、今回は1列ずつIFを記述し、最後に1つの数式にまとめていく流れを踏んでいきます。まず、今回の条件判定をフローチャートにまとめたものが、図3-C-2です。

図3-C-2　3種類のランク判定のフローチャート

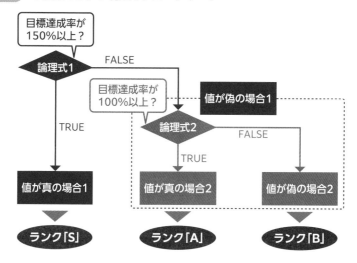

　このように可視化しておくと、複雑な条件判定を行う際に思考を整理できるので、不慣れなうちは手書きでもExcelワークシートでも良いので書き出すことがおすすめです。

　このフローチャートを見ると、1つ目のIF（青）は「S」と2つ目のIF（オレンジ）の分岐、そして2つ目のIF（オレンジ）は、「A」と「B」の分岐にすれば良いことが分かります。

　こちらを実際にIFで表現したものが、図3-C-3です。

図3-C-3　IFの使用イメージ

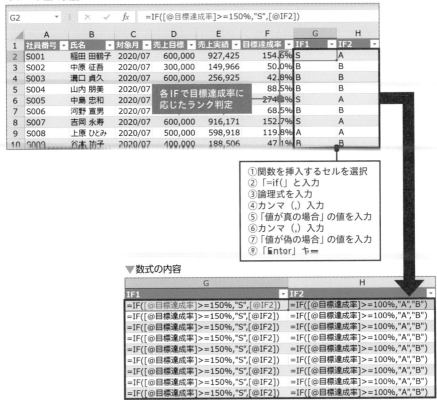

▼シート上の表記

▼数式の内容

　ちなみに、現段階でも「IF1」フィールドの結果は、正しく3種類のランク判定
ができている状態です。

2つのIFを1つの数式にまとめる

　最後に、この2つのIFを1つの数式にまとめてみましょう。やり方は簡単です。
「IF2」フィールドの数式のイコール（＝）以降をコピーし、「IF1」フィールドの
数式中の「[@IF2]」の部分へ代入するのみです（図3-C-4）。

図3-C-4 2つのIFをネストした数式

「IF2」フィールドの数式

| G2 | ▼ : × ✓ fx | =IF([@目標達成率]>=150%,"S",IF([@目標達成率]>=100%,"A","B")) |

	A	B	C	D	E	F	G	H	I
1	社員番号	氏名	対象月	売上目標	売上実績	目標達成率	IF1	IF2	
2	S001	稲田 田鶴子	2020/07	600,000	927,425	154.6%	S	A	
3	S002	中原 征吾	2020/07	300,000	149,966	50.0%	B	B	
4	S003	溝口 貞久	2020/07	600,000	256,925	42.8%	B	B	
5	S004	山内 朋美	2020/07	400,000	354,077	88.5%	B	B	
6	S005	中島 忠和	2020/07	300,000	824,530	274.8%	S	A	
7	S006	河野 宣男	2020/07	600,000	411,222	68.5%	B	B	
8	S007	吉岡 永寿	2020/07	600,000	916,171	152.7%	S	A	
9	S008	上原 ひとみ	2020/07	500,000	598,918	119.8%	A	A	
10	S009	谷本 祐子	2020/07	400,000	188,506	47.1%	B	B	

目標達成率が
150%以上なら「S」、
100%以上なら「A」、
それ以外なら「B」を返す

後は、「IF2」フィールドは不要になるため、列削除しても問題ありません。

　このように、不慣れなうちは段階を踏んだ方が確実に条件判定を行えます。これはIFに限らず、複数の関数を1つの数式中に組み合わせて使う場合すべてに共通します。

　実務で複数の関数を組み合わせて使う際には、ぜひこの点に留意していただければと思います。

第3章

さらに集計／分析の切り口を広げるための前処理テクニック

第 4 章

前処理の
一連の作業プロセスを
まとめて「自動化」するには

第2章では元データの不備修正を、そして第3章では元データをさらに使いやすくするための前処理テクニックを解説してきました。ただ、あくまでもこれらは部分的に効果があるものに過ぎません。前処理の作業全体を効率化するためには、個々のテクニックを複合的かつ地道に組み合わせていく必要があります。

実は、Excelには一連の作業プロセスを記録し、自動化する非常に便利な機能があります。この章では、その機能を活用し、複数工程ある前処理を自動化するテクニックを解説します。

4-1 複数の前処理をまとめて自動化してくれるExcel機能とは

☑ 前処理が複数工程ある場合、どうすると楽になるか

前処理が複数工程あるなら「パワークエリ」

実務での前処理は、ここまで解説した各種テクニックを複数組み合わせることが多く、つなぎ目の部分は人力の地道な作業になってしまいがちです。でも、これではヒューマンエラーのリスクが残りますね。

そこで役立つのが、「パワークエリ」という機能です。パワークエリは、図4-1-1のように3ステップで複合的な前処理をまとめて自動化することが可能です。

図4-1-1 パワークエリのイメージ

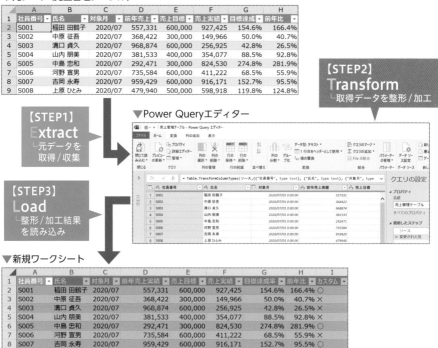

▼元データ (売上管理テーブル)

【STEP1】
Extract
└元データを取得/収集

【STEP2】
Transform
└取得データを整形/加工

▼Power Queryエディター

【STEP3】
Load
└整形/加工結果を読み込み

▼新規ワークシート

　なお、パワークエリはETLツールと呼ばれています。「ETL」とは、図4-1-1の3ステップの頭文字を略したものです。

　パワークエリの良いところは、STEP1〜3までの工程を一度設定してしまえば、元データの追加/更新があった際、ピボットテーブルのように「更新」するだけで一連の前処理を自動処理してくれるところです。しかも、マウス操作中心なのでVBAよりも習得の敷居は低めです。

　ただし、Excel2010/2013ユーザーはMicrosoft社公式アドインを事前にインストールすることが必要なのでご注意ください（ネット上でDL可）。

パワークエリの「ETL」の3ステップを理解する

　パワークエリの前提知識として、図4-1-1の3ステップを理解しましょう。STEP1のデータ取得は、図4-1-2の左側の通りです。

図4-1-2 パワークエリのデータ取得の主要コマンド

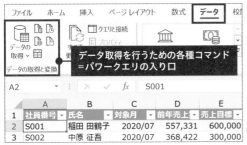

　なお、パワークエリで取得できるデータは多いですが、実務上の頻度が高い4種類を図4-1-2の右側にまとめました。最も基本的な「テーブルまたは範囲から」（元データが同じExcelブック内のテーブル/セル範囲）の手順は、図4-1-3の通りです（他の手順は第8章にて解説）。

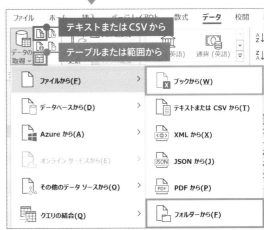

図4-1-3 パワークエリのデータ取得手順（テーブル）

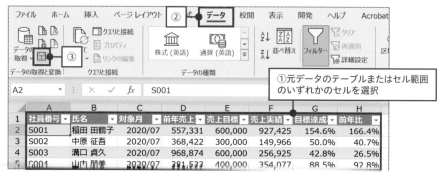

※②、③：クリック

　なお、パワークエリの元データはテーブルが前提です。テーブルでないセル範囲の場合、上記手順③まで終えると図4-1-4のダイアログが表示されます。「OK」すると、セル範囲がテーブルになります。

図4-1-4 「テーブルの作成」ダイアログの表示イメージ

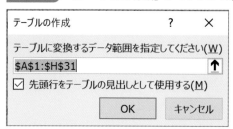

　ここまで終えると、Power Queryエディターが起動します。このエディター上で図4-1-1のSTEP2のデータ整形/加工を行っていきます。

　エディターの画面構成は図4-1-5をご覧ください。最初はここで紹介する4領域を覚えればOKです。

　なお、数式バーが表示されていない場合、リボン「表示」タブの数式バーのチェックをONにしましょう。

図4-1-5 Power Queryエディター画面構成

上記の「クエリの設定」ウィンドウの見方は図4-1-6の通りです。

図4-1-6 「クエリの設定」ウィンドウの見方

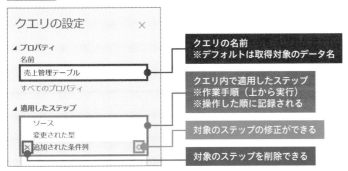

　「クエリ」という表記が散見されますが、データベースに対しての命令文（検索、更新、抽出等）のことをクエリと言います。これは、「一連の作業手順の総称」くらいの理解で十分です。

ちなみに、「適用したステップ」の各ステップは、「F2」キーで名称を変えることも可能です。標準のステップ名が分かりにくい場合等、変更しておきましょう。

　このエディター上で設定するデータ整形/加工の各種テクニックについては、4-2以降で解説していきます。エディター上で一連の設定作業が終わったら、図4-1-1のSTEP3としてデータの読み込み先を設定すれば、パワークエリの一連の作業は完了です（図4-1-7）。

図4-1-7　パワークエリのデータ読み込み先の設定手順

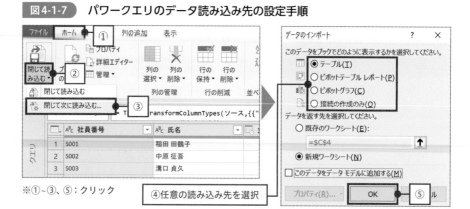

なお、このデータ読み込み先も実務で良く使うのは、実は図4-1-8の通り2パターンです（「テーブル」か「接続の作成のみ」）。

図4-1-8　パワークエリの主要な読み込み先

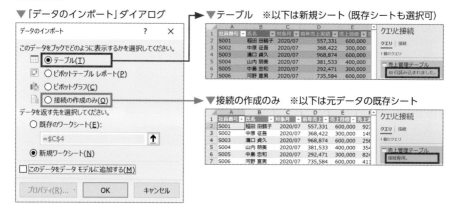

「テーブル」はパワークエリを実行したExcelブック内のワークシート上（新規or既存）に、整形後データをテーブル形式で出力します。

「接続の作成のみ」は前処理後のデータをExcelブック内のワークシート上に出力せず、内部に保持します。これは、Excelの行数を超えたデータ、または別作業用にクエリを仮作成する場合等で便利です。

ちなみに、いずれもクエリ作成後はワークシートに戻りますが、ワークシート右側に「クエリと接続」ウィンドウが表示されます。

最初に覚えるべきクエリの基本操作

クエリを作成以降、元データ側で追加／更新があった場合、図4-1-9のようにクエリの更新を行いましょう。

図4-1-9 クエリの更新方法

※①、②：クリック

また、クエリの編集（Power Queryエディターの再起動）や削除、読み込み先の変更等がしたい場合は、図4-1-10の通りです。

図4-1-10 クエリの各種操作方法

ちなみに、クエリ名をダブルクリックでもクエリ編集が可能です。

その他、一度クエリがあるExcelブックを閉じて再度開いた際、警告メッセージが表示されたら図4-1-11の対応を行えばOKです。

第4章 前処理の一連の作業プロセスをまとめて「自動化」するには

図4-1-11 クエリ有のExcelブックを開いた際の警告メッセージ

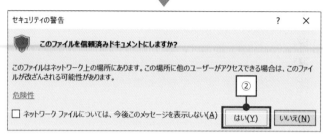

※①、②：クリック

　再度開いたExcelブックの場合、「クエリと接続」ウィンドウが非表示状態となります。この場合、図4-1-12の手順で表示可能です。

図4-1-12　「クエリと接続」ウィンドウの再表示方法

※①、②：クリック

4-2 さまざまな「不要データ」の削除を自動化するテクニック

✓ Power Queryエディターの操作は何から覚えれば良いか

✓ パワークエリで「不要データ」の削除はどうすれば良いか

Power Queryエディター上の基本操作とは

ここから図4-1-1のSTEP2の、データ整形/加工の各種テクニックを解説していきます。

まず覚えてほしいのは、Power Queryエディター上の基本操作です。エディター起動後、最初に行うべきは、取り込んだデータのデータ型が正しく設定されているかの確認です（2-6のテクニックと共通）。

基本的にExcel側でデータ型を自動判定してくれますが、時折違ったデータ型になるケースがあります。パワークエリもデータ型を限定しているコマンドがあるため、正しいデータ型にしておきましょう。

データ型の変更手順は、図4-2-1の通りです。

図4-2-1 パワークエリでのデータ型の変更手順

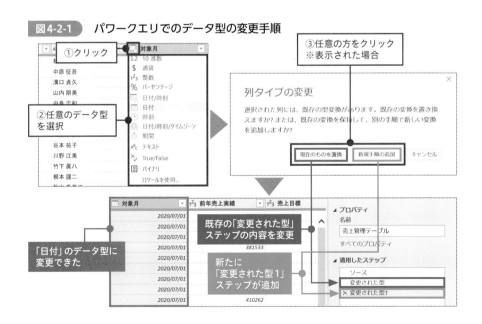

手順③では、Excel側で自動判定したステップと別に新たなステップを追加することも可能です。特にステップを分ける理由がなければ、ステップ数を増やさないためにも「既存のものを置換」で良いです。

ちなみに、データ型の変更はワークシート上の表示形式よりも大まかな設定です。詳細な表示形式の設定はワークシート上に読み込ませた後に行いましょう。

このデータ型の変更は後工程に影響するために、先に行うものですが、最後にまとめて行った方が良い基本操作として、列と行の並べ替えと列名の変更があります。

それぞれの手順は、図4-2-2〜4-2-4をご参照ください。

図4-2-2　パワークエリでの列の並べ替え手順

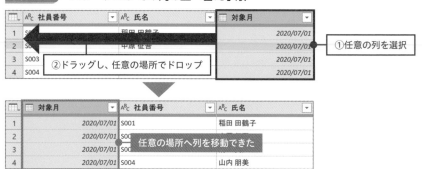

図4-2-3　パワークエリでの行の並べ替え手順

図4-2-4　パワークエリでの列名の変更手順

	A^BC 社員番号		A^BC 氏名		対象月	
1	S001		稲田 田鶴子			2020/07/01
2	S002		中原 征吾			2020/07/01
3	S003		溝口 貞久			2020/07/01
4	S004		山内 朋美			2020/07/01

①任意の列を選択
②「F2」
③任意の列名を入力

	A^BC 社員番号		A^BC 氏名		年月	
1	S001		稲田 田鶴子			2020/07/01
2	S002		中原 征吾			2020/07/01
3	S003		溝口 貞久			2020/07/01
4	S004		山内 朋美			2020/07/01

任意の列名に
変更できた

　これらは、思いついた順に五月雨で登録してしまうと、ステップ数が無駄に増えてしまいます。

　そうすると、パワークエリの処理速度の遅延に影響する場合もあるため、後工程にどうしても影響する場合を除き、これらのステップは終盤にまとめて設定することがおすすめです。

パワークエリで不要な列データを削除するには

　パワークエリの前処理においても、2-1で解説した通り、不要な行列データの削除から行いましょう。パワークエリにおいても、作業対象のデータ数を先に減らした方が、全体の処理速度向上につながります。

　まず、列データの削除方法ですが、大別して2通りあります。

　1つ目は選択した列を削除する方法です（図4-2-5）。

図4-2-5　パワークエリでの列の削除手順

①任意の列を選択
②右クリック
③クリック

不要な列を削除できた

手順①は、列の見出し部分をクリックすれば良いです。複数列を選択する場合がポイントですが、連続する列は「Shift」キーを押しながら「←」・「→」キー、離れた列は「Ctrl」キーを押しながら別の列名をクリックしましょう。この辺りはワークシートと同じ感覚でOKですね。

2つ目の方法として、選択した列以外を削除することも可能です。操作手順は1つ目とほぼ同じ要領です（図4-2-6）。

図4-2-6　パワークエリでの他の列の削除手順

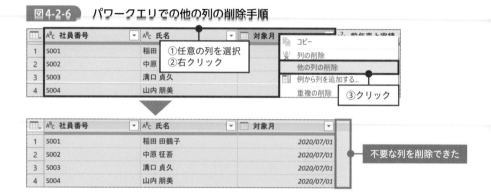

残したい列よりも削除対象の列が多い場合は、こちらの方が効率的です。データに応じて、上記2種類の削除方法を使い分けましょう。

パワークエリの不要な行データの削除テクニック

続いては、行データの削除方法です。

まず、基本はフィルター操作です。実は、Power Queryエディター上でフィルター操作を行うと、データ整形後に読み込んだテーブル側は、フィルター条件に合致したレコード以外は削除された状態となります。

フィルターの操作自体は、ワークシートと同じ要領です。今回は「目標達成率100％以上」を条件に操作した例が図4-2-7です。

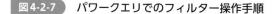

図4-2-7 パワークエリでのフィルター操作手順

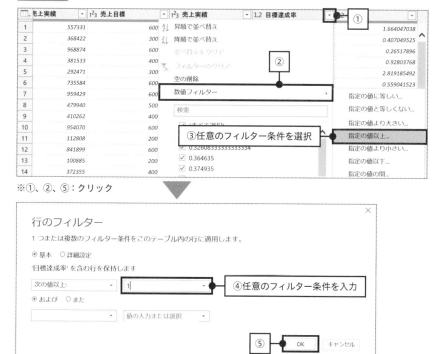

※①、②、⑤：クリック

ポイントは手順②〜④です。このフィルター条件が今後、元データ側に追加/更新があった場合でも問題がないものにする必要があります。

よって、安易にチェックボックスを使わず、テキストフィルター/日付フィルター/数値フィルターでしっかりと条件を設定してください。

フィルター以外にも、不要なレコードを削除する機能があります。例えば、2-5で解説した重複レコードの削除もパワークエリはお手軽に行うことが可能です（図4-2-8）。

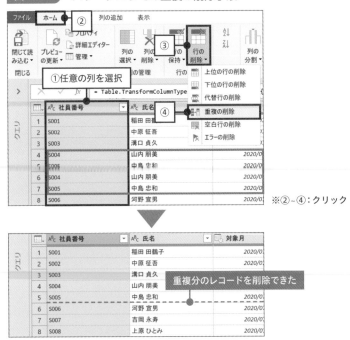

図4-2-8 パワークエリでの重複の削除手順

① 任意の列を選択

② ~ ④：クリック

重複分のレコードを削除できた

　手順①では、重複か否かを判定したい列を選択すればOKです。この「重複の削除」コマンドと同じ要領で、「空白行の削除」や「エラーの削除」といった類似コマンドもあります。状況に応じて使いましょう。

　こうしたレコード部分以外にも、元データによっては表の上や下に不要な行があるケースもあります。例えば、表の上に不要な行がある場合は図4-2-9のようなイメージです。

図4-2-9 表の上に不要な行がある例

	ᴬᴮ_C 列1	ᴬᴮ_C 列2	¹²³ 列3	¹²³ 列4	¹²³ 列5
1	単位：円	null	null	null	
2	社員番号	氏名	対象月	前年売上実績	売上目標
3	S001	稲田 田鶴子	2020/07/01 0:00:00	557331	
4	S002	中原 征吾	2020/07/01 0:00:00	368422	
5	S003	溝口 貞久	2020/07/01 0:00:00	968874	

見出しの行がレコード部分にある

表の上に不要な行がある

　こうした場合、「上位の行の削除」というコマンドが便利です。使い方は、図4-2-10の通りです。

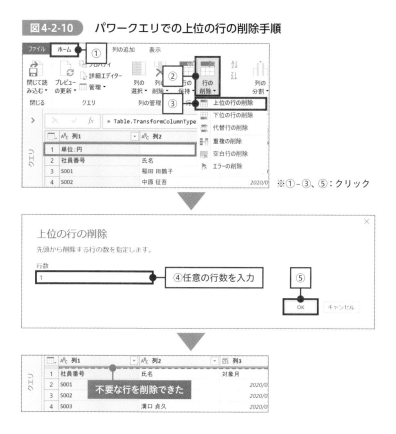

図4-2-10 パワークエリでの上位の行の削除手順

※①～③、⑤：クリック

④任意の行数を入力

不要な行を削除できた

　手順④で指定した行数を固定値として、表の上（1行目）から指定の行数分を削除できます。

　ちなみに、「上位の行の削除」で表の上の不要な行は削除できましたが、見出し行がレコードの1行目にある状態のため、「1行目をヘッダーとして使用」というコマンドをセットで使いましょう（図4-2-11）。

第4章　前処理の一連の作業プロセスをまとめて「自動化」するには

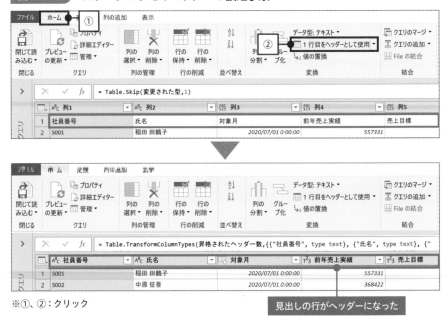

図4-2-11 パワークエリでのヘッダーの設定手順

※①、②：クリック

見出しの行がヘッダーになった

　このように、Power Queryエディターでは、見出し行を「ヘッダー」というレコードの1行上の場所にセットしておく必要があります。

　この作業をしておかないと、ワークシート上に読み込ませたテーブル側の見出しが「列1」等になりますし、1行目のレコードが本来の見出し行になってしまいます。ご注意ください。

　なお、「下位の行の削除」というコマンドもありますが、これは表の下側に不要な行がある場合に使いましょう。使い方は「上位の行の削除」とほぼ同じです。

　こちらは、ヘッダー部分は特に影響ないため、「1行目をヘッダーとして使用」は不要です。

複数の「表記ゆれ」の修正方法と「入力漏れ」の対処法

✓ パワークエリで「表記ゆれ」の修正はどうすれば良いか

✓ パワークエリで「入力漏れ」の解消はどうすれば良いか

さまざまな「表記ゆれ」の修正に役立つコマンド

　ここでは2-3,2-4で解説した「表記ゆれ」の修正を、Power Queryエディター上で行う際の各種テクニックを解説していきます。

　基本は「値の置換」です。こちらはワークシート上の「置換」に相当するものですね。使い方は図4-3-1をご覧ください。

図4-3-1 パワークエリでの値の置換手順

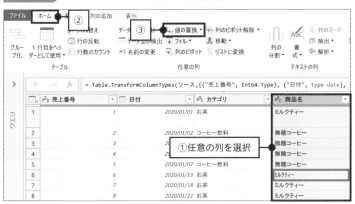

※②、③、⑥：クリック

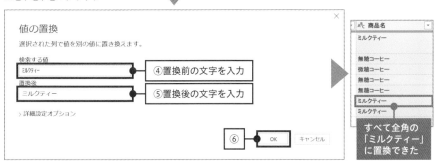

置換したい文字が複数ある場合は、上記手順を置換対象の文字の数だけ登録しましょう。

　また、パワークエリには英数カナの全角/半角の表記を統一するコマンドがないため、この「値の置換」で代用すると良いです。もし、あまりにも置換する数が多い場合、その対処法は第5章で解説したいと思います。

　なお、以降に解説するコマンドにも共通しますが、手順①で指定した列にコマンドの実行結果が上書きされる仕様です。

　次に、パワークエリで英字の大文字/小文字の表記の統一に役立つのが、「大文字」と「小文字」というコマンドです。イメージとして、ワークシート上のUPPER、LOWERの関数と一緒ですね。

　「大文字」コマンドを例に手順をまとめたものが、図4-3-2です。

図4-3-2　パワークエリでの「小文字」→「大文字」変換手順

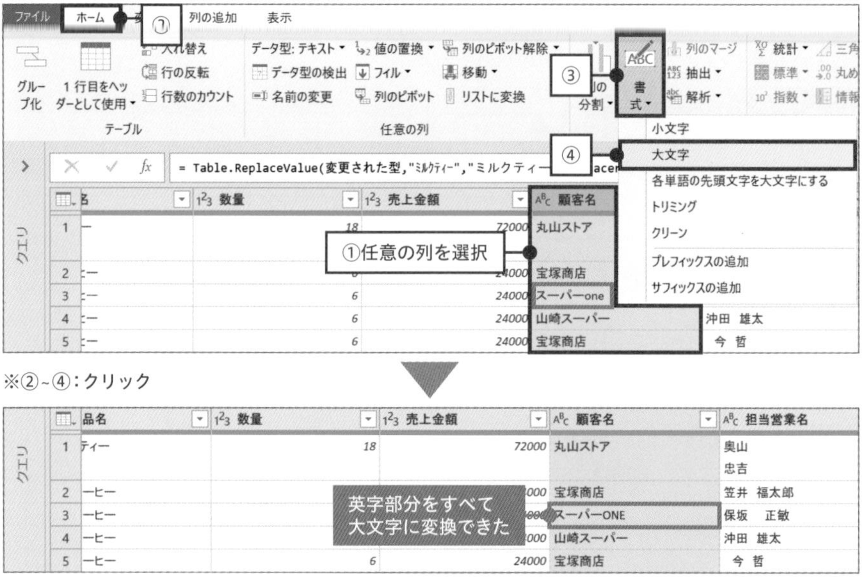

「小文字」コマンドも上記同様の手順なので、覚えやすいですね。

　ちなみに、「大文字」コマンドの下にある「各単語の先頭文字を大文字にする」コマンドは、関数のPROPERと同じ効果です。こちらも必要に応じて使い分けましょう。

146

続いて、スペースや改行等の余計な文字列を除去するコマンドもパワークエリ上に用意されています。スペースの除去は「トリミング」コマンドを使います（図4-3-3）。

図4-3-3 パワークエリでのトリミング手順

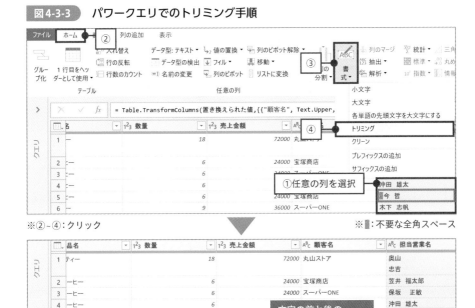

※②~④：クリック

※███：不要な全角スペース

文字の前と後の
スペースを削除できた

こちらはワークシート上の関数のTRIMと似ていますが、若干仕様が異なり、文字の前後のスペースのみを除去します（TRIMは単語間のスペースを1つだけ残し、それ以外のスペースを削除）。

つまり、「トリミング」コマンドでは、単語間のスペースは一切削除されないため、別途対応が必要です。

おすすめは、「値の置換」コマンドを活用することです（図4-3-4）。

図4-3-4   パワークエリでの単語間の空白の削除方法

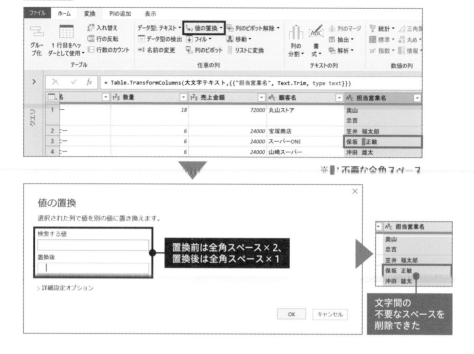

図4-3-4のように、「検索する値」ボックスへ置換したい単語間のスペース数を指定することで、余計なスペースを置換によって削除するイメージですね。こちらも、単語間のスペース数の種類だけ置換の登録が必要です。

もう一方の改行を削除したい場合、「クリーン」コマンドを使います。使い方は、図4-3-5の通りです。

コラム　**ワークシートとの類似機能にご注意を**

Power Queryエディター上にはワークシートと同様の機能が多数用意されていますが、中にはトリミングのように仕様が異なるものもあります。

本書では、他にもワークシート上の関数MIDと「範囲」コマンドの相違点に触れていますが、それ以外にも存在するかもしれません。

初めて使う機能は事前に検証することをおすすめします。

図4-3-5 パワークエリでのクリーン手順

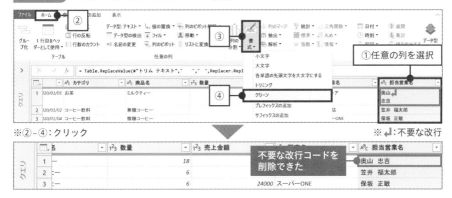

※②~④：クリック　　　　　　　　　　　　　　　　※ :不要な改行

こちらは文字通り、関数のCLEANと同じ効果です。

パワークエリでの「入力漏れ」の対処法

2-2で解説した「入力漏れ」や「誤入力」について、その原因がヒューマンエラーのものについては、パワークエリで取り込む前のワークシート上の段階で事前に修正しておく必要があります（元データだけでどう処理するかを判定・処理できないため）。

ただし、セル結合解除後の空白セルの一括入力については、パワークエリの「フィル」コマンドで対処が可能です（図4-3-6）。

コラム 「クリーン」コマンドの削除対象は「制御文字」

「制御文字」とは、印刷されない文字の総称です。本書では、分かりやすいよう制御文字の代表例となる改行コードに絞って、ワークシート上の関数CLEANやパワークエリの「クリーン」コマンドを解説していますが、厳密には、他の制御文字も削除が可能です。

気になる方はネットで制御文字を検索してみてください。

図4-3-6 パワークエリでのフィル手順

※②～④：クリック

　「フィル」では、図4-3-6のようにセル結合が解除され空白セル扱いになったセルに対し、同じ値をコピーできます。

　これにより、セル結合のあった列を条件として集計が可能となります（図4-3-6なら「カテゴリ」別の売上金額等）。

　なお、Power Queryエディター上での空白セルは「null」と表示されます。ワークシート上と表示が異なりますので、ご注意ください。

　ちなみに、空白セルに一括で同じ値を入力する場合は、「値の置換」コマンドでもOKです。この場合、「null」を置換前の文字に指定してください。

データの「抽出」・「分割」・「統合」の複数パターンを使い分ける

✅ パワークエリでデータの抽出・分割・結合を行うにはどうすれば良いか

パワークエリでのデータ抽出は大別して2種類

ここでは、3-1,3-2で解説したデータの抽出・分割・結合を、Power Query エディター上で行う際の各種テクニックを解説していきます。

データ抽出から解説しますが、パワークエリでの抽出は大別して以下の2系統があります。

> 1. 文字数を基準に抽出する
> 2. 特定の記号（文字）を基準に抽出する

1つ目は、固定の文字数で抽出する方法です。

こちらは、「抽出」内の「最初の文字」や「最後の文字」、「範囲」といったコマンドが該当します。例として、「最初の文字」コマンドを使う場合の手順は図4-4-1の通りです。

コラム　目印は区切り記号（文字）とは限らない

ワークシート上のLEFT/RIGHT/MIDやパワークエリの「抽出」等のコマンドで、特定の記号や文字を基準に抽出・分割・結合を行う際、その目印は区切り記号であるとは限りません。

部署名であれば「本部」や「部」、住所であれば都道府県や「市」等、規則性のある単位があれば抽出・分割・結合が可能です。

データの規則性を読み解き、柔軟に抽出・分割・結合を行いましょう。

図4-4-1　パワークエリでの抽出手順（最初の文字）

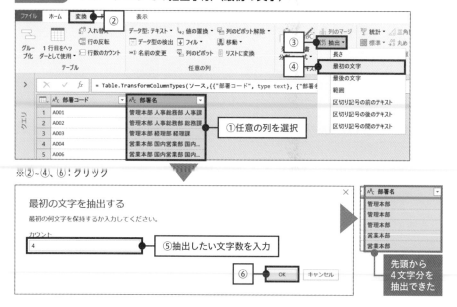

こちらはワークシート上の関数のLEFTと同じ効果ですね。ちなみに、「最後の文字」はRIGHT、「範囲」はMIDと同じ効果です。

これらのコマンドの注意点は、データ分割にも共通しますが、手順①で複数選択しているとコマンドが活性化しません。

その他、「範囲」コマンドについて、MIDより開始位置が1文字少ないため、使用する際はご注意ください（図4-4-2）。

コラム　思い通りの結果にならない場合はステップを修正しよう

「抽出」の各コマンドに限りませんが、Power Queryエディター上で思い通りの結果にならない場合は、該当のステップ（「クエリの設定」ウィンドウの「適用したステップ」）を修正しましょう。

該当のステップをダブルクリック、もしくはステップ名の右にある歯車マークをクリックで、先ほど設定した状態でダイアログが再起動します。

希望の内容へ修正し直しましょう（歯車マークがない場合は、一旦該当ステップを削除し、再登録してください）。

図4-4-2 「範囲」コマンドとMIDの違い

▼Power Queryエディター(抽出 > 範囲)

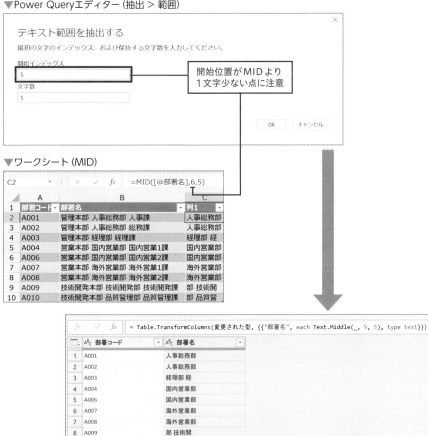

開始位置がMIDより
1文字少ない点に注意

▼ワークシート (MID)

次は、2つ目の抽出方法です。こちらは固定の文字数ではなく、特定の記号、つまりは区切り記号(文字)を基準に抽出します。

こちらは、「抽出」内の「区切り記号の前のテキスト」や「区切り記号の後のテキスト」、「区切り記号の間のテキスト」といったコマンドが該当します。例として、「区切り記号の前のテキスト」コマンドを使う場合の手順は図4-4-3の通りです。

図4-4-3 パワークエリでの抽出手順（区切り記号の前のテキスト）

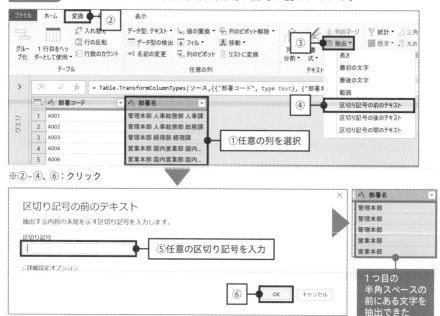

※②～④、⑥：クリック

こちらは、関数だと3-2で解説した通り、LEFTやRIGHT等にFINDやLEN等といった補助的な関数を組み合わせないと実現できなかった方法です。それがパワークエリだと、図4-4-3のようにクリック操作中心で簡単に設定できます。

データ抽出時は、状況に応じて1つ目と2つ目の方法を使い分けましょう。

パワークエリで行うデータ分割テクニック

続いて、データ分割を行う方法です。実務では、複数列に分割する際、区切り記号の方が活用頻度は高いです。

区切り記号を基準にした分割の手順は、図4-4-4の通りです。

図4-4-4 パワークエリでの列の分割手順（区切り記号による分割）

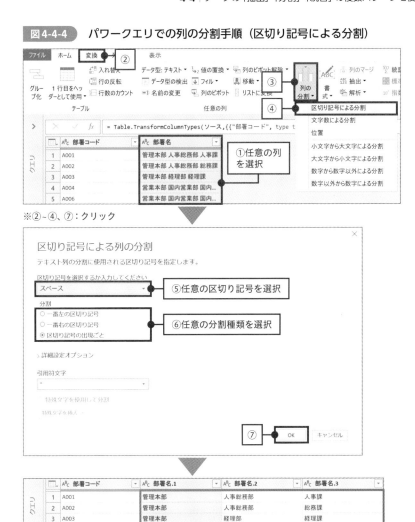

※②～④、⑦：クリック

半角スペースを基準にデータを3列に分割できた

　今回は手順⑤で「スペース」を選択していますが、厳密には半角スペースを意味します。もし、区切り記号が全角スペースの場合は「カスタム」を選択し、出現したボックス内に全角スペースを入力してください。その他、必要に応じて分割後の列名を変更しましょう。

なお、パワークエリでのデータ分割は、区切り記号以外にも、数字とそれ以外で構成された列を分割することも可能です。対象の文字が数字から始まるなら「数字から数字以外による分割」、数字以外から始まるなら「数字以外から数字による分割」というコマンドが役立ちます。

今回は、後者の方を例にしたものが図4-4-5です。

図4-4-5　パワークエリでの列の分割手順（数字以外から数字による分割）

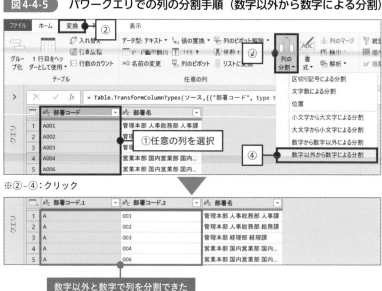

こうしたコマンドを活用することで、例えば「1,000円」等の単位を付けてしまった文字を数値として扱えるようにすることが可能となります（この場合は「数字から数字以外による分割」コマンド）。

なお、分割後の数値の列はデータ型が「テキスト」のままのため、「整数」等の数値のものへ忘れずに変更しましょう。

パワークエリの複数列のデータを結合する

パワークエリでのデータ結合については、図4-4-6をご覧ください。

図4-4-6 パワークエリでの列のマージ手順

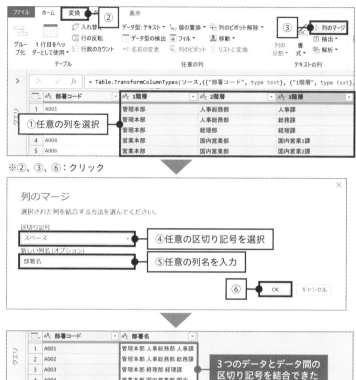

※②、③、⑥：クリック

こちらは、手順①で複数列を選択していないとコマンドが活性化されませんので、ご注意ください。

なお、手順④は区切り記号を入れておいた方が、後で抽出や分割が必要になった際に制御しやすいため、なるべく設定しておきましょう。

既存の列を上書きしたくない場合はリボン「列の追加」タブ経由から

これまで解説したデータ抽出・分割・結合は、リボン「変換」タブ上のコマンドでした。このタブ上のコマンドだと、4-3で解説した各コマンドと同様に選択した列が上書きされる仕様です。

もし、既存の列は残し、抽出等のコマンドの結果を別の列に表示したい場合は、リボン「列の追加」タブ上のコマンドを使いましょう。

一例として、リボン「列の追加」タブ側の「列のマージ」を実行した結果が図
4-4-7です。

図4-4-7　リボン「追加」タブ経由での列のマージ例

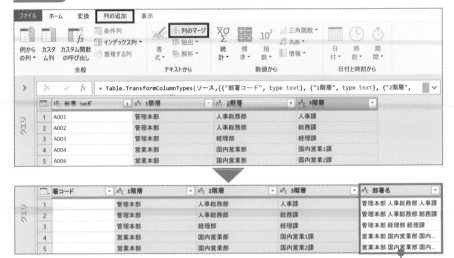

リボン「列の追加」タブ経由なら
結合結果を追加した列へ表示できる

　このように、新たな列に結合結果が表示されました。

　なお、コマンドによってはリボン「列の追加」タブ上にないものもあります
（「列の分割」等）。

　この場合、予め該当の列を複製（コピペ）しておき、複製した列に対して任意
のコマンドを実行すれば良いです。

　ちなみに、パワークエリでの列の複製は図4-4-8の流れで行います。

コラム　既存の列を上書きするか、新たな列を追加するかの判断基準

　基本的に、「集計/分析に使わないデータは残さない」という観点で判断しま
しょう。

　一般的に、数値は計算の元となる値もあった方が分かりやすいですが、それ以
外は後から参照する、または利用する可能性があるものは列を追加して残す、そ
れ以外は上書きすると良いです。

図4-4-8 パワークエリでの列を複製する手順（重複する列）

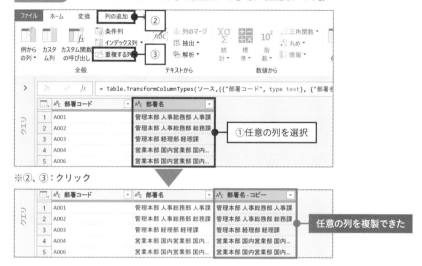

※②、③：クリック

4-5 一連の作業プロセスへ 数値・日付の計算を組み込むには

☑ パワークエリで数値や日付の計算はどう行えば良いか

パワークエリでの数値の計算テクニック

ここでは、3-3,3-4で解説した既存データ（数値/日付）を用いた計算を、Power Queryエディター上で行う方法を解説していきます。

まずは数値データの計算ですが、パワークエリでも四則演算が基本です。手順は図4-5-1の通りです。

図4-5-1 パワークエリでの四則演算の手順（乗算）

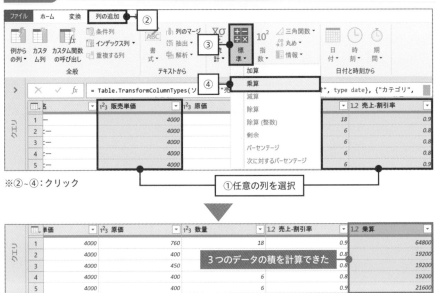

手順①で3列以上選択時は、加算か乗算のみ実行可能です（減算・除算は2列まで）。ちなみに、1列選択時はダイアログが起動し、そこに入力した値との四則演算ができます。

その他、「カスタム列」で任意の計算の設定も可能です（図4-5-2）。

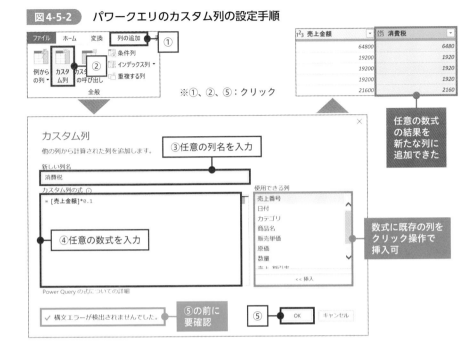

図4-5-2 パワークエリのカスタム列の設定手順

※①、②、⑤：クリック

任意の数式
の結果を
新たな列に
追加できた

③任意の列名を入力

④任意の数式を入力

数式に既存の列を
クリック操作で
挿入可

⑤の前に
要確認

複数の四則演算やカッコ有の数式の場合は、こちらを使いましょう。

なお、手順④の数式は、既存の列を参照する際はクリック操作で挿入し、それ以外の記号（演算子等）や数値は手入力してください。

その他、四則演算以外にも端数処理も可能です（図4-5-3）。

コラム Power Query エディターの数式のルール

基本的には、ワークシート上の数式とほぼ一緒のルールです。テーブル名は角カッコ（[]）で囲まれており、文字列を使う場合はダブルクォーテーション（"）で囲めば良いです。それ以外の数値やnull、演算子（+や*等）は、そのままの記述で問題ありません。

図4-5-3 パワークエリでの数値の端数処理手順（切り捨て）

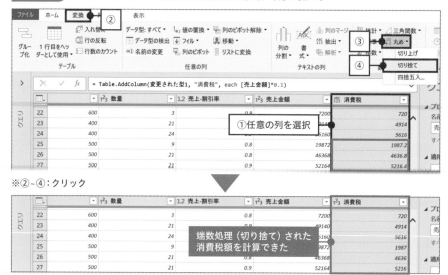

※②~④：クリック

端数処理（切り捨て）された
消費税額を計算できた

　注意として、パワークエリの四捨五入は「銀行型丸め」が適用されており、ワークシート上のROUNDと結果が異なる場合があります（ROUNDは「算術型丸め」）。この銀行型丸めだと、中間の0.5が偶数側に丸められてしまいます。対策として、「カスタム列」で関数の「Number.Round」を使い、「RoundingMode.AwayFromZero」を引数「丸めモード」に指定すればOKです（図4-5-4）。

> **Number.Round(数値列,桁数,丸めモード)**
> 丸めた数値を返します。桁数と丸めモードを指定できます。

図4-5-4　Number.Roundの使用イメージ

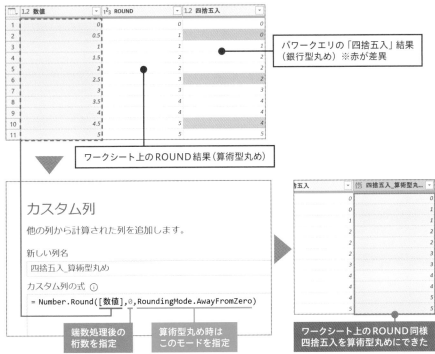

パワークエリの「四捨五入」結果
（銀行型丸め）※赤が差異

ワークシート上のROUND結果（算術型丸め）

カスタム列

他の列から計算された列を追加します。

新しい列名

四捨五入_算術型丸め

カスタム列の式 ⓘ

= Number.Round([数値],0,RoundingMode.AwayFromZero)

端数処理後の
桁数を指定

算術型丸め時は
このモードを指定

ワークシート上のROUND同様
四捨五入を算術型丸めにできた

「カスタム列」ダイアログの数式入力時、IME入力モードが「半角英数」だと、関数/引数名を途中まで入力すればサジェストされます。

また、パワークエリ上の関数は「M関数」と言いますが、関数名等の右横のⓘをクリックすると機能の説明を確認できます（図4-5-5）。

図4-5-5　M関数の説明文の表示方法

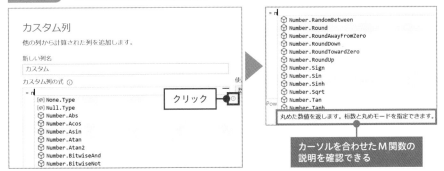

カーソルを合わせたM関数の
説明を確認できる

パワークエリで日付の取得や計算を行うには

日付データは、日付から任意の単位取得が基本です(図4-5-6,4-5-7)。

図4-5-6 パワークエリでの日付の取得手順（年）

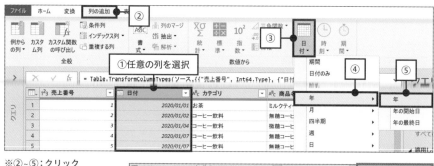

※②~⑤：クリック

図4-5-7 パワークエリでの日付の取得例（月・日・曜日）

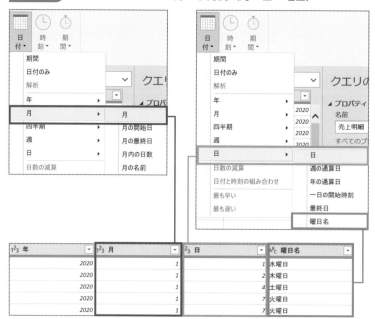

「年」・「月」・「日」の列からの日付作成は、「#date」を使います。使い方はワークシートのDATEと同じです（図4-5-8）。

> **#date(年,月,日)**
> 年、月、日を表す整数から日付の値を作成します。

図4-5-8 #dateの使用イメージ

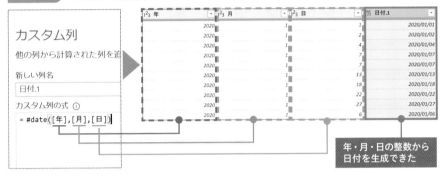

年・月・日の整数から
日付を生成できた

その他、現在の日付/時刻を取得したい場合は、図4-5-9のように関数の「DateTime.FixedLocalNow」を使うと良いです。

> **DateTime.FixedLocalNow()**
> ローカルタイムゾーンでの現在の日付と時刻を返します。この値は固定されているため、連続呼び出しでは変更されません。

図4-5-9 DateTime.FixedLocalNowの使用イメージ

現在の日付と時刻を
自動取得できた

こちらはワークシート上のTODAYの仲間のNOWと同一効果です。

なお、日付の計算に使う際は、データ型を「日付」にして時刻部分を丸めないとエラーになりますので、ご注意ください。

ここからは日付間の計算方法です。日付間の日数を計算する際は、「日数の減算」コマンドを用います。手順は図4-5-10の通りです。

図4-5-10 パワークエリでの日数の減算手順

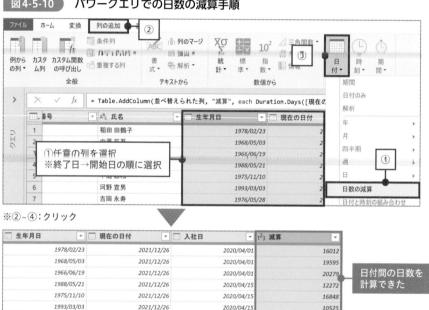

※②~④：クリック

日付間の日数を計算できた

ポイントは手順①です。終了日の列から選択しましょう。

続いて月の計算です。日付に月数の加算時は、「Date.AddMonths」(ワークシートのEDATE同様)を使います(図4-5-11)。

Date.AddMonths(日付列,月数)
指定された月を日付に追加します。

図4-5-11 Date.AddMonthsの使用イメージ

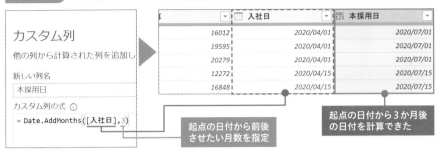

特定日付からの数えで月計算を行う場合は、「Date.EndOfMonth」の関数を使いましょう。ワークシートのEOMONTHと違い、月数の加算ができないため、Date.AddMonthsと組み合わせると良いです（図4-5-12）。

> **Date.EndOfMonth（日付列）**
> 月の最終日を返します。

図4-5-12 Date.EndOfMonthの使用イメージ

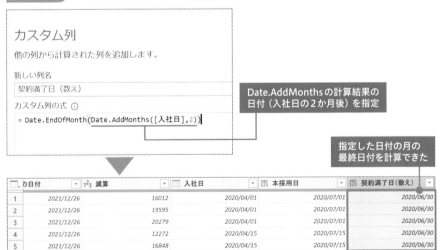

図3-4-5では、この計算結果に「+1」を加えましたが、パワークエリでは「Date.AddDays」の関数を使う必要があります（図4-5-13）。

> **Date.AddDays（日付列, 日数）**
>
> 指定された日を日付に追加します。

図4-5-13 Date.AddDaysの使用イメージ

このように、パワークエリでの計算はワークシート上と仕様が異なる部分がありますので、それを念頭に置いて対応しましょう。

なお、WORKDAY.INTLのような営業日計算を行うM関数はないため、パワークエリ上で実現するには、別途プログラムを組む必要があります。高難易度のため、事前にワークシート上で計算する方が無難です。

「条件判定」を
マウス操作中心で自動化させる

☑️ パワークエリで条件判定を行うにはどうすれば良いか

パワークエリの条件判定はマウス操作中心で設定できる

　ここでは3-5で解説した条件判定をPower Queryエディター上で行う方法を解説していきます。

　パワークエリでの条件判定は、基本的に「条件列」というコマンド上で設定が可能です。手順は図4-6-1の通りです。

図4-6-1　　パワークエリでの条件列の設定手順

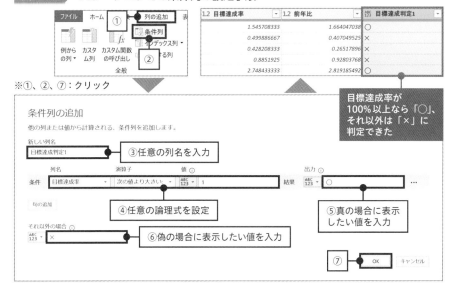

　手順④~⑥は値入力だけでなく、特定の列の値を参照することも可能です（プルダウンで選択）。

　また、この「条件列」コマンドは複数条件の設定も簡単です。図4-6-2のように、「句の追加」をクリックすることで、新たな論理式と真の場合に表示する値を追加できます。

図4-6-2 条件列の複数条件の例

このように、マウス操作中心で複数条件に分岐する条件設定もできるため、ワークシート上のIFを用いた条件設定よりも簡単です。

なお、論理式で使う値がExcelブック内の複数のクエリで共通して繰り返し使う場合、「パラメーター」という機能を活用しましょう。

パラメーターとは、指定した名前で特定の値を格納および管理でき、それを各コマンドの計算/処理対象に利用できる機能です。

通常のExcelであれば、数式で特定の値を入れたセル番地（「A1」等）を参照することで利便性や保守性を高めるのと同じ感覚で使えるものだと考えてOKです。

このパラメーターを作成する手順は、図4-6-3をご覧ください。

第4章 前処理の一連の作業プロセスをまとめて「自動化」するには

図4-6-3 パワークエリでのパラメーターの作成手順

※①〜③、⑦：クリック

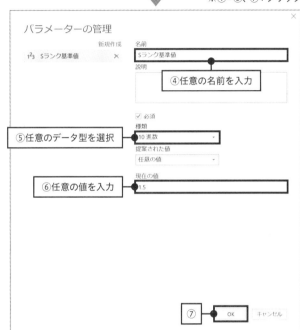

④任意の名前を入力

⑤任意のデータ型を選択

⑥任意の値を入力

パラメーター作成後
は、図4-6-4の状態と
なります。

図4-6-4 パラメーター作成後の表示イメージ

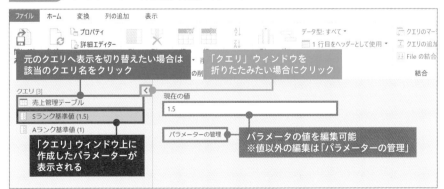

元のクエリへ表示を切り替えたい場合は
該当のクエリ名をクリック

「クエリ」ウィンドウを
折りたたみたい場合にクリック

「クエリ」ウィンドウ上に
作成したパラメーターが
表示される

パラメータの値を編集可能
※値以外の編集は「パラメーターの管理」

もし、後でパラメーターを削除が必要な場合、「クエリ」ウィンドウ上で該当の
パラメーター名の上で右クリックすれば削除可能です。

　今回は、図4-6-2の条件の値をパラメーターとして作成しました（「Sランク基
準値」と「Aランク基準値」）。これを利用して条件を設定したものが、図4-6-5の
内容です。

図4-6-5　パラメーターを使用した条件列のイメージ

　ご覧の通り、パラメーターを利用しても、直接値を入力したものと結果は同じ
ですね。
　このパラメーターを利用するメリットは、修正時の工数が減り、修正漏れのリ
スクが減ることです。
　例えば、消費税率をパラメーターとして登録し、複数箇所でそのパラメーター
を用いた場合、税率変更時は1つのパラメーターを修正するだけで全部の計算へ
変更内容を反映できます。
　すべて直接入力だと1箇所ずつの修正になるために非効率ですし、更新漏れの

リスクもあります。よって、なるべく繰り返し使う目標値や基準値、閾値（しきいち）等の数値はパラメーターへ登録しましょう。

このパラメーターは、同じExcelブックのクエリ間で共有可能です。

カスタム列への数式で条件判定を設定する方法

この条件判定で1つ注意が必要な点は、AND条件とOR条件を含む条件判定の場合、「条件列」コマンドでは設定ができないことです。

この場合、「カスタム列」へ直接「if式」という式を記述する必要があります。こちらは、M関数とは記述方法が異なるため、段階的に解説していきます。

まず、基本の条件判定（2種類の分岐）のif式は次の通りです。

> if 論理式 then 値が真の場合 else 値が偽の場合

ワークシート上のIFが使える方なら、if式の構文さえ注意して記述すれば問題なく理解できるレベルだと思います。実際、図4-6-1と同じ条件を「カスタム列」に記述したものが図4-6-6です。

図4-6-6 カスタム列での条件判定イメージ（単一条件）

ワークシート上の関数やM関数と違いカッコが不要ですが、それ以外は、比較演算子や文字列はダブルクォーテーション（"）が必要な点等は共通ルールです。

続いて、3種類以上に分岐する条件判定のif式は、次の通りです。

```
if 論理式1 then
    値が真の場合1
else if 論理式2 then
    値が真の場合2
else
    値が偽の場合2
```

　ワークシートのIFだと、2つ目のIFをネストする部分が「else if」にすること
が注意点ですね。さらに分岐を増やしたい場合は、この「else if」を増やし、必
ず最後を「else」で締めてください。

　この構文で図4-6-5と同じ条件を記述したものが、図4-6-7です。

図4-6-7　カスタム列での条件判定イメージ（複数条件）

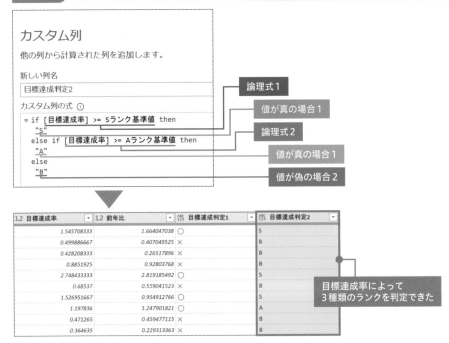

　図4-6-7のように、複雑な式は改行とスペースでインデント風に表示した方が
読みやすく、設定ミスも減りますのでおすすめです。

　なお、パラメーターを式に記述する際は、特にダブルクォーテーション（"）等は不要で、直接パラメーター名を入力しましょう。

　ここからは、本題のAND条件やOR条件の場合について解説します。例として、AND条件の場合の構文は次の通りです。

```
if 論理式1 and 論理式2 then
    値が真の場合
else
    値が偽の場合
```

　OR条件の場合、上記「and」の部分を「or」へ読み替えましょう。この構文を「カスタム列」へ記述したものが、図4-6-8です。

図4-6-8　カスタム列での条件判定イメージ（AND条件）

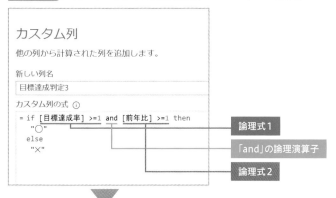

「and」は論理演算子というものですが、ワークシート上の関数のANDやORと記述する際の場所が異なる部分にご注意ください。

　また、実務ではAND条件やOR条件を含み、かつ3種類以上の分岐になる場合もあります。その場合は、今までのif式をうまく組み合わせましょう。

　その他、カスタム列でif式を設定した場合、そのステップを後で編集すると、AND条件やOR条件を含まないものは「条件列の追加」ダイアログ上にif式の内容が反映された状態で起動します。

　よって、AND条件やOR条件があれば「カスタム列」、なければ「条件列」コマンドで条件設定するようにしましょう。

　ちなみに、パワークエリのif式は、VBAのものとほぼ共通ルールです。また、パワークエリのパラメーターは、VBAの「変数」や「定数」といった概念に近しいです。

　ゆくゆくはVBAを学びたい方は、パワークエリをしっかりと理解しておくと、学習効率が上がると思います。

演習 4-A

売上明細の複数の「表記ゆれ」を まとめて修正する

📄 サンプルファイル：【4-A】202001_売上明細.xlsx

■ パワークエリで商品名の「表記ゆれ」を修正する

ここでの演習は、4-3で解説した「表記ゆれ」の復習です。

サンプルファイル自体は2-Bと同じ「表記ゆれ」が発生していますので、今回はパワークエリを用いて修正しましょう。

最終的に、図4-A-1の状態になればOKです。なお、データ整形後のテーブルは、新規ワークシートへ表示してください。

図4-A-1 演習4-Aのゴール

▼Before

▼After

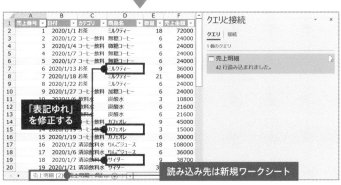

177

テーブルを取り込んでPower Queryエディターを起動する

まずは、元データのテーブルを取り込んでいきます（図4-A-2）。

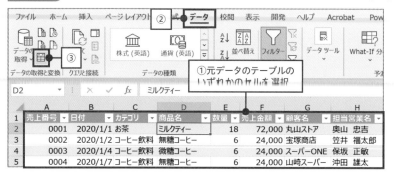

図4-A-2 パワークエリのデータ取得手順（テーブル）　　※②、③：クリック

取り込むと、Power Queryエディターが起動します。エディター起動後は各列のデータ型が問題なく判定されたかを確認しましょう。

結果、「日付」フィールドのデータ型が「日付/時刻」になっているため、「日付」にデータ型を変更します（図4-A-3）。

図4-A-3 パワークエリでのデータ型の変更手順　　※①~③：クリック

全角カナへの変換は「値の置換」コマンドを使う

　準備ができたら、「商品名」フィールドの「表記ゆれ」の修正を行っていきます。まずは、2種類の半角カナ→全角カナに変換する作業を順番に行いますが、活用するコマンドは「値の置換」です（図4-A-4）。

図4-A-4　パワークエリでの値の置換手順

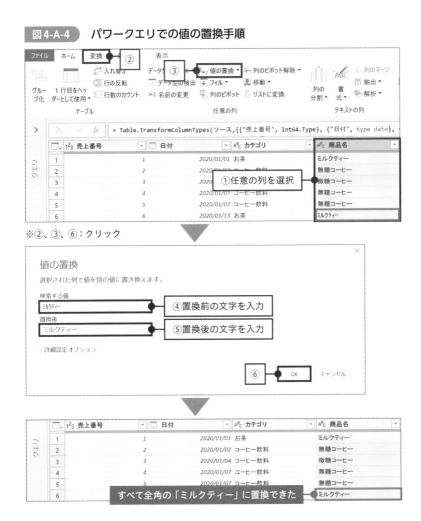

「ｶﾌｪｵﾚ」の方も、上記手順で「カフェオレ」へ変換してください。

179

余計なスペースの除去は「トリミング」コマンドを使う

続いて、18行目の不要なスペース除去しますが、活用するコマンドは「トリミング」です。図4-A-5の手順で実行してみてください。

図4-A-5 パワークエリでのトリミング手順

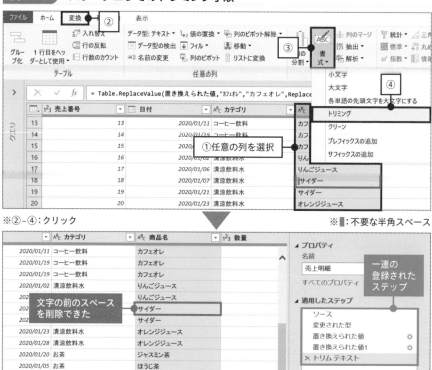

※②〜④：クリック　　　　　　　　　　　　　　　　　　　　　　　※ ：不要な半角スペース

これで一連の修正作業をステップに登録できました。もし、自身の作業結果のステップが図4-A-5と相違する場合は見直してくださいね。

最後に、この結果を新規ワークシートへ読み込ませます(図4-A-6)。

図4-A-6　パワークエリのデータ読み込み先設定手順

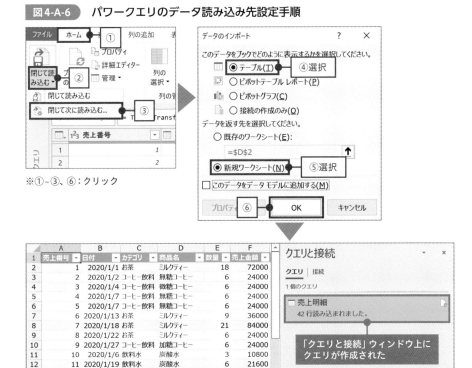

※①～③、⑥：クリック

　後は、新規ワークシート上のテーブルで必要があれば「桁区切り」等の表示形式を設定しましょう。一度設定しておけば、今後クエリを更新しても、表示形式は継続されます。

社員マスタの「重複の削除」と「氏」と「名」の結合を行う

 サンプルファイル：【4-B】社員マスタ.xlsx

パワークエリで社員の氏名の重複削除とデータ結合を行う

ここでの演習は、4-2 と 4-4 の複合的な復習です。

パワークエリを使い、サンプルファイル「社員マスタ」の「重複データ」の削除と、データ結合を行ってください。

図4-B-1 の状態がゴールです。なお、データ整形後のテーブルは、新規ワークシートへ表示してください。

| 図4-B-1 | 演習4-Bのゴール |

▼Before

▼After

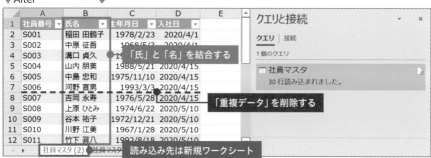

テーブルを取り込んでPower Queryエディターを起動する

まずは、元データのテーブルを取り込みます。今回もリボン「データ」タブの「テーブルまたは範囲から」から取り込み、Power Queryエディターを起動させましょう（手順は図4-A-2を参照）。

Power Queryエディター起動後は、「生年月日」と「入社日」の2列のデータ型を「日付」に変更しましょう（手順は図4-A-3を参照）。

「重複データ」の削除は「重複の削除」コマンドを使う

準備ができたら、まずは「重複データ」の削除を行います。

主キーの「社員番号」フィールドを選択し、図4-B-2のように「重複の削除」コマンドを実行します。

図4-B-2 パワークエリでの重複の削除手順

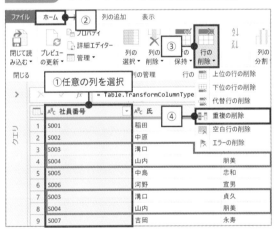

※②～④：クリック

重複分のレコードを削除できた

データ結合は「列のマージ」コマンドを使う

続いて、「氏」と「名」の2列を結合しますが、活用するコマンドは「列のマージ」です。図4-B-3の手順で実行してみてください。

図4-B-3　パワークエリでの列のマージ手順

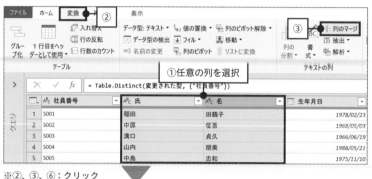

※②、③、⑥：クリック

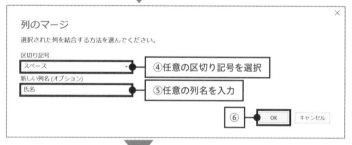

これで一連の作業をステップに登録できました。この図4-B-3のステップと、自身の作業結果が相違していないか確認してください。

最後に、この結果を新規ワークシートへ読み込ませて完了しますが、新規ワークシートへ読み込ませる場合、図4-B-4のように「データのインポート」ダイアログを起動させない方法もあります。

図4-B-4　パワークエリのデータ読み込み先の設定手順（新規ワークシート）

※①、②：クリック

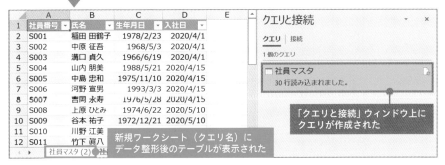

新規ワークシートの場合、こちらの方が同じ結果を少ない手順で得られます。ちなみに、図4-A-6では手順⑥までありました。

なお、読み込み先を既存ワークシートや「接続の作成のみ」にする場合は、必ず「データのインポート」ダイアログを起動する必要がありますので、ご注意ください。

第4章　前処理の一連の作業プロセスをまとめて「自動化」するには

売上金額の単位を削除し、税込の金額を新たに算出する

 サンプルファイル：【4-C】202001_売上明細.xlsx

パワークエリで売上金額の単位削除と税込額の計算を行う

ここでの演習は、4-2〜4-5の複合的な復習です。

パワークエリを使い、図4-C-1のように「売上金額」の「円」を削除し、かつ税込の売上金額を新たな列に追加しましょう。

なお、クエリだけ用意しているため、このクエリを編集します。

図4-C-1　演習4-Cのゴール

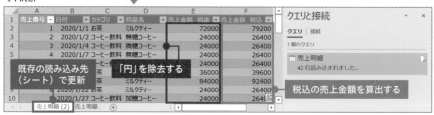

既存のクエリからPower Queryエディターを起動する

サンプルファイルを開き（警告メッセージが表示の場合、図4-1-11を参照）、図4-C-2の手順でPower Queryエディターを起動します。

図4-C-2　「クエリと接続」ウィンドウの再表示＆クエリの編集手順

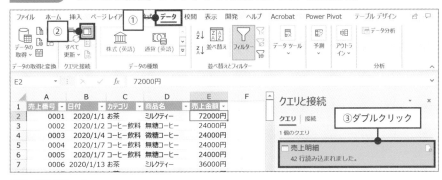

※①、②：クリック

「売上金額」の単位の削除は「列の分割」コマンドを使う

　まず、「売上金額」フィールドの「円」の除去を行いますが、「列の分割」の「数字から数字以外による分割」コマンドを使っていきます。

　手順は図4-C-3の通りですが、「売上金額.2」の列は不要なので削除します（図4-C-4）。なお、他に「値の置換」等の別コマンドで対応しても良いです。

図4-C-3　パワークエリでの列の分割手順（数字から数字以外による分割）

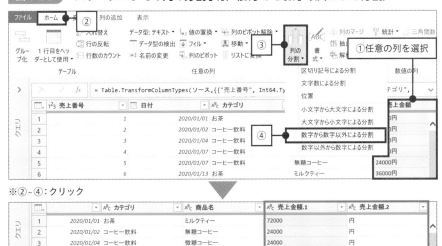

※②～④：クリック

数字と数字以外で列を分割できた

図4-C-4　パワークエリでの列の削除手順

「売上金額.1」の列のデータ型は、「整数」に変更しておきましょう。

税込の金額計算は「乗算」コマンドを使う

　続いて、税込金額を計算した列を追加しますが、「乗算」コマンドを使います（図4-C-5）。今回は手順①で1列のみ選択しているため、乗じる数値（今回は元値＋税込の「1.1」）を指定します。

　なお、乗算の結果、小数点以下があるレコードもあるため、忘れずに「切り捨て」コマンドで端数処理も行います（図4-C-6）。

図4-C-5　パワークエリでの四則演算の手順（乗算）

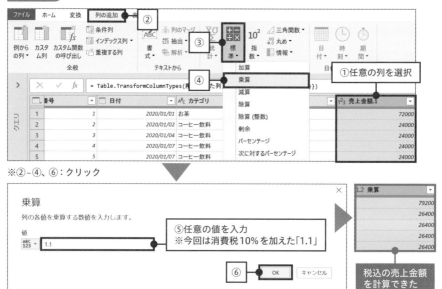

図4-C-6　パワークエリでの数値の端数処理手順（切り捨て）

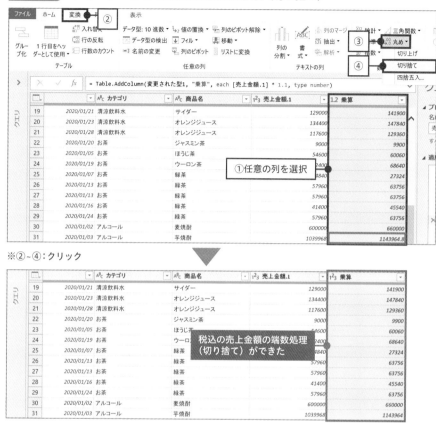

※②~④：クリック

後は、列名を変更（図4-C-7）し、一連のステップが問題なければ、最後にクエリを上書き保存（図4-C-8）して完了です。

これで、クエリの表示先のテーブルが更新されます。

図4-C-7 パワークエリでの列名の変更手順

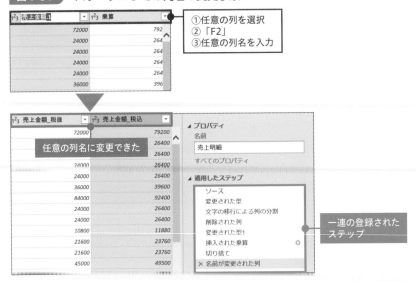

①任意の列を選択
②「F2」
③任意の列名を入力

任意の列名に変更できた

一連の登録された
ステップ

図4-C-8 クエリの上書き保存手順

※①、②：クリック

クエリの編集内容が表示先
のテーブルに反映された

別表から
必要なデータを
転記・連結する方法

　第 2〜4 章は、単一の表データに関する前処理
テクニックがメインでした。しかし、実務では
単一の表データだけで事足りるケースより、む
しろ別表のデータも使いたいケースの方が多い
ものです。

　だから、第 5 章では「別の表データを元デー
タへ転記する」、「同じレイアウトの表データを
一元集約する」といった前処理のテクニックに
ついて、一歩踏み込んで解説していきたいと思
います。

別表からの転記作業も
前処理の基本

☑ 別表からデータを転記するにはどうすれば良いか

「別表からの転記作業」とはどんな前処理なのか

　データ集計/分析を進める際、1つのテーブルだけでデータが足りることはほとんどありません。その場合、別表でまとめているデータの一部（列データ）を元データへ転記する必要があります。

　こうした作業を「データ転記」と言います。図5-1-1のように、何かしらのマスタテーブルから必要な列データを転記するイメージですね。

図 5-1-1　　データ転記のイメージ

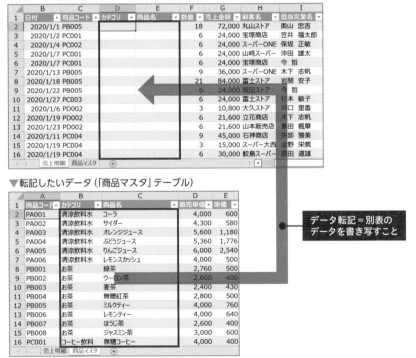

▼元データ（「売上明細」テーブル）

▼転記したいデータ（「商品マスタ」テーブル）

データ転記＝別表の
データを書き写すこと

　なお、こうしたデータ転記は「主キー」が基準となります（図5-1-1なら「商品コード」が基準）。転記する際は、該当の商品コードに対応する「カテゴリ」や「商品名」といった任意のデータを「商品マスタ」から書き写し（コピペ）していきます。

　では、このデータ転記をExcel上で行う際の基本的な動作を確認していきましょう。基本動作のイメージは、図5-1-2の通りです。

図5-1-2　データ転記の基本動作

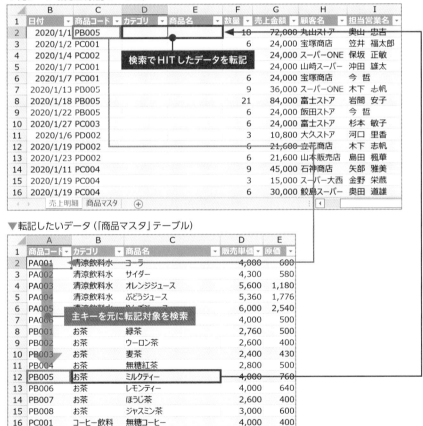

▼元データ（「売上明細」テーブル）

▼転記したいデータ（「商品マスタ」テーブル）

流れは辞書等の調べものと似ていますが、まずは主キーが転記したいデータの表にあるかを調べます。そして、該当の主キーに対応する転記したいデータを任意の場所へ転記（コピペ）する、という流れです。

Excelのデータ転記の基本は「検索→コピペ」

図5-1-2を実際にExcelで行う際、主キーが転記したいデータの表にあるかを調べるために「検索」を使い、その後はコピペで転記します。

Excelの「検索」は、2-3で解説した「置換」と親子的な機能です。実際、使用するタブは違いますが、ダイアログ自体は一緒のため、操作手順も似ています（「置換」との違いは、ダイアログに「置換後の文字列」がないこと）。

操作手順は、図5-1-3の通りです。

図5-1-3 「検索」の操作手順

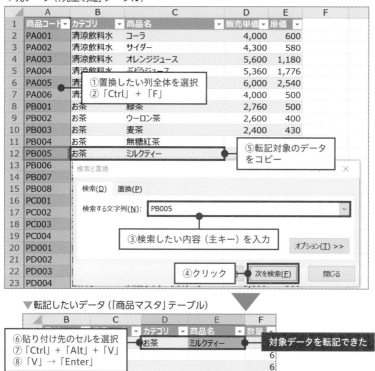

▼元データ（「売上明細」テーブル）

▼転記したいデータ（「商品マスタ」テーブル）

この手順のポイントは、「置換」と同様に手順①です。主キーが「1」等の単純なものだと、別フィールドのセルがHITしてしまうケースもあるため、予め検索の対象範囲を選択しておく方が無難です。

また、手順④は「次を検索」にしていますが「すべて検索」でも良いです。基本的にマスタテーブルを検索するのであれば、主キーは1つしかHITしないはずだからです（全レコードが一意）。

もし、マスタ以外を対象に検索するなら「すべて検索」にして、検索結果の一覧から該当データを選ぶと良いでしょう。

ちなみに、手順⑦を行うと「形式を選択して貼り付け」ダイアログが起動しますので、手順⑧の順にキーを押すことで「値の貼り付け」を行っています。これでコピペ後も、元データの表が崩れません。

データ転記は関数で自動化すること

「検索→コピペ」がデータ転記の基本ですが、転記対象のレコード数が多い、あるいは発生頻度が高い場合は、手作業で行うことは現実的ではありません。

なぜなら、作業の数に比例して工数はかかりますし、コピペ間違い等のヒューマンエラーが起きるリスクも高まるからです。

よって、転記作業を迅速かつ正確に行うためには「データ転記が得意な関数」を活用しましょう。その関数は「VLOOKUP」です。

> **VLOOKUP(検索値,範囲,列番号,[検索方法])**
> 指定された範囲の1列目で特定の値を検索し、指定した列と同じ行にある
> 値を返します。テーブルは昇順に並べ替えておく必要があります。

VLOOKUPを使うことで、Excelが人間の代わりに「検索→コピペ」を自動処理してくれるようになります。

イメージ的には、図5-1-4のように、指定した主キーに対応する転記対象のデータが一瞬でセル上へ転記されます。

図5-1-4　VLOOKUPの使用イメージ

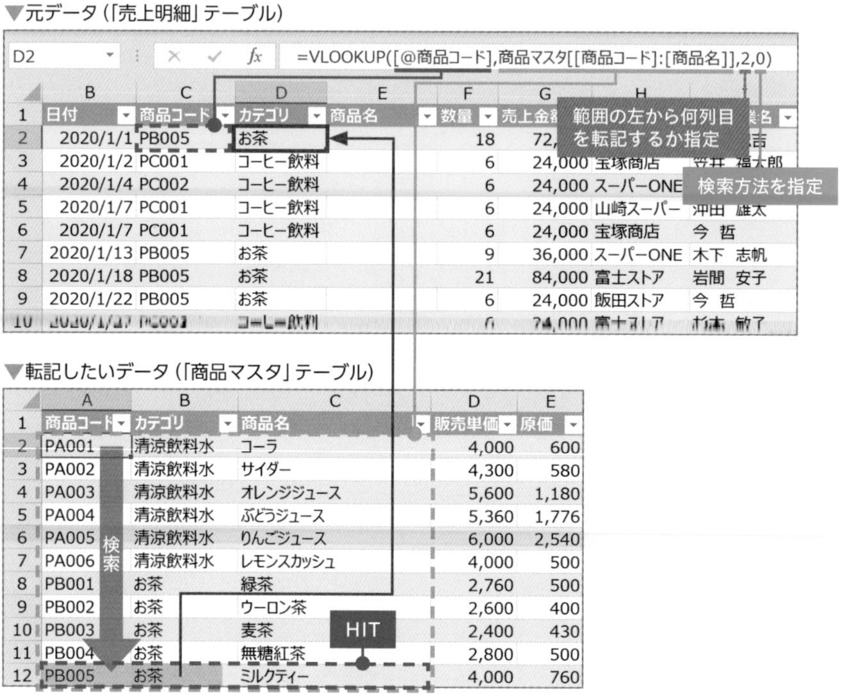

▼元データ（「売上明細」テーブル）

▼転記したいデータ（「商品マスタ」テーブル）

VLOOKUPの方が、人間が行うよりも高速で転記できますし、チェック箇所も減るためエラーの発生確率も下げることが可能です。

なお、このVLOOKUPは引数が4つあり、比較的関数の中では多い部類です。そして、業界問わず使用頻度が高い関数の1つのため、VLOOKUPを使えることがExcelのレベルを測るための1つの物差しになることも多いです。

よって、VLOOKUPの各引数の意味をしっかりと理解しましょう（図5-1-5）。

1つ目は「検索値」です。原則主キーを設定しますが、「表記ゆれ」や誤入力等があると転記ミスの原因になるため、ご注意ください。

2つ目は「範囲」です。こちらは、主キーの検索対象の範囲を指定します。ここで指定する範囲は、必ず左端が主キーの列、そして転記したいデータの列を含めたものにしないといけません。

なお、今回はテーブル化した表を選択していますが、通常の表を選択する際は

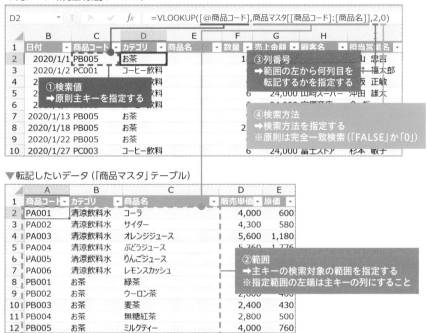

図5-1-5 VLOOKUPの各引数の意味

▼元データ（「売上明細」テーブル）

▼転記したいデータ（「商品マスタ」テーブル）

「$A:$C」等の列全体を指定しましょう。その方が、マスタへデータ追加したと
してもエラーを防止できます。

　続いて、3つ目は「列番号」です。こちらは、「範囲」の「左から何列目を転記
するか」を指定するものです。図5-1-5は、「2」を指定しているため、「商品マス
タ」の2列目（「カテゴリ」フィールド）が転記対象となります。

　最後に、4つ目は「検索方法」です。実務では「完全一致検索」が主流です。
「完全一致検索」を意味する「FALSE」か「0」を指定すれば良いとだけ覚えてお
きましょう（「近似一致検索」はほぼ使わない）。

第5章 別表から必要なデータを転記・連結する方法

一段上の
データ転記の応用テクニック

☑ データ転記をもっと便利にできるのか

事前にセットしたVLOOKUPのエラー値を非表示にしたいなら

データ転記に便利なVLOOKUPですが、入力予定の表へ予めセットしておくと、入力工数の削減に効果的です。しかし、事前にセットした場合、図5-2-1のようなエラー値が表示されてしまいます。

図5-2-1　VLOOKUPのエラー例

| D2 | ▼ : × ✓ fx | =VLOOKUP([@商品コード],商品マスタ[[商品コード]:[商品名]],2,0) |

	A	B	C	D	E	F	G	H	I
1	売上番号	日付	商品コード	カテゴリ	商品名	数量	売上金額	顧客名	担当営業名
2	0001			#N/A	#N/A				
3	0002			#N/A	#N/A				
4	0003			#N/A	#N/A				
5	0004			#N/A	#N/A				
6	0005			#N/A	#N/A				
7	0006			#N/A	#N/A				
8	0007			#N/A	#N/A				
9	0008			#N/A	#N/A				
10	0009			#N/A	#N/A				
11	0010			#N/A	#N/A				

事前にセットしたVLOOKUPが
エラー値になってしまう

この「#N/A」というエラー値は、VLOOKUPで指定した検索値が見つからない場合に出るものです。

図5-2-1で言えば、検索値の「商品コード」が未入力（＝ブランク）の状態のため、検索対象の表の「商品マスタ」内にHITするものが見当たらず、このエラー値が表示されているというわけですね。

このエラー値は、主キーの入力を進めていけば表示されなくなりますが、未入力状態でもエラー値を表示したくないなら、「IFERROR」という関数を組み合わせると良いです。

> **IFERROR（値, エラーの場合の値）**
> 式がエラーの場合は、エラーの場合の値を返します。エラーでない場合は、
> 式の値自体を返します。

IFERRORを使うことで、本来はエラー値が表示される場合に、任意の文字列を表示させることが可能です。IFERRORの使用イメージは、元々のVLOOKUPの数式の前後にIFERRORの数式を追加すればOKです（図5-2-2）。

図5-2-2 IFERRORの使用イメージ

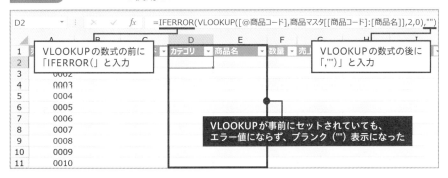

図5-2-2では、エラーの場合の値としてブランクを設定するため、主キーが未入力でもエラー値が表示されなくなりました。ちなみに、ブランクは数式上ダブルクォーテーション（"）2つで表します。

このIFERRORを使う際は、まずはIFERRORなしの数式が問題なく動作することを検証し、後からIFERRORを追加しましょう。その方が、不要な数式エラーを減らすことができておすすめです。

1つのVLOOKUPの数式で複数列の転記を行うテクニック

実務では、別表から転記したい列が複数ある場合が多いです。その場合、VLOOKUPを普通に使っていると、列ごとに手作業で数式の列番号を修正しなければならず、かなり面倒な作業になります。

イメージ的には、図5-2-3の通りです。

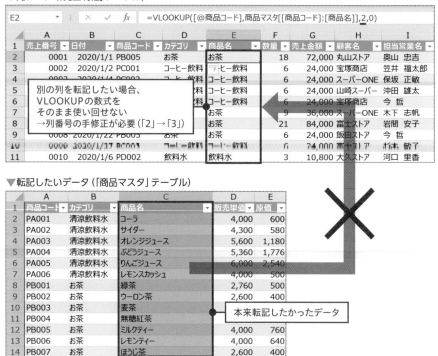

図 5-2-3 VLOOKUP の複数列の転記例

▼元データ（「売上明細」テーブル）

	A	B	C	D	E	F	G	H	I
	売上番号	日付	商品コード	カテゴリ	商品名	数量	売上金額	顧客名	担当営業名
2	0001	2020/1/1	PB005	お茶	お茶	18	72,000	丸山ストア	奥山 忠吉
3	0002	2020/1/2	PC001	コーヒー飲料	コーヒー飲料	6	24,000	宝塚商店	笠井 福太郎
4					コーヒー飲料	6	24,000	スーパーONE	保坂 正敏
5				飲料	コーヒー飲料	6	24,000	山崎スーパー	沖田 雄太
6				飲料	コーヒー飲料	6	24,000	宝塚商店	今 哲
7					お茶	9	36,000	スーパーONE	木下 志帆
8					お茶	21	84,000	富士ストア	岩間 安子
9	0008	2020/1/22	PB005	お茶	お茶	6	24,000	飯田ストア	今 哲
10	0009	2020/1/17	PC003	コーヒー飲料	コーヒー飲料	6	24,000	富士スター	村木 敏了
11	0010	2020/1/6	PD002	飲料水	飲料水	3	10,800	大久ストア	河口 里香

（E2 の数式: =VLOOKUP([@商品コード],商品マスタ[[商品コード]:[商品名]],2,0)）

別の列を転記したい場合、VLOOKUP の数式をそのまま使い回せない →列番号の手修正が必要（「2」→「3」）

▼転記したいデータ（「商品マスタ」テーブル）

	A	B	C	D	E
1	商品コード	カテゴリ	商品名	販売単価	原価
2	PA001	清涼飲料水	コーラ	4,000	600
3	PA002	清涼飲料水	サイダー	4,300	580
4	PA003	清涼飲料水	オレンジジュース	5,600	1,180
5	PA004	清涼飲料水	ぶどうジュース	5,360	1,776
6	PA005	清涼飲料水	りんごジュース	6,000	2,540
7	PA006	清涼飲料水	レモンスカッシュ	4,000	500
8	PB001	お茶	緑茶	2,760	500
9	PB002	お茶	ウーロン茶	2,600	400
10	PB003	お茶	麦茶		
11	PB004	お茶	無糖紅茶		
12	PB005	お茶	ミルクティー	4,000	760
13	PB006	お茶	レモンティー	4,000	640
14	PB007	お茶	ほうじ茶	2,600	400

本来転記したかったデータ

　これが、転記する列数が多い、あるいは転記前後の列の順番がぐちゃぐちゃの場合、工数的にも精神的にも負荷が大きくなります。

　よって、ベースとなる1つの数式で、複数列でも転記可能な数式にすることが大原則です。そこで活躍する関数が、「MATCH」です。

> **MATCH（検査値,検査範囲,[照合の種類]）**
> 指定された照合の種類に従って検査範囲内を検索し、検査値と一致する要素の、配列内での相対的な位置を表す数値を返します。

　この関数の数式は、実はVLOOKUPと似ています（図5-2-4）。

200

図5-2-4 MATCHの使用イメージ

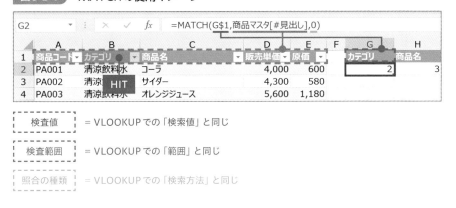

検査値 = VLOOKUPでの「検索値」と同じ

検査範囲 = VLOOKUPでの「範囲」と同じ

照合の種類 = VLOOKUPでの「検索方法」と同じ

注意点は、「検査範囲」は1行か1列にする必要があります。それぞれ1行の場合（図5-2-4と同じケース）は左から、1列の場合は上から、「検査値」が何番目にあるのかをカウントします。

このMATCHを使い、VLOOKUPの列番号を各フィールド名に応じた番号に自動計算できるようにします。図5-2-5のように、MATCHの数式をVLOOKUPの列番号のところへ代入すればOKです。

図5-2-5 VLOOKUP + MATCHの数式イメージ

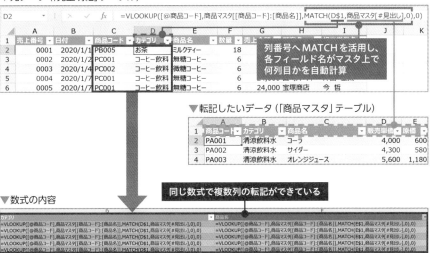

これで1つの数式をコピペで使い回しても、複数列の転記に対応できます。注意として、MATCHの検査値を指定するセルがテーブルの表の場合、「売上明細[[#見出し],[カテゴリ]]」のような構造化参照になってしまいます。この場合、検査値の列が固定され、複数列の転記ができなくなります。なので、この部分は「D$1」等、行のみ絶対参照のセル番地を直接入力して、コピペ後にスライドするようにしてください。

主キーが左端にない表から転記したい場合の対策とは

さらに、VLOOKUPでのデータ転記で何より困るのは、転記したい表の主キーのフィールドが左端以外の位置にある場合です（図5-2-6）。

図5-2-6　主キーが表の左端以外の例

	A	B	C	D	E
1	カテゴリ	商品名	商品コード	販売単価	原価
2	清涼飲料水	コーラ	PA001	4,000	600
3	清涼飲料水	サイダー	PA002	4,300	580
4	清涼飲料水	オレンジジュース	PA003	5,600	1,180
5	清涼飲料水	ぶどうジュース	PA004	5,260	1,776
6	清涼飲料水	りんごジュース	PA005		
7	清涼飲料水	レモンスカッシュ	PA006	4,000	500
8	お茶	緑茶	PB001	2,760	500
9	お茶	ウーロン茶	PB002	2,600	400
10	お茶	麦茶	PB003	2,400	430

主キーのフィールドが表の左端にない

この場合、当然このままではVLOOKUPが使えません。

この表が加工できるなら、単純に主キーの列を左端へ移動させれば、通常通りVLOOKUPで問題ないです。でも加工できない場合は、VLOOKUPでなく「INDEX」という関数を使いましょう。

INDEX(参照,行番号,[列番号],[領域番号])
指定された行と列が交差する位置にある値またはセルの参照を返します。

このINDEXはMATCHと組み合わせることで、VLOOKUP以上に柔軟にさまざまな表のデータ転記に対応できます。まず、INDEXのイメージを理解するため、単体での使い方をご覧ください（図5-2-7）。

図5-2-7　INDEXの使用イメージ

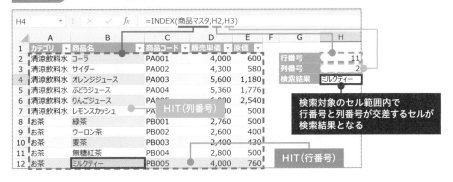

このように、INDEX単体だとVLOOKUPより数式がシンプルです。

ただ問題なのは、単体だと行番号と列番号が「固定値」である点です。よって、先ほどのVLOOKUPの列番号へMATCHを代入したのと同様に、INDEXの行番号・列番号へMATCHを代入します。

これにより、行番号・列番号を条件に応じて自動計算できるようになるわけですね。組み合わせた数式は、図5-2-8の通りです。

図5-2-8　INDEX＋MATCHの数式イメージ

▼元データ（「売上明細」テーブル）

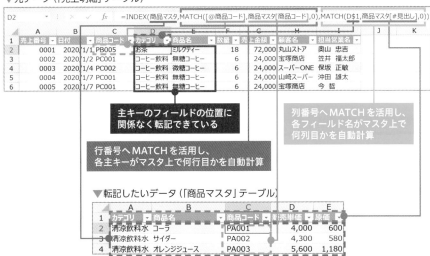

第5章　別表から必要なデータを転記・連結する方法

なお、今回のように複数列の転記でなければ、列番号のMATCHは使わなくてもOKです（その場合は固定の数値を指定）。

　また、列番号のMATCHの検査値は、VLOOKUPの時と同様に参照セルがテーブルの場合はセル番地（D$1等）にしましょう（行番号のMATCHの場合、列固定で良いので「[@商品コード]」のままでOK）。

コラム　**INDEXの引数「領域番号」の使い方とは**

　本書ではINDEXの4つ目の引数の「領域番号」を省略した使い方のみを紹介しておりますが、この引数は転記したい表が複数ある場合に活用すると良いです。

　例えば、大人料金と子供料金の2種類の表があり、対象者が大人か子供かで転記する表を切り替えるといったイメージです。

　もし、こうした使い方をしたい方は、「INDEX 領域番号」といったキーワードでネット検索してみてください。

関数を使わず
データ転記を自動化するには

☑️ 関数以外にデータ転記に役立つ機能はあるか

関数でのデータ転記は、量が多いとExcelブックが重くなる

ここまでデータ転記を自動化する方法として、VLOOKUPやINDEXといった関数を使ったテクニックを解説してきました。

ただ、関数をセットしたセル数があまりにも多い場合、Excel側の動作が遅くなる、最悪、作業途中でExcelが落ちてしまう危険性があるのでご注意ください。例えば、図5-3-1のような状態です。

図5-3-1 セットした関数が多い例

転記するレコード数・フィールド数が多い場合、関数がメインだと
動作が重くなる、あるいはExcel自体が落ちてしまう可能性あり

これは、関数の数に比例して自動計算される数も増えるため、PCの負荷が大きくなってしまうためです。また、セルを更新する度に再計算され、それを待つ時間で作業が進まないという事態に陥ることもあります。

よって、転記するデータ数が多過ぎる場合、関数だと処理が捗らないケースもあると認識しておきましょう。

関数を使わずにデータ転記作業を自動化する方法とは

転記するデータ数が多い場合、関数よりもパワークエリがおすすめです。関数と違い再計算処理がないため、相対的に動作が遅延しにくくなります（ただし、そもそもデータ数が多ければ相応の時間はかかります）。

更に、パワークエリはマウス操作中心で関数よりも多くの種類の転記作業が設定可能です。

まずは、VLOOKUP等と同様の転記作業をパワークエリで行う方法を解説します（他の転記テクニックは5-4以降で解説）。

パワークエリでの転記の基本は、図5-3-2のようにベースとなる表へ、転記したい表の任意の列データを結合した「第3の表」を新たに生成することです。

図5-3-2 パワークエリでのデータ転記のイメージ

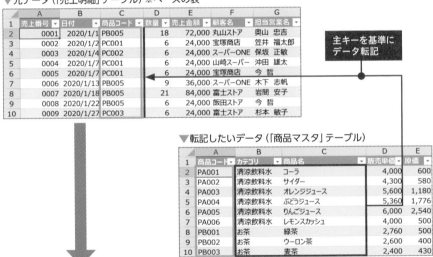

▼元データ（「売上明細」テーブル）※ベースの表

▼転記したいデータ（「商品マスタ」テーブル）

▼新規ワークシート（「売上明細」テーブル＋「商品マスタ」テーブルの一部）

　この作業の事前準備として、「ベースの表」と「転記したい表」の2つの表をそれぞれクエリに取り込んでおく必要があります。クエリの取り込み方は、4-1（図4-1-3と図4-1-7）をご参照ください。

　ちなみに、今回の2つの表は同じExcelブック内にあるため、データ読み込み先は「接続の作成のみ」にしています。

　2つの表のクエリに取り込みが完了すると、「クエリと接続」ウィンドウ上は図5-3-3の状態になります。これで準備完了です。

図5-3-3 取り込み後の「クエリと接続」ウィンドウ

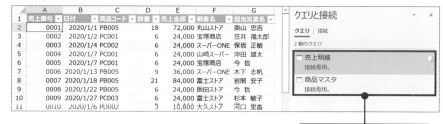

ベースの表・転記したい表を
それぞれ取り込んだクエリが
2つできていれば準備OK

パワークエリでのデータ転記を行う流れ

　準備が完了したら、図5-3-4の流れでデータ転記を進めます。使うコマンドは「マージ」です（この手順は、どのシートを選択していても問題ありません）。

　なお、手順⑤と⑦で指定する表を、逆にしないように注意しましょう。

　また、VLOOKUPと異なり、主キーのフィールドが左端でなくとも問題なく転記が可能です。

　手順⑨まで終えると、Power Queryエディターが起動します。後は、図5-3-5の通り、転記したいフィールドを展開しましょう。

図5-3-4 パワークエリでのデータ転記手順①（マージ）

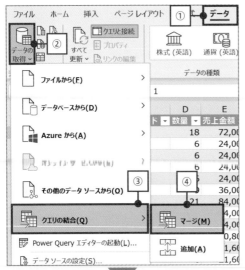

※①~④、⑨：クリック

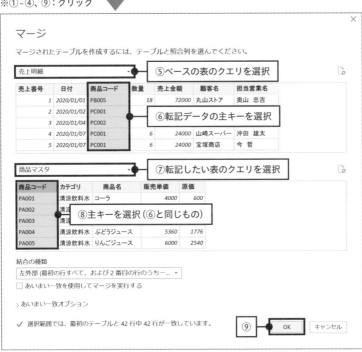

図5-3-5 パワークエリでのデータ転記手順②（転記対象の展開）

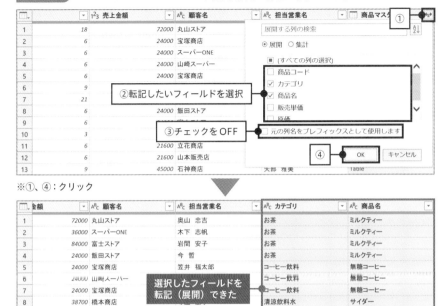

②転記したいフィールドを選択

③チェックをOFF

※①、④：クリック

選択したフィールドを
転記（展開）できた

手順②ではチェックしたフィールドを展開できるため、一度の設定で複数列の転記ができて非常に便利です。

なお、手順③のチェックを入れたままにすると、フィールド名の先頭にクエリ名（テーブル名）が付加されますが、基本的に不要です。

チェックを入れるのは、展開したいフィールドと同じ名称のフィールドがあって区別したい場合のみですね。

後は、エディター上で転記以外の整形作業を行い、任意の読み込み先にすれば完了です。

ちなみに、この転記作業を行うと、新たに「マージ1」というクエリが生成されます。もし、クエリの数を増やしたくない場合、ベースとなる表のクエリ内でデータ転記のステップを追加することも可能です。

　この場合、ベースの表のクエリ上でPower Queryエディターを起動の上、図5-3-6の手順を実行しましょう。

図5-3-6　既存のクエリ内でのデータ転記手順（クエリのマージ）

※①、②、⑥：クリック

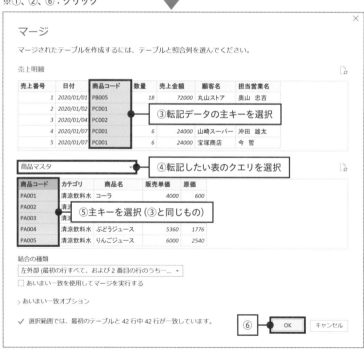

　手順②以降に起動する「マージ」ダイアログは、図5-3-4と違いベースの表がセットされた状態で起動します。

　手順⑥以降はエディター上に戻りますので、図5-3-5の流れで転記したいフィールドを展開すれば完了です。

　なお、4-3で解説したパワークエリでの置換ですが、数が多い場合は予めマスタを用意し、ここで解説したデータ転記テクニックを行うと良いでしょう。その方が一括で正しいデータに表記を統一することが可能です。

複数条件から
データ転記を行う方法

☑️ 複数条件でデータ転記を行うにはどうすれば良いか

レコード単位での主キーがない場合、複数条件をキーに転記する

　ここまで解説した関数やパワークエリでのデータ転記は、いずれも主キーという単一条件のものでした。

　これが基本ですが、実務では複数条件でのデータ転記が必要なケースもあります。イメージ的には、図5-4-1の通りです。

図5-4-1	複数条件でのデータ転記のイメージ

▼元データ（「受注リスト」テーブル）

	A	B	C	D	E	F	G
1	受注番号	受注日	送付先エリア	荷物サイズ	商品金額	送料	請求額
2	O-001	2020/1/1	近畿・中国・四国	大	72,594		72,594
3	O-002	2020/1/2	北海道	大	53,513		53,513
4	O-003	2020/1/2	北海道	大	42,501		42,501
5	O-004	2020/1/2	東北	大	55,134		55,134
6	O-005	2020/1/2	北海道	小	24,760		24,760
7	O-006	2020/1/4	沖縄	大	79,843		79,843
8	O-007	2020/1/4	北海道	大	44,196		44,196
9	O-008	2020/1/4	関東・信越	小	39,877		39,877
10	O-009	2020/1/4	近畿・中国・四国	小	24,184		24,184
11	O-010	2020/1/6	九州	小	27,563		27,563
12	O-011	2020/1/6	近畿・中国・四国	大	55,268		55,268
13	O-012	2020/1/6	北陸・東海	大	56,522		56,522
14	O-013	2020/1/6	関東・信越	大	60,091		60,091
15	O-014	2020/1/7	北陸・東海	大	49,901		49,901

▼転記したいデータ（「送料マスタ」テーブル）

	A	B	C
1	送付先エリア	荷物サイズ	送料
2	北海道	小	1,600
3	北海道	大	3,200
4	東北	小	800
5	東北	大	1,600
6	関東・信越	小	400
7	関東・信越	大	800
8	北陸・東海	小	800
9	北陸・東海	大	1,600
10	近畿・中国・四国	小	1,200
11	近畿・中国・四国	大	2,400
12	九州	小	1,600
13	九州	大	3,200
14	沖縄	小	2,000
15	沖縄	大	4,000

転記を行うための
条件が複数列

転記

図5-4-1では、転記したい別表側でレコード単位の主キーがなく、「送付先エリア」と「荷物サイズ」という2つの条件の組み合わせで一意になっています。

このように、データによって主キーでの管理がされていない、あるいは難しいケースがあることを理解しておきましょう。

関数での複数条件のデータ転記テクニック

こうした複数条件の場合のデータ転記にはどう対応すれば良いか、まずは関数から解説していきます。

関数で複数条件に対応するためには、事前準備が肝心です。具体的には、作業用の列を用意し、複数の検索条件をアンパサンド（&）ですべて結合してしまいます（図5-4-2）。

図5-4-2 複数条件でのデータ転記の事前準備（関数）

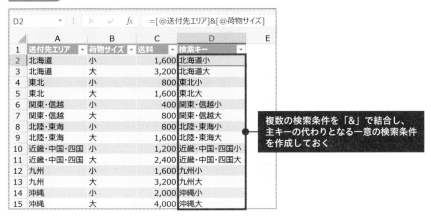

なお、VLOOKUPで転記したい場合、差し込む列は左端にするようにしておきましょう。

ちなみに、お好みで結合する文字の間には、アンダーバー（_）やハイフン（-）等の区切り文字を入れてもOKです。

後は、図5-4-2で追加した列をキーとし、通常通り関数でデータ転記を行えばOKです。今回は右端に列を差し込んだため、図5-4-3の通りINDEX + MATCHを使いました。

図5-4-3　INDEX＋MATCHでの複数条件のデータ転記イメージ

▼元データ（「受注リスト」テーブル）

F2　＝INDEX(送料マスタ,MATCH([@送付先エリア]&[@荷物サイズ],送料マスタ[検索キー],0),3)

	A	B	C	D	E	F	G
1	受注番号	受注日	送付先エリア	荷物サイズ	商品金額	送料	請求額
2	O-001	2020/1/1	近畿・中国・四国	大	72,594	2,400	74,994
3	O-002	2020/1/2	北海道	大	53,513	3,200	56,713
4	O-003	2020/1/2	北海道	大	42,501	3,200	45,701
5	O-004	2020/1/2	東北	大	55,134	1,600	56,734
6	O-005	2020/1/2	北海道	小	24,760	1,600	26,360
7	O-006	2020/1/4	沖縄	大	79,843	4,000	83,843
8	O-007	2020/1/4	北海道	大	44,196	3,200	47,396
9	O-008	2020/1/4	関東・信越	小	39,877	400	40,277
10	O-009	2020/1/4	近畿・中国・四国	小	24,184	1,200	25,384
11	O-010	2020/1/6	九州	小	27,563	1,600	29,163
12	O-011	2020/1/6	近畿・中国・四国	大	53,288	2,400	57,008
13	O-012	2020/1/6	北陸・東海	大	56,522	1,600	58,122
14	O-013	2020/1/6	関東・信越	大	60,091	800	60,891
15	O-014	2020/1/7	北陸・東海	大	49,901	1,600	51,501

検索条件が転記したい表の何レコード目かを特定するMATCH

「&」を使い、事前準備した検索条件と同じ値になるよう設定

複数条件に合致した送料を転記できた

▼転記したいデータ（「送料マスタ」テーブル）

D2　＝[@送付先エリア]&[@荷物サイズ]

	A	B	C	D	E
1	送付先エリア	荷物サイズ	送料	検索キー	
2	北海道	小	1,600	北海道小	
3	北海道	大	3,200	北海道大	
4	東北	小	800	東北小	
5	東北	大	1,600	東北大	
6	関東・信越	小	400	関東・信越小	
7	関東・信越	大	800	関東・信越大	
8	北陸・東海	小	800	北陸・東海小	
9	北陸・東海	大	1,600	北陸・東海大	
10	近畿・中国・四国	小	1,200	近畿・中国・四国小	
11	近畿・中国・四国	大	2,400	近畿・中国・四国大	
12	九州	小	1,600	九州小	
13	九州	大	3,200	九州大	
14	沖縄	小	2,000	沖縄小	
15	沖縄	大	4,000	沖縄大	

事前準備した検索条件

　ここでのポイントは、別表の検索キーを特定するための引数の設定方法です。今回は、MATCHの検査値の部分（VLOOKUPなら検索値）が該当しますが、図5-4-2と一致するようにアンパサンド（&）で複数条件を結合しておく必要があります。

　もし、図5-4-2で区切り文字も入れている場合、同じルールで区切り文字も設定してください。

パワークエリなら複数条件のデータ転記でもマウス操作中心

次は、パワークエリでの複数条件のデータ転記を行う方法ですが、通常のものとあまり変わりありません。

まず、図5-3-3と同様に、ベースの表と転記したい表の2つをクエリに取り込んでおきましょう（図5-4-4）。

図5-4-4　複数条件でのデータ転記の事前準備（パワークエリ）

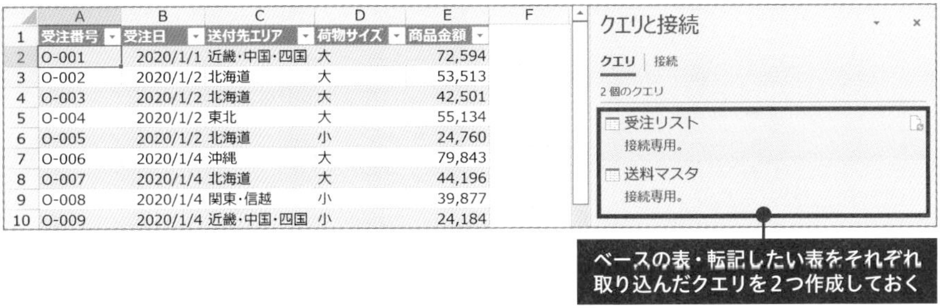

ベースの表・転記したい表をそれぞれ
取り込んだクエリを2つ作成しておく

準備ができたら、「マージ」コマンドを実行していきます。基本の流れは図5-3-4・5-3-5と同様ですが、相違点は「マージ」ダイアログで2つの表の主キーを選択する部分です。

図5-4-5のように、「Ctrl」キーを押しながら検索条件の列を順番に選択してください。

列を選択すると、列の見出し部分に「1」や「2」と順番が割り振られますので、2つの表の順番が一緒の状態になっていることを確認の上、データ転記を進めてください。

後は、図5-3-5の流れで転記したいフィールドを展開すれば、図5-4-5のように複数条件でも転記が可能となります。

このように、パワークエリの方が複数条件でもデータ転記がお手軽なことに変わりはありません。

図 5-4-5 パワークエリでの複数条件のデータ転記イメージ

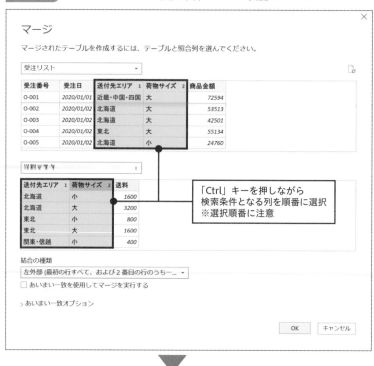

マージ

マージされたテーブルを作成するには、テーブルと照合列を選んでください。

受注リスト

受注番号	受注日	送付先エリア 1	荷物サイズ 2	商品金額
O-001	2020/01/01	近畿・中国・四国	大	72594
O-002	2020/01/02	北海道	大	53513
O-003	2020/01/02	北海道	大	42501
O-004	2020/01/02	東北	大	55134
O-005	2020/01/02	北海道	小	24760

送付先エリア 1	荷物サイズ 2	送料
北海道	小	1600
北海道	大	3200
東北	小	800
東北	大	1600
関東・信越	小	400

「Ctrl」キーを押しながら
検索条件となる列を順番に選択
※選択順番に注意

結合の種類

左外部 (最初の行すべて、および 2 番目の行のうち一...

☐ あいまい一致を使用してマージを実行する

> あいまい一致オプション

OK キャンセル

送付先エリア	荷物サイズ	商品金額	送料
近畿・中国・四国	大	72594	2400
近畿・中国・四国	大	55268	2400
北海道	小	24760	1600
北海道	大	53513	3200
北海道	大	42501	3200
北海道	大	44196	3200
東北	大	55134	1600
関東・信越	小	39877	400
沖縄	大	79843	4000
関東・信越	大	0091	800
北陸・東海	大	5522	1600
北陸・東海	大	49901	1600
近畿・中国・四国	小	24184	1200
近畿・中国・四国	小	21993	1200
九州	小	27563	1600
沖縄	大	76762	4000
関東・信越	小	35006	400
沖縄	大	50799	4000
東北	大	42172	1600
東北	大	67990	1600
北陸・東海	大	53328	1600

複数条件に合致した送料
を転記できた

5-5 2つの表のデータの一致あるいは差異の抽出を自由自在に行う

2つの表の一致もしくは差異のデータを抽出するにはどうすれば良いか

主キーを基準に2つの表で一致するデータを抽出する

　ここではデータ転記の応用として、2つの表の一致しているレコード、あるいは差異のあるレコードを特定するテクニックを解説していきます。イメージとしては、図5-5-1の通りです。

図5-5-1　2つの表の一致レコードの抽出イメージ

▼表A（「商品マスタ_2020」テーブル）　▼表B（「商品マスタ_2021」テーブル）

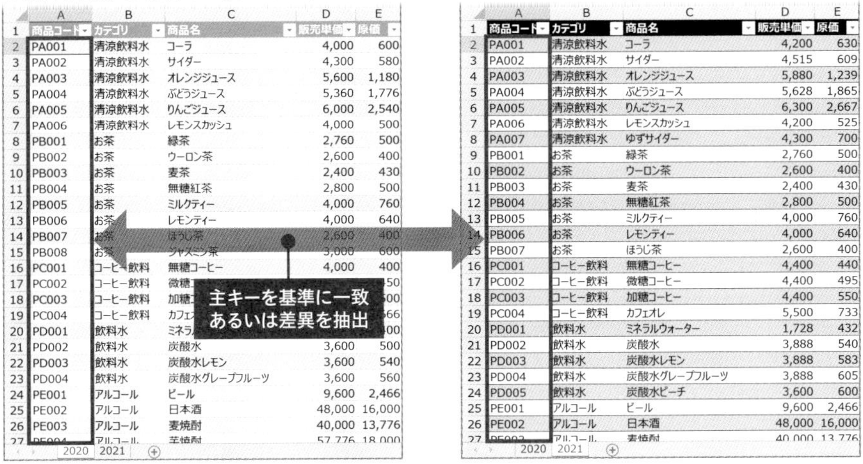

表A（「商品マスタ_2020」テーブル）

	A	B	C	D	E
1	商品コード	カテゴリ	商品名	販売単価	原価
2	PA001	清涼飲料水	コーラ	4,000	600
3	PA002	清涼飲料水	サイダー	4,300	580
4	PA003	清涼飲料水	オレンジジュース	5,600	1,180
5	PA004	清涼飲料水	ぶどうジュース	5,360	1,776
6	PA005	清涼飲料水	りんごジュース	6,000	2,540
7	PA006	清涼飲料水	レモンスカッシュ	4,000	500
8	PB001	お茶	緑茶	2,760	500
9	PB002	お茶	ウーロン茶	2,600	400
10	PB003	お茶	麦茶	2,400	430
11	PB004	お茶	無糖紅茶	2,800	500
12	PB005	お茶	ミルクティー	4,000	760
13	PB006	お茶	レモンティー	4,000	640
14	PB007	お茶	ほうじ茶	2,600	400
15	PB008	お茶	ジャスミン茶	3,000	600
16	PC001	コーヒー飲料	無糖コーヒー	4,000	400
17	PC002	コーヒー飲料	微糖[illegible]	[illegible]	[illegible]50
18	PC003	コーヒー飲料	加糖[illegible]	[illegible]	[illegible]00
19	PC004	コーヒー飲料	カフェ[illegible]	[illegible]	[illegible]66
20	PD001	飲料水	ミネラ[illegible]	[illegible]	[illegible]00
21	PD002	飲料水	炭酸水	3,600	500
22	PD003	飲料水	炭酸水レモン	3,600	540
23	PD004	飲料水	炭酸水グレープフルーツ	3,600	560
24	PE001	アルコール	ビール	9,600	2,466
25	PE002	アルコール	日本酒	48,000	16,000
26	PE003	アルコール	麦焼酎	40,000	13,776
27	PE004	アルコール	芋焼酎	57,776	18,000

表B（「商品マスタ_2021」テーブル）

	A	B	C	D	E
1	商品コード	カテゴリ	商品名	販売単価	原価
2	PA001	清涼飲料水	コーラ	4,200	630
3	PA002	清涼飲料水	サイダー	4,515	609
4	PA003	清涼飲料水	オレンジジュース	5,880	1,239
5	PA004	清涼飲料水	ぶどうジュース	5,628	1,865
6	PA005	清涼飲料水	りんごジュース	6,300	2,667
7	PA006	清涼飲料水	レモンスカッシュ	4,200	525
8	PA007	清涼飲料水	ゆずサイダー	4,300	700
9	PB001	お茶	緑茶	2,760	500
10	PB002	お茶	ウーロン茶	2,600	400
11	PB003	お茶	麦茶	2,400	430
12	PB004	お茶	無糖紅茶	2,800	500
13	PB005	お茶	ミルクティー	4,000	760
14	PB006	お茶	レモンティー	4,000	640
15	PB007	お茶	ほうじ茶	2,600	400
16	PC001	コーヒー飲料	無糖コーヒー	4,400	440
17	PC002	コーヒー飲料	微糖コーヒー	4,400	495
18	PC003	コーヒー飲料	加糖コーヒー	4,400	550
19	PC004	コーヒー飲料	カフェオレ	5,500	733
20	PD001	飲料水	ミネラルウォーター	1,728	432
21	PD002	飲料水	炭酸水	3,888	540
22	PD003	飲料水	炭酸水レモン	3,888	583
23	PD004	飲料水	炭酸水グレープフルーツ	3,888	605
24	PD005	飲料水	炭酸水ピーチ	3,600	600
25	PE001	アルコール	ビール	9,600	2,466
26	PE002	アルコール	日本酒	48,000	16,000
27	PE003	アルコール	麦焼酎	40,000	13,776

　実務では、そもそも転記元となる別表のマスタテーブルを複数表から作成するところから始めないといけない、あるいは特定の表でバージョン別の差分を突合して調べる等の作業が起こり得ます。

　こうした場合、データ転記と同様に、主キーを基準に一致しているか否かを判定すればOKです。

2つの表の間で関数を活用し、一致・差異を判定する方法

まずは関数で行う方法ですが、2-3で解説した突合作業と同様、COUNTIFSを活用していきます。

COUNTIFSで検索する範囲は別表にし、相互に主キーが別表内にあるかをカウントするイメージですね（図5-5-2）。

COUNTIFSでの一致判定イメージ

▼表A（「商品マスタ_2020」テーブル）

▼表B（「商品マスタ_2021」テーブル）

後は、一致レコードなら「1」、差異レコードなら「0」の条件で各表のCOUNTIFSの列で絞込み、第3の表へコピペして集約すればOKです。

パワークエリは「マージ」コマンドで一致や差異の抽出も可能

続いて、パワークエリで行う方法ですが、実は「マージ」コマンドで一般的なデータ転記以外に、一致や差異のレコードを残すといったことも可能です。

具体的には、「マージ」ダイアログ上の「結合の種類」を別の選択肢にします。

ちなみに、「結合の種類」は全部で6通りの種類がありますが、それぞれの実行結果は図5-5-3の通りです。

図5-5-3 マージの「結合の種類」の実行結果一覧

パターン	結合の種類	実行結果	イメージ
1	左外部	表Aのレコードすべて ＋表Bの一致するレコード	 Ⓐ︎Ⓑ
2	右外部	表Bのレコードすべて ＋表Aの一致するレコード	 Ⓐ︎Ⓑ
3	完全外部	表Aのレコードすべて ＋表Bのレコードすべて	 Ⓐ︎Ⓑ
4	内部	表Aと表Bの一致レコードのみ	 Ⓐ︎Ⓑ
5	左反	表Aにあるレコードのみ	 Ⓐ︎Ⓑ
6	右反	表Bにあるレコードのみ	 Ⓐ︎Ⓑ

5-3,5-4の解説では、いずれもデフォルトのパターン1（左外部）でした。ちなみに、「左」や「右」といった表現が多いですが、「左」はベースの表のこと、「右」は転記元の別表を示します。

個人的には、「右」が付くものは指定する表を間違えてしまう恐れがあるため、パターン2,6は覚えなくて良いと思います。それぞれ表Aへ本来の表Bを指定し、パターン1,5で実行すれば同じ結果だからです。

以上を踏まえ、ここまで解説していなかったパターン3～5を順に解説していきます。まずはパターン3の「完全外部」からです（図5-5-4）。

図 5-5-4　パワークエリでの一致判定イメージ（完全外部）

表A・Bのすべてのレコードが残った

　図5-5-4とこれまでのデータ転記の手順との相違点は、「マージ」ダイアログ上の「結合の種類」の選択する部分だけですね。

　後は、表B部分は図5-3-5の流れで転記したいフィールドを展開すれば良いです。図5-5-4では、2つの表で同じフィールド名のため、プレフィックスのチェックを入れ、表Bのものを区別できるようにしています（表Bのフィールド名は、頭に「商品マスタ_2021.」が付加）。

　ちなみに、「null」の部分は片方の表にしかないレコードを意味します。

　このパターンだと、フィルターで一致レコードや差異レコードのどちらでも後から絞込みが可能です。特に、どちらか一方の表にしかないレコードのみ絞り込みたいといった場合は、このパターンを活用しましょう。

　ちなみに、うまく「条件列」を活用して任意の絞込みができるようにすると便利です。

　次に、パターン4の「内部」ですが、図5-5-5の通りです。

　こちらは双方の表で存在する一致レコードのみが残ります。よって、「null」の部分はありません。

　例えば、同じ商品の価格の違いを調べる等、一致レコードだけ必要な場合に活用しましょう。

　最後に、パターン5の「左反」です（図5-5-6）。

　こちらは表Aにしか存在しないレコードのみが残ります。よって、当然ながら表B側のフィールドはすべて「null」となります。表B側のフィールドは基本不要なので、削除しても問題ないですね。

　このパターンは、片方の表の差異レコードだけ必要な場合に活用すると良いでしょう。

図5-5-5 パワークエリでの一致レコード抽出イメージ（内部）

図5-5-6　パワークエリでの差異レコード抽出イメージ（左反）

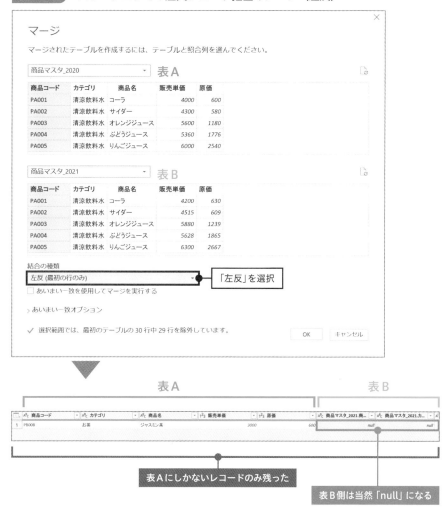

223

5-6 同一レイアウトの複数テーブルの 一元集約も自動化が可能

✓ 同一レイアウトの複数テーブルを1つのテーブルにまとめたい場合、どうすれば良いか

同じレイアウトのテーブルを連結し、データ集計/分析をしやすくする

　実務では、データ管理/運用をしやすくするため、期間（年、月、週、日等）や部門等で同じレイアウトのテーブルを別で管理することがよくあります。この方が複数人で並行作業ができ、ファイル容量も抑えられるといった利点があるためですね。

　ただし、この場合のデメリットは、複数テーブルを横断してデータ集計/分析をしにくいことです。

　こうした場合、図5-6-1のように集計/分析の前に複数テーブルを1つに連結することで解決します。

図5-6-1 同一レイアウトの複数テーブルの連結イメージ

ここでは、このデータ連結をExcelで効率的に行うテクニックについて解説していきます。

複数テーブルのデータ連結はパワークエリで自動化可能

従来、こうした複数テーブルを連結する常套手段は、手作業かVBAでの自動化の2通りでした。いずれにしても、行う作業はテーブルを1つずつコピーし、連結先のテーブルの最下行へペーストするといった地道な作業をテーブルの数だけ繰り返すといったものとなり、それを手動か自動で対応していたわけですね。

しかし、このデータ連結作業もパワークエリなら、マウス操作中心で自動化が可能です。一例として、月別の売上明細3か月分のテーブルを連結させていきましょう（同じExcelブック内に3テーブル）。

データ転記と同様ですが、事前準備として3つのテーブルをそれぞれクエリに取り込んでおく必要があります（図5-6-2）。

図5-6-2 取り込み後の「クエリと接続」ウィンドウ

後は、図5-6-3の手順で一気に3テーブルを連結させます。

なお、この手順は、どのシートを選択していても問題ありません。

図5-6-3 パワークエリでのテーブル連結手順（追加）

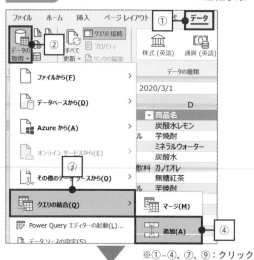

※①～④、⑦、⑨：クリック

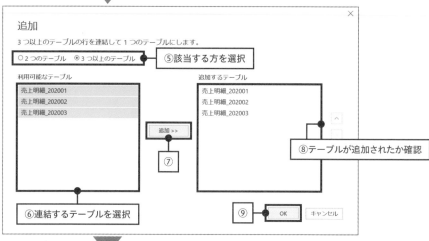

「マージ」コマンドと異なり、特に展開するデータを選択することはなく、「追加」ダイアログ以降は処理が完了した状態となります。

後は、必要に応じて元々テーブルを分けていた基準（期間や部門等）を新たなフィールドとして追加するといった作業を行い、データ集計/分析をしやすくする前処理を行ってください（4-4,4-5を参照）。

ちなみに、「マージ」と同様に、連結作業を行うと新たに「追加1」というクエリが生成されます。クエリの数を増やしたくない場合、ベースの表のクエリ上でPower Query エディターを起動させ、図5-6-4の手順を行えばOKです。

図5-6-4 既存のクエリ内でのデータ連結手順（クエリの追加）

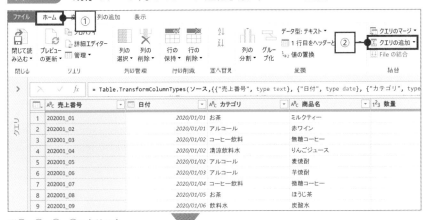

※①、②、⑤、⑦：クリック

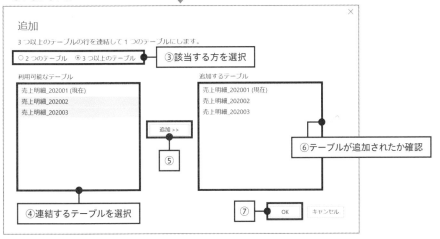

データ連結はレイアウトが完全一致でなくともOK

データ連結の基本は、完全に同一レイアウトのテーブル同士です。ただし、別表で管理されている売上の目標値と実績値を比較したい等、それぞれのフィールドが完全一致していないテーブル同士を連結したいというケースについても、「追加」コマンドで対応可能です。

この際、データ転記は主キーが基準でしたが、データ連結の場合の基準は「フィールド名」となります。図5-6-5のイメージです。

図5-6-5　別レイアウトでのデータ連結の実行イメージ

実質は同じデータだとしても、フィールド名が一致していないと別フィールド扱いになるため、事前にフィールド名を統一する前処理を行った上で、データ連結を行いましょう（図5-6-6）。

図5-6-6 別レイアウトでのデータ連結イメージ

表A・Bの全フィールドで連結できた

　後はデータ連結したテーブルを対象に、ピボットテーブルや関数等で集計すれば、元々別表にあったフィールドで比較するといったことが可能となります。この場合、集計表の切り口は表A・B共通のフィールドにすればOKです（図5-6-7）。

図5-6-7 2つの表のフィールドを用いたデータ集計例

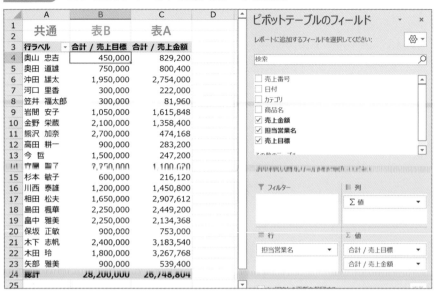

商品マスタから「カテゴリ」と「商品名」を転記する

📄 サンプルファイル：【5-A】202001_売上明細.xlsx

関数で「商品名」のデータ転記を自動化する

ここでの演習は、5-1で解説したデータ転記の復習です。

「商品コード」を基準とし、サンプルファイルの「商品マスタ」シートから、「売上明細」シートの「カテゴリ」と「商品名」の2つのフィールドへ、関数を用いてデータ転記を行いましょう。

図5-A-1の状態になればOKです。

図5-A-1 演習5-Aのゴール

▼元データ（「売上明細」テーブル）　　　　　　　　　　▼転記したいデータ（「商品マスタ」テーブル）

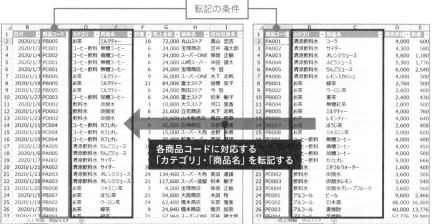

各商品コードに対応する
「カテゴリ」・「商品名」を転記する

さて、データ転記に有用な関数は何だったか覚えていますか？

主にVLOOKUPとINDEX＋MATCHの2通りありますが、今回はオーソドックスなVLOOKUPを使っていきましょう。

「カテゴリ」をVLOOKUPでデータ転記する

　まずは「売上明細」シートの「カテゴリ」フィールドへ、VLOOKUPの数式を
セットします。D2セルへ、図5-A-2の手順通りに数式を記述しましょう。

図 5-A-2　VLOOKUPの使用手順

▼元データ（「売上明細」テーブル）

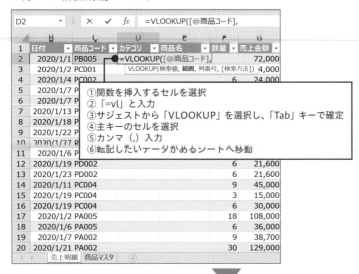

▼転記したいデータ（「商品マスタ」テーブル）

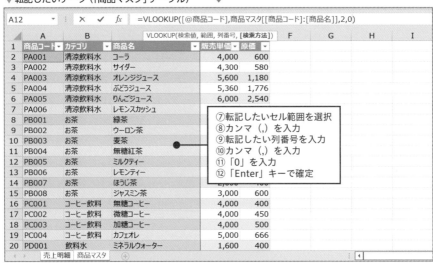

232

今回はテーブル化された表のため、D2セルの数式を完成させると「カテゴリ」フィールドの全セルに数式がセットされます。もし、テーブルでない表でVLOOKUPを用いる際は、別途コピペが必要となるため、セル参照形式（$の有無）に留意しましょう（詳細は2-5参照）。

なお、手順⑪は「0」の代わりに「FALSE」を選択して、「Tab」キーで確定してもOKです。

VLOOKUPの数式をコピペし、「商品名」もデータ転記する

続いて、「商品名」フィールドの転記を行いますが、こちらは先ほどの「カテゴリ」フィールドにセットしたVLOOKUPの数式をうまく使い回しましょう（図5-A-3）。

図5-A-3 VLOOKUPの数式のコピペ→列番号の書き換えイメージ

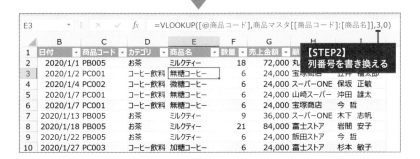

今回STEP2で書き換える列番号は、「商品マスタ」上で「商品名」フィールドは3列目のため、「3」にしています。

なお、今回は使い回したのが1列のみだったため、手作業で列番号を書き換えていますが、もっと列数が多い場合は5-2で解説した通り、列番号の部分にMATCHを組み合わせると良いです。

　MATCHを活用することで、該当のフィールドがマスタ上で何列目かを自動的にカウントできるため、列番号を自動計算でき、同じ数式で複数列のデータ転記に使い回すことが可能になります。

　複数列の転記作業を行う機会が多い方は、ぜひVLOOKUP＋MATCHも練習して使えるようにしておきましょう。

送付先エリアと荷物サイズを基準に「送料」を転記する

サンプルファイル：【5-B】受注リスト.xlsx

パワークエリで2つの条件から「送料」のデータ転記を自動化する

ここでの演習は、5-4で解説した複数条件のデータ転記の復習です。

「送付先エリア」と「荷物サイズ」を基準とし、サンプルファイルの「送料マスタ」シートから、「受注リスト」シートへのデータ転記をパワークエリで行いましょう。

後は、「商品金額」と転記した「送料」を合計した「請求額」を計算してください。読み込み先は新規ワークシートです。

完了イメージは、図5-B-1の通りです。

図5-B-1 演習5-Bのゴール

2つのシートの表は、それぞれクエリが用意された状態からのスタートです。また、今回は「マージ1」という新たなクエリを作成していきます。

「マージ」コマンドで2つの条件から「送料」をデータ転記する

早速、図5-B-2の手順でデータ転記を行っていきます。なお、どのシートを選択していても問題ありません。

図5-B-2 パワークエリでの複数条件のデータ転記手順

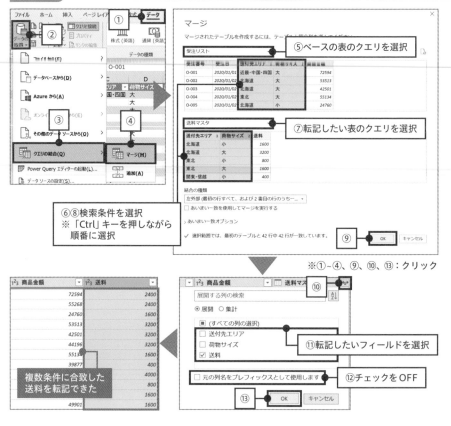

これで「送料」のデータ転記が完了しました。

なお、手順⑥⑧の部分は、選択した順番が相違していると転記できませんので、選択順（今回は「送付先エリア」→「荷物サイズ」）もしっかりと合わせてください。

「請求額」の計算は「加算」コマンドを使う

続いて、元から表に存在した「商品金額」と、データ転記した「送料」の合計値を計算していきます（図5-B-3）。

図5-B-3 パワークエリでの四則演算の手順（加算）

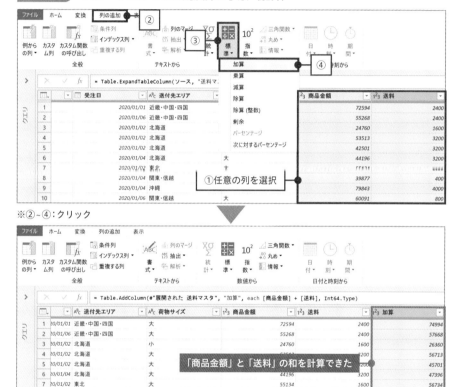

※②～④：クリック

後は、列名が「加算」なので「請求額」に変更しましょう。また、図5-B-2の後に、なぜか「受注番号」が順不同な並びになってしまうため、昇順（小さい順）に並べ替えを行ってください。

上記の処理まで終えたら、新規ワークシートへ読み込み先を設定すれば完了です。最終的に図5-B-4と同じ状態であれば完璧です。

図5-B-4 「マージ1」クエリのワークシート表示結果

	A	B	C	D	E	F	G	H
1	受注番号	受注日	送付先エリア	荷物サイズ	商品金額	送料	請求額	
2	O-001	2020/1/1	近畿・中国・四国	大	72,594	2,400	74,994	
3	O-002	2020/1/2	北海道	大	53,513	3,200	56,713	
4	O-003	2020/1/2	北海道	大	42,501	3,200	45,701	
5	O-004	2020/1/2	東北	大	55,134	1,600	56,734	
6	O-005	2020/1/2	北海道	小	24,760	1,600	26,360	
7	O-006	2020/1/4	沖縄	大	79,843	4,000	83,843	
8	O-007	2020/1/4	北海道	大	44,196	3,200	47,396	
9	O-008	2020/1/4	関東・信越	小	39,877	400	40,277	
10	O-009	2020/1/4	近畿・中国・四国	大				
11	O-010	2020/1/6	九州	小				
12	O-011	2020/1/6	近畿・中国・四国	大				
13	O-012	2020/1/6	北陸・東海	大	56,522	1,600	58,122	
14	O-013	2020/1/6	関東・信越	大	60,091	800	60,891	
15	O-014	2020/1/7	北陸・東海	大	49,901	1,600	51,501	
16	O-015	2020/1/9	近畿・中国・四国	小	21,993	1,200	23,193	
17	O-016	2020/1/11	沖縄	大	76,762	4,000	80,762	
18	O-017	2020/1/11	関東・信越	小	35,006	400	35,406	
19	O-018	2020/						
20	O-019	2020/					43,772	

クエリと接続

クエリ | 接続

3 個のクエリ

受注リスト
接続専用。

送料マスタ
接続専用。

マージ1
42 行読み込まれました。

「クエリと接続」ウィンドウ上に
クエリが作成された

新規ワークシート（クエリ名）に
データ整形後のテーブルが表示された

マージ1

3か月分の売上明細を一つのテーブルにまとめる

📄 サンプルファイル：【5-C】2019_4Q_売上明細.xlsx

パワークエリで3か月分の売上明細を1つに連結する

　ここでの演習は、5-6で解説したデータ連結の復習です。

　パワークエリを使い、サンプルファイルの「202001」・「202002」・「202003」の3シートに分かれた「売上明細」テーブルを連結し、1テーブルにまとめましょう。図5-C-1がゴールです。

図 5-C-1 演習5-Cのゴール

　3つのシートの表は、それぞれクエリが用意された状態からのスタートです。また、今回は「追加1」という新たなクエリを作成していきます。

複数テーブルの連結は「追加」コマンドを使う

早速、図5-C-2の手順でデータ連結を行っていきます。なお、どのシートを選択していても問題ありません。

図5-C-2 パワークエリでのテーブル連結手順（追加）

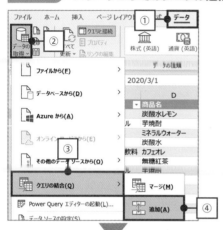

※①~④、⑦、⑨：クリック

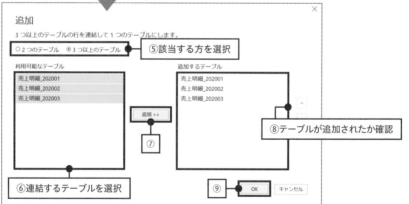

これで3つのテーブルを連結できました。

元のテーブルを示す列を追加する

続いて、データ集計/分析しやすいように、各レコードが元々どのテーブルだったかを示す列を追加しましょう。

今回は「売上番号」フィールドが「年月」+「_」+「通し番号」というデータ構成なので、「年月」部分だけを抽出していきます（この部分は既存のデータに合わせて柔軟に対応してください）。

「年月」の抽出手順は、図5-C-3の通りです。

| 図5-C-3 | パワークエリでの抽出手順（区切り記号の前のテキスト） |

※②~④、⑥：クリック

手順②は、「変換」タブにしてしまうと「売上番号」フィールドが上書きされてしまうため、「列の追加」タブにしてくださいね。

後は、列名が「区切り記号の前のテキスト」なので、「売上年月」に変更しましょう。

上記の処理まで終えたら、新規ワークシートへ読み込み先を設定すれば完了です。図5-C-4と同じ状態になっていればOKです。

図5-C-4 「追加1」クエリのワークシート表示結果

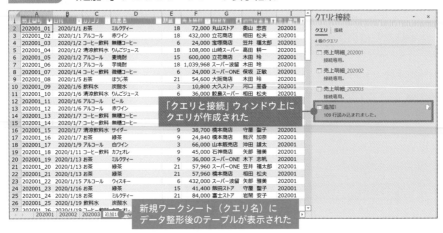

「クエリと接続」ウィンドウ上に
クエリが作成された

新規ワークシート（クエリ名）に
データ整形後のテーブルが表示された

第 6 章

あらゆる表を
集計しやすいレイアウト形式へ
変更する技術

第1章で学んだ通り、データ集計/分析の元
データは「テーブル形式の表」が最適です。た
だし、実務で扱う元データは、必ずしもテーブ
ル形式とは限りません。むしろ、それ以外のレ
イアウトの表を扱うケースの方が多いくらいで
す。もちろん、工夫すれば集計は可能ですが、一
気に難易度も工数も跳ね上がるため、事前にテー
ブル形式の表へレイアウト変更を行った方が全
体の効率は上がります。

第6章では、こうした事態に対応すべく、様々
なレイアウトの表をテーブル形式の表へ変更す
るための前処理について解説します。

表の「行列の入れ替え」は
レイアウト変更の基本

☑️ 表の行列を入れ替えたい場合はどうすれば良いか

行列の入れ替えとは

　テーブル形式にレイアウト変更を行う前処理において、基本となるのは表の行列の入れ替えです。イメージとして、図6-1-1のように表の行（縦軸）と列（横軸）を文字通り入れ替えることを指します。

図6-1-1	表の行列の入れ替えイメージ

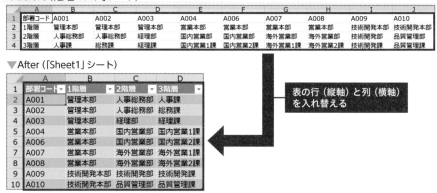

▼Before（「部署マスタ」シート）

▼After（「Sheet1」シート）

表の行（縦軸）と列（横軸）を入れ替える

　たまに、テーブルの概念を知らず、横方向にデータを蓄積していく表にしてしまう方がおりますが、そうした表をデータ集計/分析しやすくする際に、行列の入れ替えは効果的です。

　この行列の入れ替えをExcelで実行する方法は何通りかありますが、「形式を選択して貼り付け」の活用が基本です。（図6-1-2）

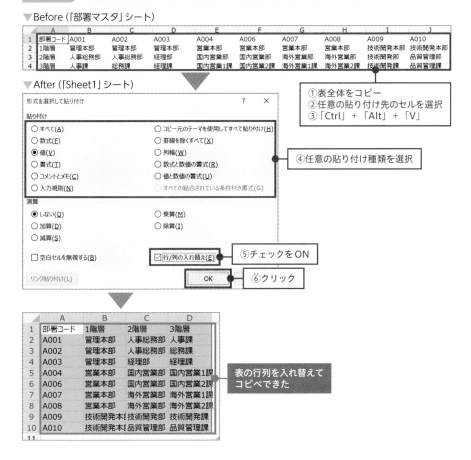

図6-1-2 「形式を選択して貼り付け」の操作手順（行/列の入れ替え）

　手順④の基本は「値」での貼り付けです。「すべて」や「数式」等で貼り付けする場合、コピー元の表内の数式によってはコピー後に結果が狂ってしまう場合もあるため、必ず問題ないか検証しましょう。

　なお、手順⑤もショートカット操作は可能です。手順④の選択が完了後、「Tab」キーを押すと「演算」以下を選択できるため、「E」キーを押すことで「行/列の入れ替え」がONになります。手順⑥も、「Enter」キーで省略可能です。

　手順④以降のキー操作をまとめると、「値」貼り付けの場合なら「V」→「Tab」→「E」→「Enter」の順にキーを押せばOKです。

関数で行列の入れ替えを自動化する

「形式を選択して貼り付け」での行列の入れ替えは、単純なコピペなので、元データの表の内容が定期的に更新される場合は関数を用いると良いでしょう。代表的なものは「TRANSPOSE」です。

> **TRANSPOSE（配列）**
> 配列の縦方向と横方向のセル範囲の変換を行います。

このTRANSPOSEは、「配列数式」という複数セルに対し共通の数式を一度にセットする特殊な数式であり、通常の数式と記述ルールが異なります。TRANSPOSEを使用する際の手順をまとめたものが、図6-1-3です。

図6-1-3　　TRANSPOSEの使用イメージ

▼Before（「部署マスタ」シート）

▼After（「Sheet1」シート）

①関数を挿入するセルをすべて選択
　※例）元データ：4行×10列
　　　　→数式側：10行×4列
②「=tr」と入力
③サジェストから「TRANSPOSE」を選択し、「Tab」キーで確定
④元データのセル範囲を選択
⑤「Ctrl」＋「Shift」＋「Enter」で確定
　※数式前後に {} が付加される

表の行列を入れ替えできた

ポイントは、手順①と手順⑤です。事前に元データの表が何行何列かを調べた上で、TRANSPOSEを挿入するセル側は行列数を入れ替えたセル範囲を選択しておく必要があります。

また、数式の確定時は「Enter」キーのみでなく、「Shift」＋「Ctrl」＋「Enter」で確定しないといけません。

なお、TRANSPOSEの弱点は、元データの表のサイズが固定でない場合に柔軟に対応できないことです。表のサイズが拡大/縮小する場合は、TRANSPOSEの数式自体の再設定が必要であり、その際も「Shift」+「Ctrl」+「Enter」で確定する必要があります。ご注意ください。

ちなみに、執筆時点では使用環境が完全に普及していないため詳細を解説しませんが、Excel2019以降では「スピル（動的配列数式）」という1つのセルの数式で複数セルへ戻り値を返すといった新機能が登場しています。こちらをTRANSPOSEに活用すると、元データをテーブル化しておくことで、表のサイズの拡大/縮小にも対応可能です。

スピルを使用できる環境にある方は、ぜひ調べて使ってみてください。

TRANSPOSE以外に行列の入れ替えを行う方法として、第5章で解説したINDEX + MATCHも有効です。活用にあたってのポイントは、事前に表の行列の見出しだけ入れ替えておくことです（図6-1-4）。

図6-1-4 INDEX + MATCHでの行列の入れ替えの事前準備

▼Before（「部署マスタ」シート）

▼After（「Sheet1」シート）

事前に「形式を選択して貼り付け」で
表の見出しの行列を入れ替えておく

後は、表の行列の見出しをキーに、交差する部分をINDEX + MATCHで転記すればOKです。

図6-1-5のように、INDEXの行番号・列番号に組み合わせているMATCHの検査値が、通常と逆になるのでご注意ください。

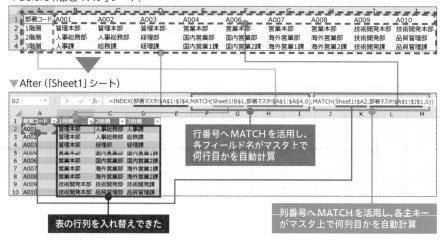

図6-1-5 INDEX＋MATCHでの行列の入れ替え例

▼Before（「部署マスタ」シート）

	A	B	C	D	E	F	G	H	I	J
1	部署コード	A001	A002	A003	A004	A006	A007	A008	A009	A010
2	1階層	管理本部	管理本部	管理本部	営業本部	営業本部	営業本部	営業本部	技術開発本部	技術開発本部
3	2階層	人事総務部	人事総務部	経理部	国内営業部	国内営業部	海外営業部	海外営業部	技術開発部	品質管理部
4	3階層	人事課	総務課	経理課	国内営業1課	国内営業2課	海外営業1課	海外営業2課	技術開発課	品質管理課

▼After（「Sheet1」シート）

B2　=INDEX(部署マスタ!$A$1:$J$4,MATCH(Sheet1!B$1,部署マスタ!$A$1:$A$4,0),MATCH(Sheet1!$A2,部署マスタ!$A$1:$J$1,0))

	A	B	C	D
1	部署コード	1階層	2階層	3階層
2	A001	管理本部	人事総務部	人事課
3	A002	管理本部	人事総務部	総務課
4	A003	管理本部	経理部	経理課
5	A004	営業本部	国内営業部	国内営業1課
6	A006	営業本部	国内営業部	国内営業2課
7	A007	営業本部	海外営業部	海外営業1課
8	A008	営業本部	海外営業部	海外営業2課
9	A009	技術開発本部	技術開発部	技術開発課
10	A010	技術開発本部	品質管理部	品質管理課

行番号へMATCHを活用し、各フィールド名がマスタで何行目かを自動計算

表の行列を入れ替えできた

列番号へMATCHを活用し、各主キーがマスタ上で何列目かを自動計算

　なお、元データの表がテーブル化されていない場合、コピペして使い回せるセルの参照形式（絶対参照/相対参照）にしておきましょう。

　参考までに、図6-1-5の数式内容をご覧ください（図6-1-6）。

図6-1-6 図6-1-5の数式の内容

	A	B	C
1	部署コード	1階層	2階層
2	A001	=INDEX(部署マスタ!$A$1:$J$4,MATCH(Sheet1!B$1,部署マスタ!$A$1:$A$4,0),MATCH(Sheet1!$A2,部署マスタ!$A$1:$J$1,0))	=INDEX(部署マスタ!$A$1:$J$4,MATCH(Sheet1!C$1,部署マスタ!$A$1
3	A002	=INDEX(部署マスタ!$A$1:$J$4,MATCH(Sheet1!B$1,部署マスタ!$A$1:$A$4,0),MATCH(Sheet1!$A3,部署マスタ!$A$1:$J$1,0))	=INDEX(部署マスタ!$A$1:$J$4,MATCH(Sheet1!C$1,部署マスタ!$A$1
4	A003	=INDEX(部署マスタ!$A$1:$J$4,MATCH(Sheet1!B$1,部署マスタ!$A$1:$A$4,0),MATCH(Sheet1!$A4,部署マスタ!$A$1:$J$1,0))	=INDEX(部署マスタ!$A$1:$J$4,MATCH(Sheet1!C$1,部署マスタ!$A$1
5	A004	=INDEX(部署マスタ!$A$1:$J$4,MATCH(Sheet1!B$1,部署マスタ!$A$1:$A$4,0),MATCH(Sheet1!$A5,部署マスタ!$A$1:$J$1,0))	=INDEX(部署マスタ!$A$1:$J$4,MATCH(Sheet1!C$1,部署マスタ!$A$1
6	A006	=INDEX(部署マスタ!$A$1:$J$4,MATCH(Sheet1!B$1,部署マスタ!$A$1:$A$4,0),MATCH(Sheet1!$A6,部署マスタ!$A$1:$J$1,0))	=INDEX(部署マスタ!$A$1:$J$4,MATCH(Sheet1!C$1,部署マスタ!$A$1
7	A007	=INDEX(部署マスタ!$A$1:$J$4,MATCH(Sheet1!B$1,部署マスタ!$A$1:$A$4,0),MATCH(Sheet1!$A7,部署マスタ!$A$1:$J$1,0))	=INDEX(部署マスタ!$A$1:$J$4,MATCH(Sheet1!C$1,部署マスタ!$A$1
8	A008	=INDEX(部署マスタ!$A$1:$J$4,MATCH(Sheet1!B$1,部署マスタ!$A$1:$A$4,0),MATCH(Sheet1!$A8,部署マスタ!$A$1:$J$1,0))	=INDEX(部署マスタ!$A$1:$J$4,MATCH(Sheet1!C$1,部署マスタ!$A$1
9	A009	=INDEX(部署マスタ!$A$1:$J$4,MATCH(Sheet1!B$1,部署マスタ!$A$1:$A$4,0),MATCH(Sheet1!$A9,部署マスタ!$A$1:$J$1,0))	=INDEX(部署マスタ!$A$1:$J$4,MATCH(Sheet1!C$1,部署マスタ!$A$1
10	A010	=INDEX(部署マスタ!$A$1:$J$4,MATCH(Sheet1!B$1,部署マスタ!$A$1:$A$4,0),MATCH(Sheet1!$A10,部署マスタ!$A$1:$J$1,0))	=INDEX(部署マスタ!$A$1:$J$4,MATCH(Sheet1!C$1,部署マスタ!$A$1

パワークエリで行列の入れ替えを行う方法

　関数での行列の入れ替えは、元データの表のサイズが固定でないと自動化には適しません（スピル除く）。もし、元データの表のサイズを変更する可能性がある場合は、パワークエリが最適です。

　パワークエリでの行列の入れ替えは「入れ替え」というコマンドを活用しますが、注意点は、Power Queryエディター上のヘッダーにセットされた見出し行が入れ替え後に削除されてしまうことです（今回だと「部署コード」一式）。

　よって、事前に「ヘッダーを1行目として使用」コマンドを用いて、ヘッダーを1行目のレコードへ降格させておきましょう（図6-1-7）。

図6-1-7 パワークエリでの「ヘッダーを1行目として使用」の設定手順

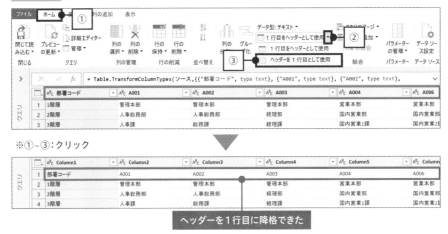

ヘッダーを1行目に降格できた

続いて、「入れ替え」コマンドを図6-1-8の手順で実行します。

図6-1-8 パワークエリでの行列の入れ替え手順

**表の行列を
入れ替えできた**

なお、ヘッダーが設定されていない状態のままなので、「1行目をヘッダーとして使用」コマンドは忘れずに実行してください（詳細は図4-2-11参照）

【パターン①】
「クロス集計表」を
テーブル形式へ変更する

☑ クロス集計表をテーブル形式のレイアウトに変更するには、どうすれば良いか

「クロス集計表」とは

ここからは、様々な表レイアウトの元データをテーブル形式に変更するための
テクニックについて解説していきます。まずは、元データが「クロス集計表」の
場合です。

クロス集計表とは、図6-2-1のように縦軸と横軸でクロス（交差）して集計し
ている表形式のことです。

図6-2-1　クロス集計表の例

▼クロス集計表 = 縦軸と横軸でクロスされた集計表のこと

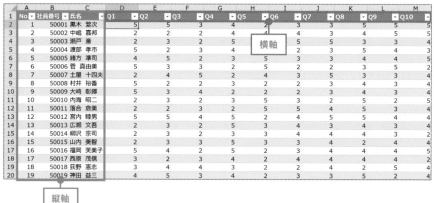

通常、クロス集計表は、テーブル形式の元データから読み手に分かりやすく数
値を見せるための、「人向け」のレイアウトの一種です。

しかし実務では、元データの表をクロス集計表形式でまとめられてしまってい
るケースがあります。

こうした場合、集計しにくいためにテーブル形式の表へ変更しておくと集計効
率がアップします。このレイアウト変更のイメージは、図6-2-2の通りです。

図6-2-2 クロス集計表→テーブル形式への変更イメージ

▼Before（「アンケート結果」テーブル）

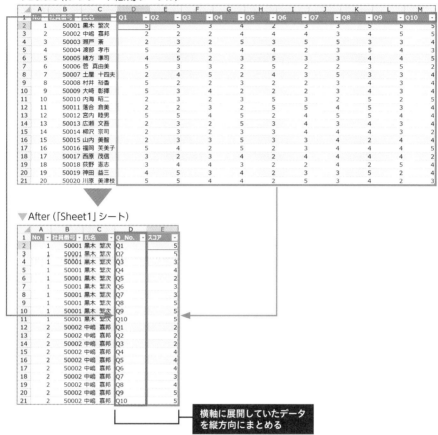

▼After（「Sheet1」シート）

横軸に展開していたデータ
を縦方向にまとめる

　テーブル形式に変更しておくことで、関数はもちろん、ピボットテーブルでの
集計もしやすくなります。

関数での「クロス集計表」のレイアウト変更は事前準備が大事

このレイアウト変更ですが、まずは関数で行う方法から解説していきます。関数で行う場合、元データの表とは別に、テーブル形式用の新たな表を作成し、主要なデータはVLOOKUPやINDEX + MATCHで転記することがセオリーです。

そのために、図6-2-3のように手入力やコピペ等で転記用の関数を使うためのキーを事前に準備しておきましょう。

図6-2-3　　クロス集計表→テーブル形式への変更準備

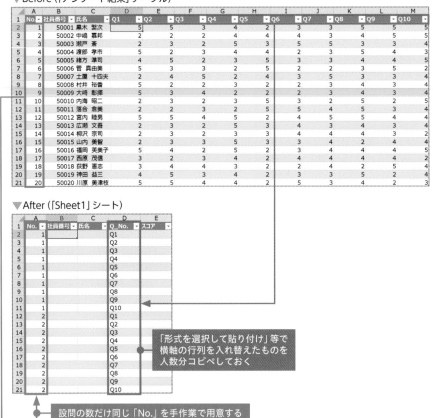

▼Before (「アンケート結果」テーブル)

▼After (「Sheet1」シート)

後は、転記用の関数をセットしていきます。元々、縦軸の項目である「社員番号」・「氏名」フィールドは、事前に入力した「No.」をキーにしてVLOOKUPで転記します（図6-2-4）。

図6-2-4　「社員番号」・「氏名」フィールドの転記例（VLOOKUP）

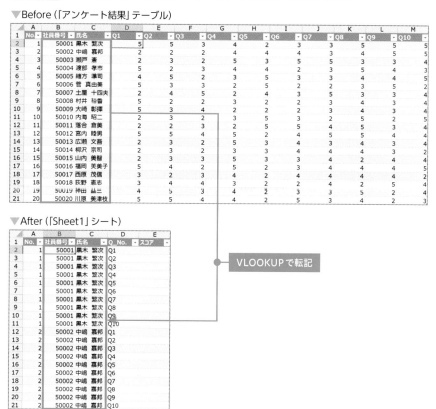

▼Before（「アンケート結果」テーブル）

▼After（「Sheet1」シート）

VLOOKUPで転記

最後に、「スコア」フィールドはINDEX + MATCH（行番号は「No.」、列番号は「Q_No.」をキーにする）で転記すれば完了です（図6-2-5）。

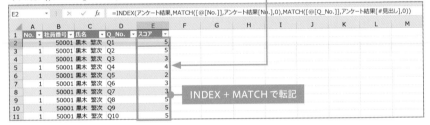

図6-2-5　「スコア」フィールドの転記例（INDEX＋MATCH）

▼Before（「アンケート結果」テーブル）

	A	B	C	D	E	F	G	H	I	J	K	L	M
1	No.	社員番号	氏名	Q1	Q2	Q3	Q4	Q5	Q6	Q7	Q8	Q9	Q10
2	1	50001	黒木 繁次	5	5	3	4	2	3	3	5	5	5
3	2	50002	中嶋 嘉邦	2	2	2	4	4	4	3	4	5	5
4	3	50003	瀬戸 豪	2	3	2	5	3	5	5	3	3	4
5	4	50004	渡部 孝市	5	2	3	4	4	2	3	5	4	4
6	5	50005	緒方 準司	4	5	2	3	5	3	3	4	4	5
7	6	50006	菅 真由美	5	3	3	2	5	2	2	3	5	2
8	7	50007	土屋 十四夫	2	4	5	2	4	3	5	3	3	4
9	8	50008	村井 裕香	5	2	2	2	2	4	3	4	3	4
10	9	50009	大崎 彰輝	5	3	4	2	2	2	3	4	3	4
11	10	50010	内海 昭二	2	3	2	3	5	3	2	5	2	5
12	11	50011	落合 倉美	2	2	3	2	5	5	4	5	3	4
13	12	50012	宮内 睦男	5	5	4	5	2	4	5	5	4	4
14	13	50013	広瀬 文音	2	3	2	5	3	4	3	4	3	4
15	14	50014	柳沢 宗司	2	3	2	3	3	4	4	4	3	2
16	15	50015	山内 美智	2	3	5	5	3	3	4	2	4	4
17	16	50016	福岡 芙美子	3	1	3	2	2	3	3	4	3	5
18	17	50017	西原 茂信	3	2	3	4	2	4	4	4	4	2
19	18	50018	荻野 惠志	3	4	4	3	2	2	4	2	5	4
20	19	50019	神田 益三	4	5	3	4	2	3	3	5	2	4
21	20	50020	川原 美津枝	5	5	3	2	5	3	4	2	3	4

▼After（「Sheet1」シート）

E2　＝INDEX(アンケート結果,MATCH([@[No.]],アンケート結果[No.],0),MATCH([@[Q_No.]],アンケート結果[#見出し],0))

	A	B	C	D	E	F	G	H	I	J	K	L	M
1	No.	社員番号	氏名	Q_No.	スコア								
2	1	50001	黒木 繁次	Q1	5								
3	1	50001	黒木 繁次	Q2	5								
4	1	50001	黒木 繁次	Q3	3								
5	1	50001	黒木 繁次	Q4	4								
6	1	50001	黒木 繁次	Q5	2								
7	1	50001	黒木 繁次	Q6	3								
8	1	50001	黒木 繁次	Q7	3								
9	1	50001	黒木 繁次	Q8	5								
10	1	50001	黒木 繁次	Q9	5								
11	1	50001	黒木 繁次	Q10	5								

INDEX＋MATCHで転記

　なお、レイアウト変更後の表は1レコードあたりで一意の主キーがない状態のため、作成しておくことがおすすめです（今回は割愛）。

　主キーは一意なら何でも良いですが、「社員番号」＋「Q_No.」等の既存データの組み合わせ等で自動作成できるものがベターです。

パワークエリでのクロス集計表→テーブル形式の変更テクニック

　関数でのクロス集計表→テーブル形式への変更は手作業も多いですし、VLOOKUPやINDEX＋MATCHでの転記を駆使する必要がありましたが、パワークエリなら「列のピボット解除」コマンドで一発です。

　Power Queryエディター起動後、図6-2-6の手順を踏めばOKです。

図6-2-6 パワークエリでの「列のピボット解除」手順

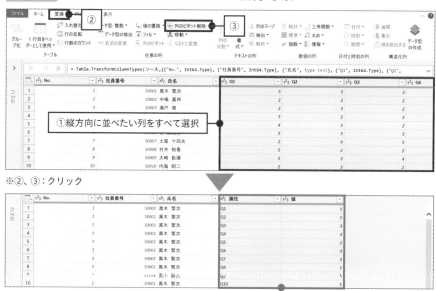

関数よりも、圧倒的に少ない手順でスマートに対応できます。このコマンドはパワークエリ特有ですが、レイアウト変更に非常に効果的です。ぜひ、活用していきましょう。

後は、お好みで「属性」・「値」フィールドの列名の変更や、他のデータ整形のステップを記録してください。

なお、「列のピボット解除」と類似のものに「その他の列のピボット解除」というコマンドもあります。こちらは選択した列以外のピボットを解除（横→縦に変換）してくれます（図6-2-7）。

まとめると、ピボット解除したい列数が少ない場合は「列のピボット解除」を、ピボット解除したい列数が多い場合は「その他の列のピボット解除」を使うと時短になります。

状況に合わせて、うまく使い分けましょう。

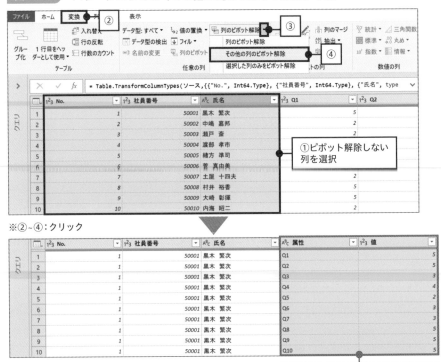

図 6-2-7 パワークエリでの「その他の列のピボット解除」手順

※②~④：クリック

「列のピボット解除」と「その他の列のピボット解除」の他にも、パワークエリには「列の削除」と「他の列の削除」（4-2 で解説）等、選択列以外の列も対象にできる機能は複数存在します。

これらはだいたい近い場所にコマンドが配置されているため、こうした類似コマンドがある際は、なるべく楽に済む方で設定してください。

【パターン②】
「横軸が2行の集計表」を
テーブル形式へ変更する

☑ 「横軸が2行の集計表」をテーブル形式のレイアウトに変更するには、どうすれば良いか

「横軸が2行の集計表」とは

ここでは、元データが「横軸が2行の集計表」の場合に、テーブル形式の表へレイアウトを変更するテクニックを解説していきます。

「横軸が2行の集計表」とは、図6-3-1のような表のことです。

図6-3-1 「横軸が2行の集計表」の例

▼横軸が2行の集計表

No.	商品カテゴリ	店舗 本店	店舗 東京支店	店舗 関西支店	EC 自社サイト	EC A社サイト	EC B社サイト
1	デスクトップPC	393,670	487,008	491,236	985,439	996,345	617,085
2	ノートPC	297,058	350,070	406,167	509,179	481,040	248,506
3	ディスプレイ	193,494	113,334	152,106	490,655	423,676	393,947
4	PCパーツ	165,880	152,482	230,123	372,873	202,205	269,461
5	タブレット	134,083	241,482	242,406	295,204	323,257	180,392
6	キーボード・マウス・入力機器	100,266	204,881	193,140	361,816	217,179	481,618
7	PCアクセサリ・サプライ	243,146	129,956	238,267	177,832	497,954	183,322
8	プリンタ	235,963	230,826	152,920	280,318	255,910	303,517

横軸が2行

この表形式も6-2のクロス集計表と同様に、「人向け」に分かりやすく集計されたレイアウトの一種です。

クロス集計表と違うのは、横軸が2種類以上で階層化されている部分です。1行目は販売先が「店舗」か「EC」か、2行目は各販売先の詳細（店舗は店舗名、ECはサイト名）となります。

こちらも、このままでは集計しにくいため、図6-3-2のようにテーブル形式へ変更していきます。

図6-3-2 「横軸が2行の集計表」→テーブル形式への変更イメージ

▼Before（「店舗・サイト別売上」シート）

	A	B	C	D	E	F	G	H
1	No.	商品カテゴリ	店舗	店舗	店舗	EC	EC	EC
2			本店	東京支店	関西支店	自社サイト	A社サイト	B社サイト
3	1	デスクトップPC	393,670	487,008	491,236	985,439	996,345	617,085
4	2	ノートPC	297,058	350,070	406,167	509,179	481,040	248,506
5	3	ディスプレイ	193,494	113,334	152,106	490,655	423,676	393,947
6	4	PCパーツ	165,880	152,482	230,123	372,873	202,205	269,461
7	5	タブレット	134,083	241,482	242,406	295,204	323,257	180,392
8	6	キーボード・マウス・入力機器	100,266	204,881	193,140	361,816	217,179	481,618
9	7	PCアクセサリ・サプライ	243,146	129,956	238,267	177,832	497,954	183,322
10	8	プリンタ	235,963	230,826	152,920	280,318	255,910	303,517

▼After（「Sheet1」シート）

	A	B	C	D	E	F
1	No	商品カテゴリ	販売先No	販売先	店舗名/サイト名	売上金額
2	1	デスクトップPC	1	店舗	本店	393,670
3	1	デスクトップPC	2	店舗	東京支店	487,008
4	1	デスクトップPC	3	店舗	関西支店	491,236
5	1	デスクトップPC	4	EC	自社サイト	985,439
6	1	デスクトップPC	5	EC	A社サイト	996,345
7	1	デスクトップPC	6	EC	B社サイト	617,085
8	2	ノートPC	1	店舗	本店	297,058
9	2	ノートPC	2	店舗	東京支店	350,070
10	2	ノートPC	3	店舗	関西支店	406,167
11	2	ノートPC	4	EC	自社サイト	509,179
12	2	ノートPC	5	EC	A社サイト	481,040
13	2	ノートPC	6	EC	B社サイト	248,506
14	3	ディスプレイ	1	店舗	本店	193,494
15	3	ディスプレイ	2	店舗	東京支店	113,334
16	3	ディスプレイ	3	店舗	関西支店	152,106
17	3	ディスプレイ	4	EC	自社サイト	490,655
18	3	ディスプレイ	5	EC	A社サイト	423,676
19	3	ディスプレイ	6	EC	B社サイト	393,947

横軸に展開していたデータを縦方向にまとめる

　ご覧の通り、クロス集計表よりも縦方向にまとめる列数が増えています（Before
の横軸の行数に比例して、Afterの列数が増える）。

関数での「横軸が2行の集計表」のレイアウト変更は作業セルが重要

　関数を用いて「横軸が2行の集計表」レイアウト変更を行う際、転記用の関数
（VLOOKUPやINDEX等）のための事前準備を、元データの表に対しても行いま
す。具体的には、検索用の列番号を追加し、結合セルの部分は1セル1データの
状態にしてください（図6-3-3）。

図6-3-3 「横軸が2行の集計表」→テーブル形式への変更準備①

▼Before（「店舗・サイト別売上」シート）

【STEP1】
表の上に1行挿入し、
作業セルに列番号を手入力する

1R x 2C			fx	=C2			
	A	B	C	D	E	F	G	H
1			1	2	3	4	5	6
2	No.	商品カテゴリ	店舗	店舗	店舗	EC	EC	EC
3			本店	東京支店	関西支店	自社サイト	A社サイト	B社サイト
4	1	デスクトップPC	393,...					17,085
5	2	ノートPC	297,...					48,506
6	3	ディスプレイ	193,...					93,947
7	4	PCパーツ	165,...	152,482	230,123	372,873	202,205	69,461
8	5	タブレット	134,083	241,482	242,406	295,204	323,257	180,392
9	6	キーボード・マウス・入力機器	100,266	204,881	193,140	361,816	217,179	481,618
10	7	PCアクセサリ・サプライ	243,146	129,956	238,267	177,832	497,954	183,322
11	8	プリンタ	235,963	230,826	152,920	280,318	255,910	303,517

【STEP2】
セル結合を解除し、ジャンプで空白セルを選択
→一括入力（「=」+「←」キー→「Ctrl」+「Enter」）

　続いて、テーブル形式用の新たな表を作成し、転記用の関数を使うためのキーを事前に準備します（図6-3-4）。

図6-3-4 「横軸が2行の集計表」→テーブル形式への変更準備②

▼Before（「店舗・サイト別売上」シート）

	A	B	C	D	E	F	G	H
1			1	2	3	4	5	6
2	No.	商品カテゴリ	店舗	店舗	店舗	EC	EC	EC
3			本店	東京支店	関西支店	自社サイト	A社サイト	B社サイト
4	1	デスクトップPC	393,670	487,008	491,236	985,439	996,345	617,085
5	2	ノートPC	297,058	350,070	406,167	509,179	481,040	248,506
6	3	ディスプレイ	193,494	113,334	152,106	490,655	423,676	393,947
7	4	PCパーツ	165,880	152,482	230,123	372,873	202,205	269,461
8	5	タブレット	134,083	241,482	242,406	295,204	323,257	180,392
9	6	キーボード・マウス・入力機器	100,266	204,881	193,140	361,816	217,179	481,618
10	7	PCアクセサリ・サプライ	243,146	129,956	238,267	177,832	497,954	183,322
11	8	プリンタ	235,963	230,826	152,920	280,318	255,910	303,517

▼After（「Sheet1」シート）

	A	B	C	D	E	F
1	No.	商品カテゴリ	販売先No	販売先	店舗名/サイト名	売上金額
2	1		1			
3	1		2			
4	1		3			
5	1		4			
6	1		5			
7	1		6			
8	2		1			
9	2		2			
10	2		3			
11	2		4			
12	2		5			
13	2		6			

「形式を選択して貼り付け」等で
横軸の行列を入れ替えたものを
商品カテゴリ分コピペしておく

「販売元No.」の数だけ同じ
「No.」を手作業で用意する

259

後は、転記用の関数をセットしていきます。「商品カテゴリ」フィールドは「No.」をキーにしたVLOOKUP（図6-3-5）を、「販売先」・「店舗名／サイト名」フィールドは、行番号はBeforeの横軸の行数、列番号は「販売先No.」をキーにしたINDEX + MATCH（図6-3-6）を活用します。

図6-3-6のINDEXの列番号に組み合わせたMATCHは、図6-3-3で準備した番号があるからこそ転記が可能になっています。

図6-3-5 「商品」フィールドの転記例（VLOOKUP）

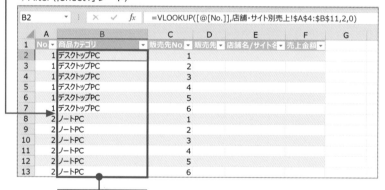

▼Before（「店舗・サイト別売上」シート）

▼After（「Sheet1」シート）

図6-3-6 「販売先」・「店舗名/サイト名」フィールドの転記例（INDEX + MATCH）

▼Before（「店舗・サイト別売上」シート）

	A	B	C	D	E	F	G	H
1			1	2	3	4	5	6
2	No.	商品カテゴリ	店舗	店舗	店舗	EC	EC	EC
3			本店	東京支店	関西支店	自社サイト	A社サイト	B社サイト
4	1	デスクトップPC	393,670	487,008	491,236	985,439	996,345	617,085
5	2	ノートPC	297,058	350,070	406,167	509,179	481,040	248,506
6	3	ディスプレイ	193,494	113,334	152,106	490,655	423,676	393,947
7	4	PCパーツ	165,880	152,482	230,123	372,873	202,205	269,461
8	5	タブレット	134,083	241,482	242,406	295,204	323,257	180,392
9	6	キーボード・マウス・入力機器	100,266	204,881	193,140	361,816	217,179	481,618
10	7	PCアクセサリ・サプライ	243,146	129,956	238,267	177,832	497,954	183,322
11	8	プリンタ	235,963	230,826	152,920	280,318	255,910	303,517

▼After（「Sheet1」シート）

D2　｜　=INDEX(店舗・サイト別売上!$C$1:$H$3,2,MATCH([@[販売先No.]],店舗・サイト別売上!$C$1:$H$1,0))

	A	B	C	D	E	F	G	H	I	J
1	No.	商品カテゴリ	販売先No	販売先	店舗名/サイト名	売上金額				
2	1	デスクトップPC	1	店舗	本店					
3	1	デスクトップPC	2	店舗	東京支店					
4	1	デスクトップPC	3	店舗	関西支店					
5	1	デスクトップPC	4	EC	自社サイト					
6	1	デスクトップPC	5	EC	A社サイト					
7	1	デスクトップPC	6	EC	B社サイト					
8	2	ノートPC	1	店舗	本店					
9	2	ノートPC	2	店舗	東京支店					
10			3	店舗	関西支店					
11	INDEX + MATCH で転記		4	EC	自社サイト	INDEX + MATCH で転記				
12	2	ノートPC	5	EC	A社サイト					
13	2	ノートPC	6	EC	B社サイト					

　最後に、「売上金額」フィールドをINDEXで転記して完了です（図6-3-7）。今回は新たに作成したテーブル側に行番号・列番号となるキーがある状態のため、MATCHが不要でした（行番号は「No.」、列番号は「販売先No.」がキー）。

　このように、Afterの表へ転記する際には何がキーになるかによって、よりシンプルな数式になるようケースバイケースで対応しましょう。その方が、可読性が良くメンテナンスもしやすくなります。

第6章

あらゆる表を集計しやすいレイアウト形式へ変更する技術

図6-3-7 「売上金額」フィールドの転記例（INDEX）

▼Before（「店舗・サイト別売上」シート）

	A	B	C	D	E	F	G	H
1			1	2	3	4	5	6
2	No.	商品カテゴリ	店舗	店舗	店舗	EC	EC	EC
3			本店	東京支店	関西支店	自社サイト	A社サイト	B社サイト
4	1	デスクトップPC	393,670	487,008	491,236	985,439	996,345	617,085
5	2	ノートPC	297,058	350,070	406,167	509,179	481,040	248,506
6	3	ディスプレイ	193,494	113,334	152,106	490,655	423,676	393,947
7	4	PCパーツ	165,880	152,482	230,123	372,873	202,205	269,461
8	5	タブレット	134,083	241,482	242,406	295,204	323,257	180,392
9	6	キーボード・マウス・入力機器	100,266	204,881	193,140	361,816	217,179	481,618
10	7	PCアクセサリ・サプライ	243,146	129,956	238,267	177,832	497,954	183,322
11	8	プリンタ	235,963	230,826	152,920	280,318	255,910	303,517

▼After（「Sheet1」シート）

F2　＝INDEX(店舗・サイト別売上!$C$4:$H$11,[@[No.]],[@[販売先No.]])

	A	B	C	D	E	F	G	H
1	No	商品カテゴリ	販売先No	販売先	店舗名/サイト名	売上金額		
2	1	デスクトップPC	1	店舗	本店	393,670		
3	1	デスクトップPC	2	店舗	東京支店	487,008		
4	1	デスクトップPC	3	店舗	関西支店	491,236		
5	1	デスクトップPC	4	EC	自社サイト	985,439		
6	1	デスクトップPC	5	EC	A社サイト	996,345		
7	1	デスクトップPC	6	EC	B社サイト	617,085		
8	2	ノートPC	1	店舗	本店	297,058		
9	2	ノートPC	2	店舗	東京支店	350,070		
10	2	ノートPC	3	店舗	関西支店	406,167		
11	2	ノートPC	4	EC	自社サイト	509,179		
12	2	ノートPC	5	EC	A社サイト	481,040		
13	2	ノートPC	6	EC	B社サイト	248,506		

INDEXで転記

パワークエリで「横軸が2行の集計表」→テーブル形式へ変更する

　続いて、パワークエリでのレイアウト変更ですが、クロス集計表の時のように「列のピボット解除」をいきなり実行できません。

　まず、2行以上ある見出し行を1行にすることが先決ですが、パワークエリには行をマージする機能がないため、行列を入れ替えて加工していくことがポイントです。

　なお、予め行列の入れ替えが必要だと分かっている場合、表データの取得時点で「テーブルの作成」ダイアログの「先頭行をテーブルの見出しとして使用する」のチェックを外した方が効率的です（図6-3-8）。

図6-3-8 「横軸が2行の集計表」のデータ取得時の注意点

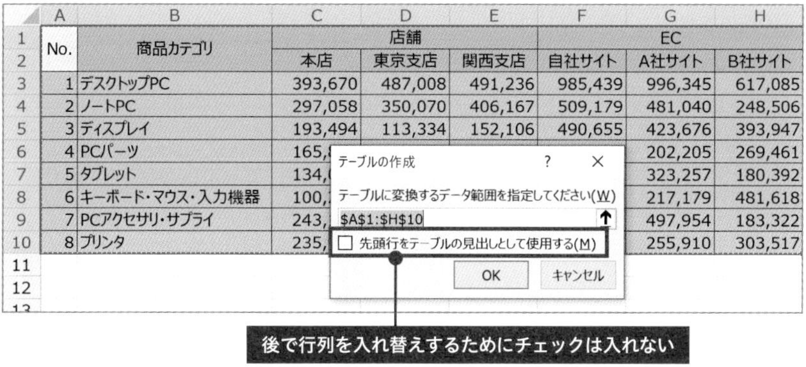

後で行列を入れ替えするためにチェックは入れない

　Power Queryエディターが起動後、まず行列を入れ替え、列になった見出し2列を1列にまとめてから、元の行列に戻しましょう。手順は図6-3-9の通りです。

　手順⑥は、元々の横軸が3行以上の場合は3列以上になりますので、全列選択すれば良いです。

　ちなみに、手順⑦でマージした列は後（手順⑱）で分割するため、手順⑧で区切り記号を必ず設定しましょう。その際の記号は何でも良いですが、なるべく手早く設定するためにも、元からある選択肢から選ぶと良いです（カスタム以外）。

　後は、図6-3-10のように、ヘッダーを設定して見出しを1行にした状態で、「列のピボット解除」コマンドを実行すればOKです。

　なお、今回はピボット解除する列数が多いため、「その他の列のピボット解除」コマンドの方を活用しています。

第6章

あらゆる表を集計しやすいレイアウト形式へ変更する技術

図6-3-9　　パワークエリでの「横軸が2行の集計表」→テーブル形式への変更手順①

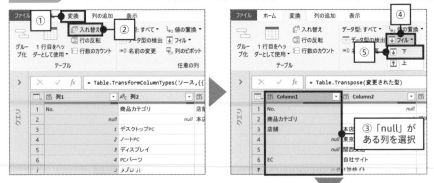

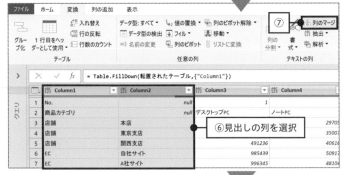

※①、②、④、⑤、⑦、⑨、⑩：クリック

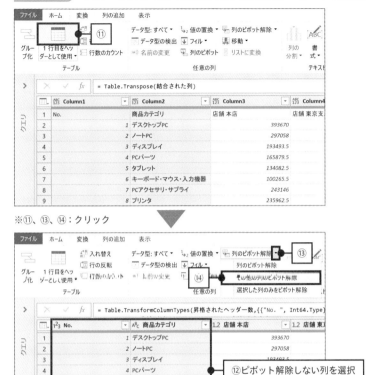

図6-3-10 パワークエリでの「横軸が2行の集計表」→テーブル形式への変更手順②

これでほぼテーブル形式になりますが、最後にマージしていた列を分割し、ピボット解除してできた列名を任意のものへ変更すれば完了です（図6-3-11）。

このように、「横軸が2行の集計表」のレイアウト変更は、第4章で学んできたテクニックを複数組み合わせれば対応が可能です。ちなみに、横軸が3行以上でも同じ要領で対応できます。

図6-3-11　パワークエリでの「横軸が2行の集計表」→テーブル形式への変更手順③

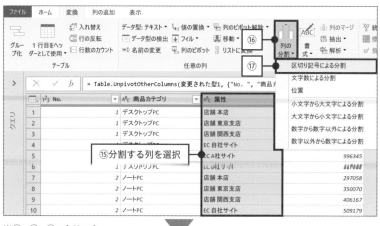

⑮分割する列を選択

※⑯、⑰、⑲：クリック

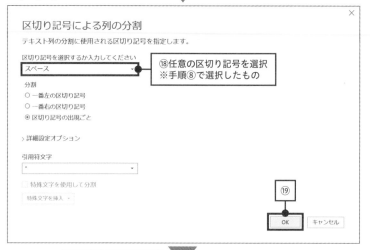

⑱任意の区切り記号を選択
※手順⑧で選択したもの

⑳任意の列名へ変更

横軸を縦方向に
並べることができた

6-4

【パターン③】「複数列のセットを右方向に繰り返す表」をテーブル形式へ変更する

「複数列のセットを右方向に繰り返す表」をテーブル形式のレイアウトに変更するには、どうすれば良いか

「複数列のセットを右方向に繰り返す表」とは

続いて、元データが「複数列のセットを右方向に繰り返す表」の場合のレイアウト変更テクニックを解説します。

「複数列のセットを右方向に繰り返す表」のイメージは、図6-4-1の通りです。

図6-4-1 「複数列のセットを右方向に繰り返す表」の例

▼複数列をセットで繰り返す表

	A	B	C	D	E	F	G	H	I	J	K	L
1	No	企業コード	取引先企業名	見積1回目			見積2回目			見積3回目		
2				日付	営業担当	見積金額	日付	営業担当	見積金額	日付	営業担当	見積金額
3	1	C101	有限会社トータス	2019/2/22	西 真由子	550,000	2020/1/15	西 真由子	600,000	2020/1/23	西 真由子	580,000
4	2	C102	株式会社M＆K	2019/4/1	澤 希	1,580,000	2019/12/20	澤 希	1,500,000			
5	3	C103	株式会社サクシード	2019/4/27	西 真由子	1,770,000						
6	4	C104	株式会社ウィン	2019/9/12	太田 健一	1,530,000						
7	5	C105	有限会社森建設	2019/10/2	田中 寛治	1,070,000	2019/11/11	田中 寛治	1,150,000			
8	6	C106	株式会社山本商店	2019/11/7	澤 希	1,760,000						
9	7	C107	有限会社朝日	2019/12/11	西 真由子	770,000	2019/12/20	西 真由子	700,000			
10	8	C108	株式会社アヴァンティ	2019/12/13	近藤 智	620,000	2019/12/28	近藤 智	650,000	2020/1/15	田中 寛治	700,000
11	9	C109	株式会社サンケイ	2019/12/20	西 真由子	810,000						
12	10	C110	株式会社優和	2019/12/26	太田 健一	1,400,000	2020/1/15	澤 希	1,350,000			

同じパターンの複数列が右方向に繰り返される

「横軸が2行の集計表」との違いは、1セットの中にデータ種類が異なる列があり、かつレコードによっては必ずしも全列にデータが入っているわけではないということです。

実務では、このようにレコード毎の状況を右方向にデータ蓄積して管理するケースは案外あります。

この表形式も、集計/分析しやすいようにテーブル形式へ変更していきます（図6-4-2）。

図6-4-2 「複数列のセットを右方向に繰り返す表」→テーブル形式への変更イメージ

▼Before (「見積管理」シート)

	A	B	C	D	E	F	G	H	I
1	No.	企業コード	取引先企業名	見積1回目			見積2回目		
2				日付	営業担当	見積金額	日付	営業担当	見積金額
3	1	C101	有限会社トータス	2019/2/22	西 真由子	550,000	2020/1/15	西 真由子	600,000
4	2	C102	株式会社M&K	2019/4/1	澤 希	1,580,000	2019/12/20	澤 希	1,500,000
5	3	C103	株式会社サクシード	2019/4/27	西 真由子	1,770,000			
6	4	C104	株式会社ウィン	2019/9/12	太田 健一	1,530,000			
7	5	C105	有限会社森建設	2019/10/2	田中 寛治	1,070,000	2019/11/11	田中 寛治	1,150,000
8	6	C106	株式会社山本商店	2019/11/7	澤 希	1,760,000			
9	7	C107	有限会社朝日	2019/12/11	西 真由子	770,000	2019/12/20	西 真由子	700,000
10	8	C108	株式会社アヴァンティ	2019/12/13	近藤 智	620,000	2019/12/28	近藤 智	650,000
11	9	C109	株式会社サンケイ	2019/12/20	西 真由子	810,000			
12	10	C110	株式会社優和	2019/12/26	太田 健一	1,400,000	2020/1/15	澤 希	1,350,000

▼After (「Sheet1」シート)

	A	B	C	D	E	F	G
1	No.	企業コード	取引先企業名	見積No.	日付	営業担当名	見積金額
2	1	C101	有限会社トータス	1	2019/2/22	西 真由子	550,000
3	1	C101	有限会社トータス	2	2020/1/15	西 真由子	600,000
4	1	C101	有限会社トータス	3	2020/1/23	西 真由子	580,000
5	2	C102	株式会社M&K	1	2019/4/1	澤 希	1,580,000
6	2	C102	株式会社M&K	2	2019/12/20	澤 希	1,500,000
7	3	C103	株式会社サクシード	1	2019/4/27	西 真由子	1,770,000
8	4	C104	株式会社ウィン	1	2019/9/12	太田 健一	1,530,000
9	5	C105	有限会社森建設	1	2019/10/2	田中 寛治	1,070,000
10	5	C105	有限会社森建設	2	2019/11/11	田中 寛治	1,150,000
11	6	C106	株式会社山本商店	1	2019/11/7	澤 希	1,760,000
12	7	C107	有限会社朝日	1	2019/12/11	西 真由子	770,000
13	7	C107	有限会社朝日	2	2019/12/20	西 真由子	700,000
14	8	C108	株式会社アヴァンティ	1	2019/12/13	近藤 智	620,000
15	8	C108	株式会社アヴァンティ	2	2019/12/28	近藤 智	650,000

同じ種類の列をそれぞれ1列にまとめる

関数での「複数列のセットを右方向に繰り返す表」のレイアウト変更は、レコード単位のセット数を基準にする

　関数で「複数列のセットを右方向に繰り返す表」のレイアウトを変更する際は、元データ側のレコードのセット数に応じてテーブル形式用の新たな表側のレコード数が変わることが厄介です。

　よって、事前に各レコードの複数列が何セットあるか、COUNTAでカウントしておくことが最大のポイントとなります（図6-4-3）。

> COUNTA(値1,[値2],…)
> 範囲内の、空白でないセルの個数を返します。

図6-4-3 「複数列のセットを右方向に繰り返す表」→テーブル形式への変更準備①

▼Before（「見積管理」シート）

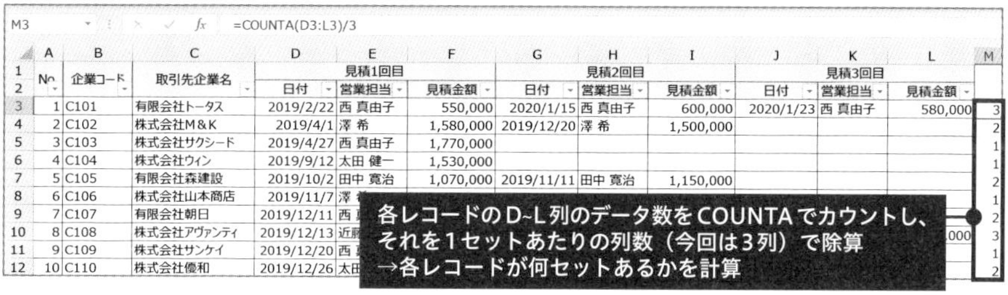

M3　｜　fx　=COUNTA(D3:L3)/3

	A	B	C	D	E	F	G	H	I	J	K	L	M
1	No.	企業コード	取引先企業名	見積1回目			見積2回目			見積3回目			
2				日付	営業担当	見積金額	日付	営業担当	見積金額	日付	営業担当	見積金額	
3	1	C101	有限会社トータス	2019/2/22	西 真由子	550,000	2020/1/15	西 真由子	600,000	2020/1/23	西 真由子	580,000	3
4	2	C102	株式会社M&K	2019/4/1	澤 希	1,580,000	2019/12/20	澤 希	1,500,000				2
5	3	C103	株式会社サクシード	2019/4/27	西 真由子	1,770,000							1
6	4	C104	株式会社ウィン	2019/9/12	太田 健一	1,530,000							1
7	5	C105	有限会社森建設	2019/10/2	田中 寛治	1,070,000	2019/11/11	田中 寛治	1,150,000				2
8	6	C106	株式会社山本商店	2019/11/7	澤 希								
9	7	C107	株式会社朝日	2019/12/11									3
10	8	C108	株式会社アヴァンティ	2019/12/13								000	2
11	9	C109	株式会社サンケイ	2019/12/20	西								1
12	10	C110	株式会社儘和	2019/12/26	太田								2

各レコードのD~L列のデータ数をCOUNTAでカウントし、
それを1セットあたりの列数（今回は3列）で除算
→各レコードが何セットあるかを計算

　このセット数分、新たな表側の「No.」を同じものを複数レコード作成してい
きますが、手作業だと気が遠くなるため、図6-4-4のように複数の関数をうまく
組み合わせて自動化すると良いです。

図6-4-4 「複数列のセットを右方向に繰り返す表」→テーブル形式への変更準備②

▼Before（「見積管理」シート）

	A	B	C	D	E	F	G	H	I	J	K	L	M
1	No.	企業コード	取引先企業名	見積1回目			見積2回目			見積3回目			
2				日付	営業担当	見積金額	日付	営業担当	見積金額	日付	営業担当	見積金額	
3	1	C101	有限会社トータス	2019/2/22	西 真由子	550,000	2020/1/15	西 真由子	600,000	2020/1/23	西 真由子	580,000	3
4	2	C102	株式会社M&K	2019/4/1	澤 希	1,580,000	2019/12/20	澤 希	1,500,000				2
5	3	C103	株式会社サクシード	2019/4/27	西 真由子	1,770,000							1
6	4	C104	株式会社ウィン	2019/9/12	太田 健一	1,530,000							1
7	5	C105	有限会社森建設	2019/10/2	田中 寛治	1,070,000	2019/11/11	田中 寛治	1,150,000				2
8	6	C106	株式会社山本商店	2019/11/7	澤 希	1,760,000							1
9	7	C107	株式会社朝日	2019/12/11	西 真由子	770,000	2019/12/20	西 真由子	700,000				2
10	8	C108	株式会社アヴァンティ	2019/12/13	近藤 智	620,000	2019/12/28	近藤 智	650,000	2020/1/15	田中 寛治	700,000	3
11	9	C109	株式会社サンケイ	2019/12/20	西 真由子	810,000							1
12	10	C110	株式会社儘和	2019/12/26	太田 健一	1,400,000	2020/1/15	澤 希	1,350,000				2

▼After（「Sheet1」シート）

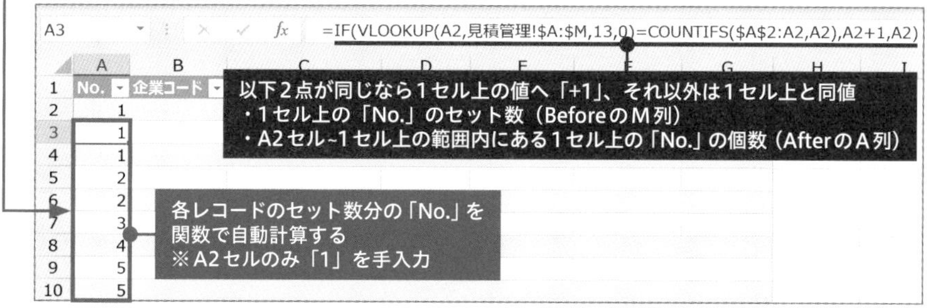

A3　｜　fx　=IF(VLOOKUP(A2,見積管理!$A:$M,13,0)=COUNTIFS($A$2:A2,A2),A2+1,A2)

	A	B	C	D	E	F	G	H	I
1	No.	企業コード							
2	1								
3	1								
4	1								
5	2								
6	2								
7	3								
8	4								
9	5								
10	5								

以下2点が同じなら1セル上の値へ「+1」、それ以外は1セル上と同値
・1セル上の「No.」のセット数（BeforeのM列）
・A2セル~1セル上の範囲内にある1セル上の「No.」の個数（AfterのA列）

各レコードのセット数分の「No.」を
関数で自動計算する
※A2セルのみ「1」を手入力

　これで、A2セル以外は関数をコピペするだけで、必要な数だけ各「No.」を割
り振ることが可能です。

　続いて、この「No.」フィールドを基準に、COUNTIFSを用いて登場回数（見
積回数）をカウントして準備は完了です（図6-4-5）。

図 6-4-5 「複数列のセットを右方向に繰り返す表」→テーブル形式への変更準備③

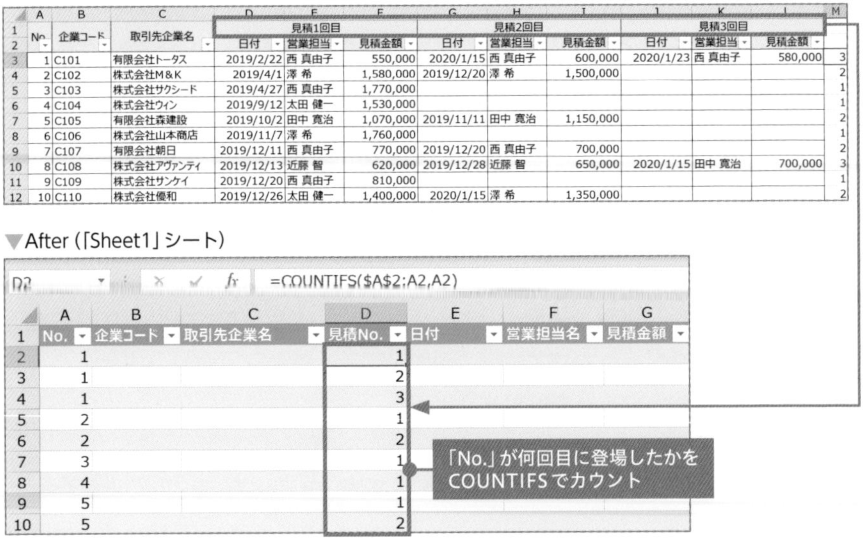

▼Before (「見積管理」シート)

	A	B	C	D	E	F	G	H	I	J	K	L	M
1	No.	企業コード	取引先企業名	見積1回目			見積2回目			見積3回目			
2				日付	営業担当	見積金額	日付	営業担当	見積金額	日付	営業担当	見積金額	
3	1	C101	有限会社トータス	2019/2/22	西 真由子	550,000	2020/1/15	西 真由子	600,000	2020/1/23	西 真由子	580,000	3
4	2	C102	株式会社M＆K	2019/4/1	澤 希	1,580,000	2019/12/20	澤 希	1,500,000				2
5	3	C103	株式会社サクシード	2019/4/27	西 真由子	1,770,000							1
6	4	C104	株式会社ウィン	2019/9/12	太田 健一	1,530,000							1
7	5	C105	有限会社森建設	2019/10/2	田中 寛治	1,070,000	2019/11/11	田中 寛治	1,150,000				2
8	6	C106	株式会社山本商店	2019/11/7	澤 希	1,760,000							1
9	7	C107	有限会社朝日	2019/12/11	西 真由子	770,000	2019/12/20	西 真由子	700,000				2
10	8	C108	株式会社アヴァンティ	2019/12/13	近藤 智	620,000	2019/12/28	近藤 智	650,000	2020/1/15	田中 寛治	700,000	3
11	9	C109	株式会社サンケイ	2019/12/20	西 真由子	810,000							1
12	10	C110	株式会社優和	2019/12/26	太田 健一	1,400,000	2020/1/15	澤 希	1,350,000				2

▼After (「Sheet1」シート)

D2　｜　=COUNTIFS($A$2:A2,A2)

	A	B	C	D	E	F	G
1	No.	企業コード	取引先企業名	見積No.	日付	営業担当名	見積金額
2	1			1			
3	1			2			
4	1			3			
5	2			1			
6	2			1			
7	3			1			
8	4			1			
9	5			1			
10	5			2			

「No.」が何回目に登場したかを
COUNTIFSでカウント

　ここから転記用の関数をセットしますが、「企業コード」・「取引先企業名」フィールドは「No.」をキーにしたVLOOKUPで転記します（図6-4-6）。

図 6-4-6 「企業コード」・「取引先企業名」フィールドの転記例（VLOOKUP）

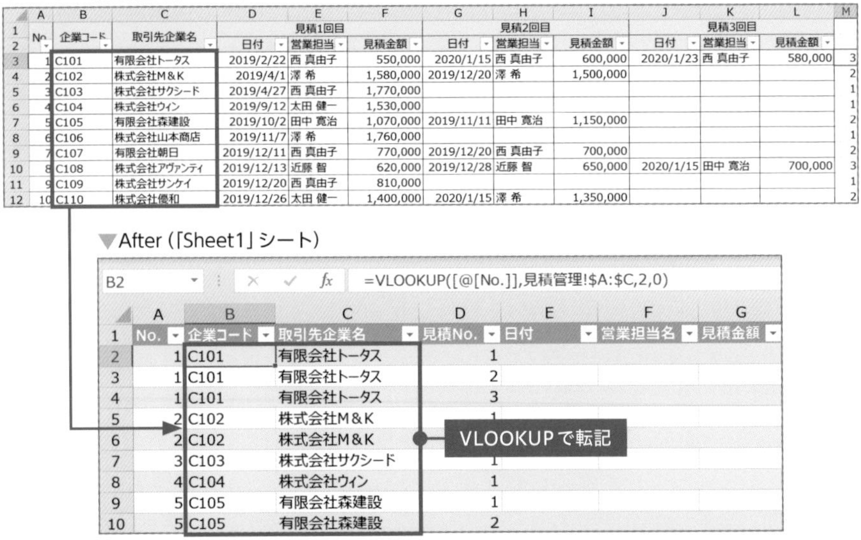

▼Before (「見積管理」シート)

	A	B	C	D	E	F	G	H	I	J	K	L	M
1	No.	企業コード	取引先企業名	見積1回目			見積2回目			見積3回目			
2				日付	営業担当	見積金額	日付	営業担当	見積金額	日付	営業担当	見積金額	
3	1	C101	有限会社トータス	2019/2/22	西 真由子	550,000	2020/1/15	西 真由子	600,000	2020/1/23	西 真由子	580,000	3
4	2	C102	株式会社M＆K	2019/4/1	澤 希	1,580,000	2019/12/20	澤 希	1,500,000				2
5	3	C103	株式会社サクシード	2019/4/27	西 真由子	1,770,000							1
6	4	C104	株式会社ウィン	2019/9/12	太田 健一	1,530,000							1
7	5	C105	有限会社森建設	2019/10/2	田中 寛治	1,070,000	2019/11/11	田中 寛治	1,150,000				2
8	6	C106	株式会社山本商店	2019/11/7	澤 希	1,760,000							1
9	7	C107	有限会社朝日	2019/12/11	西 真由子	770,000	2019/12/20	西 真由子	700,000				2
10	8	C108	株式会社アヴァンティ	2019/12/13	近藤 智	620,000	2019/12/28	近藤 智	650,000	2020/1/15	田中 寛治	700,000	3
11	9	C109	株式会社サンケイ	2019/12/20	西 真由子	810,000							1
12	10	C110	株式会社優和	2019/12/26	太田 健一	1,400,000	2020/1/15	澤 希	1,350,000				2

▼After (「Sheet1」シート)

B2　｜　=VLOOKUP([@[No.]],見積管理!$A:$C,2,0)

	A	B	C	D	E	F	G
1	No.	企業コード	取引先企業名	見積No.	日付	営業担当名	見積金額
2	1	C101	有限会社トータス	1			
3	1	C101	有限会社トータス	2			
4	1	C101	有限会社トータス	3			
5	2	C102	株式会社M＆K	1			
6	2	C102	株式会社M＆K	1			
7	3	C103	株式会社サクシード	1			
8	4	C104	株式会社ウィン	1			
9	5	C105	有限会社森建設	1			
10	5	C105	有限会社森建設	2			

VLOOKUPで転記

最後に、各セットの「日付」・「営業担当者名」・「見積金額」フィールドを、INDEX + MATCHを活用して集約していきます（図6-4-7）。

図6-4-7 「日付」・「営業担当者名」・「見積金額」フィールドの転記例（INDEX + MATCH）

MATCHの列番号に数式を追加し、「見積No.」フィールドの数値に応じて列番号が各回数のものへ自動的に変わるように工夫しています（行番号は「No.」がキー）。

パワークエリでの「複数列のセットを右方向に繰り返す表」→テーブル形式への変更方法

続いて、パワークエリでの方法ですが、「横軸が2行の集計表」と途中までは手順（図6-3-9~11内の手順①~⑲）が同じです。

大筋の流れとして、入れ替え→フィル→列のマージ→入れ替え→1行目をヘッダーとして使用→列のピボット解除→列の分割まで行うと、図6-4-8の状態になります。

図6-4-8　「複数列のセットを右方向に繰り返す表」のレイアウト変更の途中状態

異なるデータが
同じ列にまとめられている
≠1列同一種類データ

図6-3-9-11の手順①~⑲と同じステップ

　すると、各セットの複数列のフィールド名とその値が縦方向にまとまっている
ため、これを列に展開していく必要があります。

　ここで役に立つコマンドが、「列のピボット」です。これは、「列のピボット解
除」とは逆の機能であり、縦方向のデータを横方向に展開できます。操作手順は
図6-4-9をご覧ください。

　これで、「日付」~「見積金額」フィールドが列として並びました。手順①は必
ず、「フィールド名にしたい列」→「その値の列」の順に選択しましょう。今回は
「値」フィールドに文字列が混在するため、手順④⑤を設定しています（設定しな
い場合、データ数がカウントされる）。

　このように、「列のピボット解除」の実行した後等に、やっぱり列を分けて並べたい場
合に「列のピボット」は便利です。

　なお、「列のピボット」で分けられた列のデータ型は「すべて」になってしまいます。
このままにした状態で計算等のステップを入れた場合にエラーになってしまうため、ご注
意ください。

　最後に、データ抽出や各列の列名・データ型の変更等を行えば、一連の作業は完了です
（図6-4-10）。

図6-4-9 パワークエリでの「列のピボット」手順

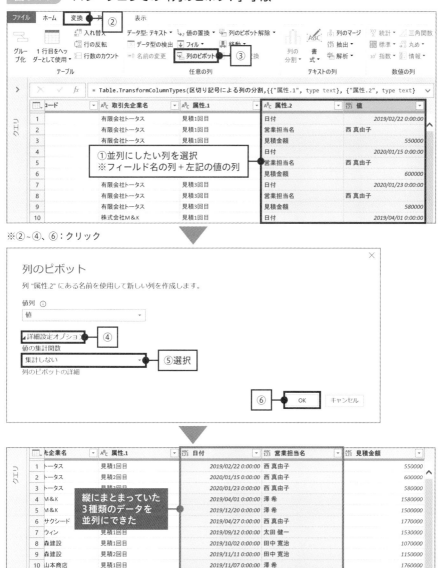

なお、図6-4-10等で複数列を同じデータ型へまとめて変更したい場合、複数列を選択した状態でリボン「変換」タブの「データ型の変更」コマンドを活用すると良いです。

図 6-4-10

パワークエリでの「複数列のセットを右方向に繰り返す表」→テーブル形式への変更の仕上げ例

任意の列名・データ型へ変更

	先企業名	属性.1	日付	営業担当名	見積金額
1	トータス	見積1回目	2019/02/22 0:00:00	西 真由子	550000
2	トータス	見積2回目	2020/01/15 0:00:00	西 真由子	600000
3	トータス	見積3回目	2020/01/23 0:00:00	西 真由子	580000
4	M&K	見積1回目	2019/04/01 0:00:00	澤 希	1580000
5	M&K	見積1回目	2019/12/20 0:00:00	澤 希	1500000
6	サクシード	見積1回目	2019/04/27 0:00:00	西 真由子	1770000
7	ウィン	見積1回目	2019/09/12 0:00:00	太田 健一	1530000
8	森建設	見積1回目	2019/10/02 0:00:00	田中 寛治	1070000
9	森建設	見積2回目	2019/11/11 0:00:00	田中 寛治	1150000
10	山本商店	見積1回目	2019/11/07 0:00:00	澤 希	1760000

数値部分だけ抽出(「範囲」コマンド)

	先企業名	見積No.	日付	営業担当名	見積金額
1	トータス	1	2019/02/22	西 真由子	550000
2	トータス	2	2020/01/15	西 真由子	600000
3	トータス	3	2020/01/23	西 真由子	580000
4	M&K	1	2019/04/01	澤 希	1580000
5	M&K	2	2019/12/20	澤 希	1500000
6	サクシード	1	2019/04/27	西 真由子	1770000
7	ウィン	1	2019/09/12	太田 健一	1530000
8	森建設	1	2019/10/02	田中 寛治	1070000
9	森建設	2	2019/11/11	田中 寛治	1150000
10	山本商店	1	2019/11/07	澤 希	1760000

テーブル形式のレイアウトへ変更できた

【パターン④】「1レコード毎にクロス集計された表」をテーブル形式へ変更する

✅ 「1レコード毎にクロス集計された表」をテーブル形式のレイアウトに変更するには、どうすれば良いか

「1レコード毎にクロス集計された表」とは

ここでは、元データが「1レコード毎にクロス集計された表」の場合のレイアウト変更テクニックを解説します。

「1レコード毎にクロス集計された表」のイメージは、図6-5-1をご覧ください。

図6-5-1 「1レコード毎にクロス集計された表」の例

▼1レコード毎にクロス集計された表

	商品コード	商品名	区分	先月繰越	04/01	04/02	04/03	04/04	04/05	04/06	04/07	04/08	04/09	04/10	04/11	04/12	04/13	04/14	04/15
1	商品コード	商品名	区分	先月繰越	04/01	04/02	04/03	04/04	04/05	04/06	04/07	04/08	04/09	04/10	04/11	04/12	04/13	04/14	04/15
2			入庫		100								100						
3	P001	ノートPC/12.5型	出庫	-		8	15	21	13	19	21	24	23	18	15	19	6	7	6	15
4			在庫	53	45	130	109	96	77	56	32	9	91	76	57	51	44	38	23
5			入庫		80								80						
6	P002	ノートPC/14型	出庫	-	20	6	19	17	19	11	15	8	9	13	23	5	17	19	25
7			在庫	77	57	131	112	95	76	65	50	42	113	100	77	72	55	36	11
8			入庫		80								80						
9	P003	ノートPC/15.6型	出庫	-	12	12	6	22	8	13	20	5	16	6	7	17	25	16	7
10			在庫	68	56	124	118	96	88	75	55	50	114	108	101	84	59	43	36
11			入庫		60								60						
12	P004	デスクトップPC/21.5型	出庫	-	1	10	13	14	13	6	6	15	12	10	13	3	13	4	6
13			在庫	23	22	72	59	45	32	26	20	5	53	43	30	27	14	10	4
14			入庫		50								50						
15	P005	デスクトップPC/23.8型	出庫	-	1	2	11	12	7	6	9	7	12	7	12	15	9	1	13
16			在庫	30	29	77	66	54	47	41	32	25	63	56	44	29	20	19	6

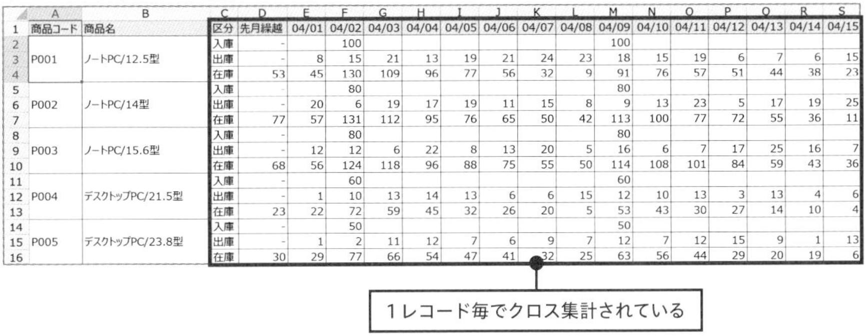

1レコード毎でクロス集計されている

このように、小さなクロス集計表が縦に積み重なっています。

人が確認しながら入力していく上ではコンパクトで良いですが、後で複数の表をまとめて集計/分析しようとすると使い勝手が悪いため、その場合は図6-5-2のようにテーブル形式へ変更してください。

なお、今回はBeforeの「先月繰越」列はその後の集計/分析作業には不要という仮定のため、Afterには残しておりません。

このように、Beforeの中で不要なデータは、Afterへ移行する際にそぎ落としましょう。

図6-5-2　「1レコード毎にクロス集計された表」→テーブル形式への変更イメージ

▼Before（「在庫管理」シート）

	A	B	C	D	E	F	G	H	I	J	K
1	商品コード	商品名	区分	先月繰越	04/01	04/02	04/03	04/04	04/05	04/06	04/07
2			入庫	-		100					
3	P001	ノートPC/12.5型	出庫	-	8	15	21	13	19	21	24
4			在庫	53	45	130	109	96	77	56	32
5			入庫	-		80					
6	P002	ノートPC/14型	出庫	-	20	6	19	17	19	11	15
7			在庫	77	57	131	112	95	76	65	50
8			入庫	-		80					
9	P003	ノートPC/15.6型	出庫	-	12	12	6	22	8	13	20
10			在庫	68	56	124	118	96	88	75	55
11			入庫	-		60					
12	P004	デスクトップPC/21.5型	出庫	-	1	10	13	14	13	6	6
13			在庫	23	22	72	59	45	32	26	20

▼After（「Sheet1」シート）

	A	B	C	D	E	F
1	商品コード	商品名	日付	入庫	出庫	在庫
2	P001	ノートPC/12.5型	2020/4/1	0	8	45
3	P002	ノートPC/14型	2020/4/1	0	20	57
4	P003	ノートPC/15.6型	2020/4/1	0	12	56
5	P004	デスクトップPC/21.5型	2020/4/1	0	1	22
6	P005	デスクトップPC/23.8型	2020/4/1	0	1	29
7	P006	タブレット/8型	2020/4/1	0	13	31
8	P007	タブレット/10型	2020/4/1	0	12	26
9	P008	モニターディスプレイ/21.5型	2020/4/1	0	14	8
10	P009	モニターディスプレイ/23.8型	2020/4/1	0	8	32
11	P010	モニターディスプレイ/31.5型	2020/4/1	0	5	15
12	P001	ノートPC/12.5型	2020/4/2	100	15	130
13	P002	ノートPC/14型	2020/4/2	80	6	131
14	P003	ノートPC/15.6型	2020/4/2	80	12	124
15	P004	デスクトップPC/21.5型	2020/4/2	60	10	72

同じ種類の行データを
縦方向にまとめる

関数での「1レコード毎にクロス集計された表」の レイアウト変更は1行ごとの「キー」を用意する

　関数で「1レコード毎にクロス集計された表」のレイアウト変更を行うにあた り、テーブル形式用の新たな表を作成し、手入力やコピペ等で転記するためのデー タを用意しておきましょう。

　なお、セル結合されている「商品コード」フィールドは、図6-5-3のようにジャ ンプ機能等をうまく活用することで時短できます。「日付」フィールドも、数式を うまく活用してコピペすると良いです。

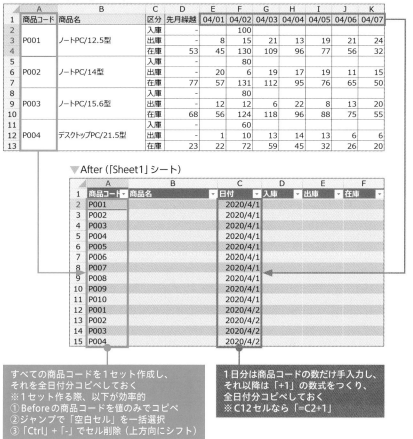

図6-5-3 「1レコード毎にクロス集計された表」→テーブル形式への変更準備①

▼Before（「在庫管理」シート）

	A	B	C	D	E	F	G	H	I	J	K
1	商品コード	商品名	区分	先月繰越	04/01	04/02	04/03	04/04	04/05	04/06	04/07
2			入庫	-		100					
3	P001	ノートPC/12.5型	出庫	-	8	15	21	13	19	21	24
4			在庫	53	45	130	109	96	77	56	32
5			入庫	-		80					
6	P002	ノートPC/14型	出庫	-	20	6	19	17	19	11	15
7			在庫	77	57	131	112	95	76	65	50
8			入庫	-		80					
9	P003	ノートPC/15.6型	出庫	-	12	12	6	22	8	13	20
10			在庫	68	56	124	118	96	88	75	55
11			入庫	-		60					
12	P004	デスクトップPC/21.5型	出庫	-	1	10	13	14	13	6	6
13			在庫	23	22	72	59	45	32	26	20

▼After（「Sheet1」シート）

	A	B	C	D	E	F
1	商品コード	商品名	日付	入庫	出庫	在庫
2	P001		2020/4/1			
3	P002		2020/4/1			
4	P003		2020/4/1			
5	P004		2020/4/1			
6	P005		2020/4/1			
7	P006		2020/4/1			
8	P007		2020/4/1			
9	P008		2020/4/1			
10	P009		2020/4/1			
11	P010		2020/4/1			
12	P001		2020/4/2			
13	P002		2020/4/2			
14	P003		2020/4/2			
15	P004		2020/4/2			

> すべての商品コードを1セット作成し、
> それを全日付分コピペしておく
> ※1セット作る際、以下が効率的
> ①Beforeの商品コードを値のみでコピペ
> ②ジャンプで「空白セル」を一括選択
> ③「Ctrl」+「-」でセル削除（上方向にシフト）

> 1日分は商品コードの数だけ手入力し、
> それ以降は「+1」の数式をつくり、
> 全日付分コピペしておく
> ※C12セルなら「=C2+1」

　続いて、元データの表側に1列作業セルを作り、そこに1行ごとのキーを数式で作っておきます（図6-5-4）。これが、「入庫」・「出庫」・「在庫」フィールドの転記に役立ちます。

図 6-5-4　「1レコード毎にクロス集計された表」→テーブル形式への変更準備②

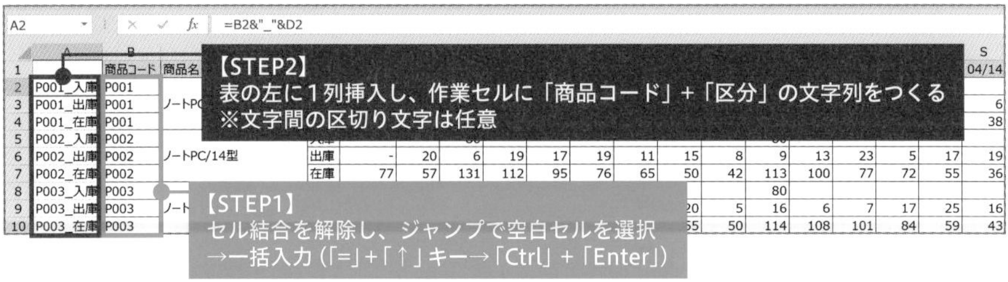

【STEP2】
表の左に1列挿入し、作業セルに「商品コード」+「区分」の文字列をつくる
※文字間の区切り文字は任意

【STEP1】
セル結合を解除し、ジャンプで空白セルを選択
→一括入力（「=」+「↑」キー→「Ctrl」+「Enter」）

　ここから転記用の関数をセットしますが、「商品名」フィールドは「商品コード」をキーにしたVLOOKUPで転記します（図6-5-5）。

図 6-5-5　「商品名」フィールドの転記例（VLOOKUP）

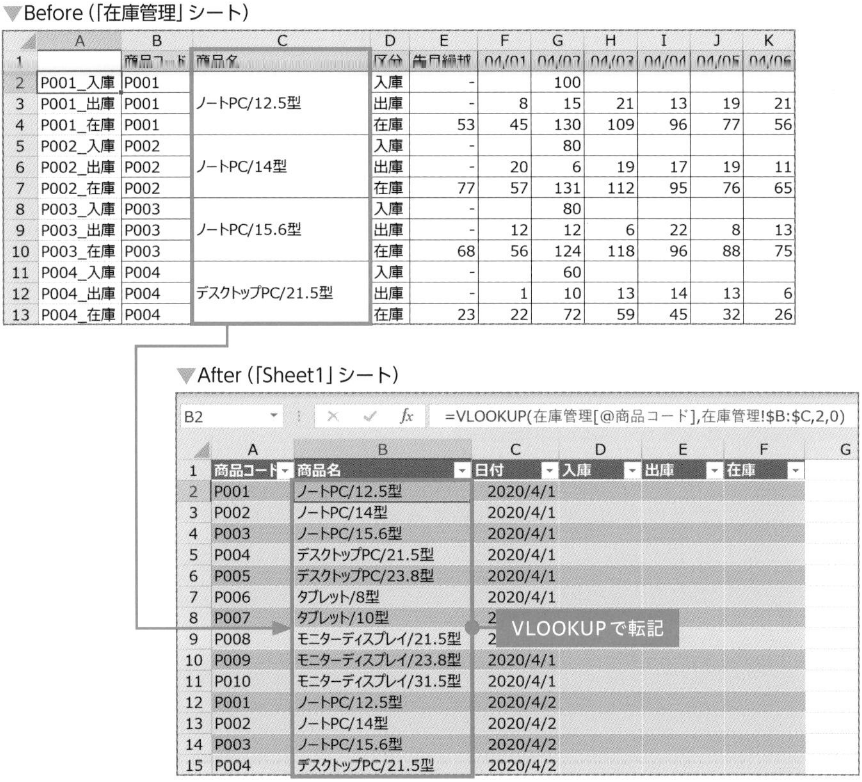

▼Before（「在庫管理」シート）

▼After（「Sheet1」シート）

B2 　=VLOOKUP(在庫管理[@商品コード],在庫管理!$B:$C,2,0)

VLOOKUPで転記

最後に、「入庫」・「出庫」・「在庫」フィールドを、VLOOKUP + MATCH（「日付」をキーに列番号を自動計算）を活用して転記すれば完了です（図6-5-6）。

図6-5-6 「入庫」・「出庫」・「在庫」フィールドの転記例（VLOOKUP + MATCH）

▼ Before（「在庫管理」シート）

▼ After（「Sheet1」シート）

ポイントは、検索値の部分を図6-5-4で作成した作業セルのキーにしておくことですね。この部分の詳細は、5-4をご確認ください。

なお、関数はINDEX + MATCHでも、もちろん問題ありません。

パワークエリで「1レコード毎にクロス集計された表」→テーブル形式へ変更する流れ

続いて、パワークエリで「1レコード毎にクロス集計された表」のレイアウト変更を行っていきます。

まず、不要な列を削除しつつ、結合されていた列はフィルで「null」を埋め、横軸に展開されていた部分（日付）をピボット解除で縦方向にしていきます（図6-5-7）。

あらゆる表を集計しやすいレイアウト形式へ変更する技術

第6章

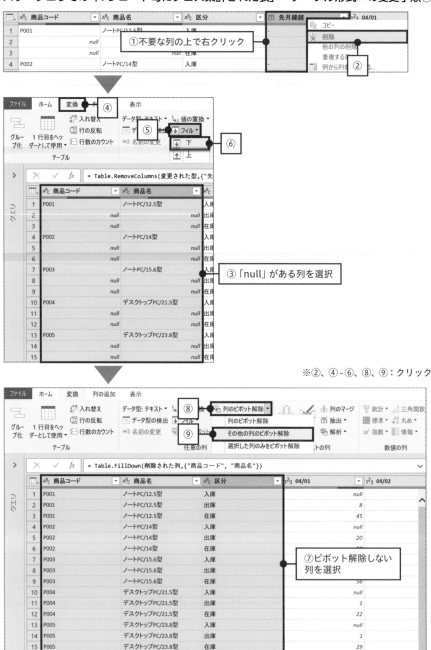

図6-5-7

パワークエリでの「1レコード毎にクロス集計された表」→テーブル形式への変更手順①

①不要な列の上で右クリック

②

③「null」がある列を選択

※②、④～⑥、⑧、⑨：クリック

⑦ピボット解除しない
列を選択

ここまでで、「日付」は縦方向にまとまりました。ただし、本来横方向に並べたい「入庫」・「出庫」・「在庫」フィールドが縦に並んでいるため、「列のピボット」を活用して横方向に変更させます（図6-5-8）。

図6-5-8

パワークエリでの「1レコード毎にクロス集計された表」→テーブル形式への変更手順②

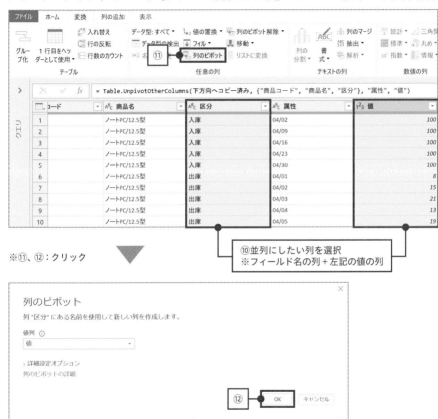

※⑪、⑫：クリック

今回は手順⑩で選択した値の列がすべて数値データのため、「列のピボット」ダイアログ上では「詳細設定オプション」を設定していません。

最後に、図6-5-9の通り「値の置換」やデータ型・列名の変更を行えば完了です。

図6-5-9

パワークエリでの「1レコード毎にクロス集計された表」→テーブル形式への変更手順③

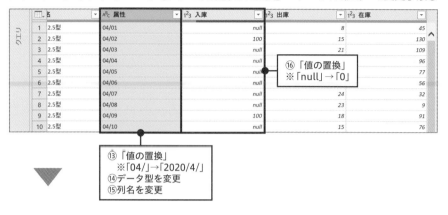

⑯「値の置換」
※「null」→「0」

⑬「値の置換」
　※「04/」→「2020/4/」
⑭データ型を変更
⑮列名を変更

テーブル形式のレイアウトへ変更できた

　ちなみに、手順⑬を行った理由ですが、テーブルの見出しに日付があるとデータ型が「テキスト」扱いとなり、「年」の情報を持たない状態となります。

　その状態でデータ型を「日付」にすると、現在時点の「年」が付加されるため、前年以前の日付を「値の置換」により付加したのです。

　なお、実務では「値の置換」で固定値を付加するより、シート名やテーブル名等から自動的に「年」を取得・付加できるようにする方がベターです。その方が、クエリの汎用性が高く、ステップを都度修正する必要がなくなります。

【パターン⑤】
「フィールドが複数行に折り返された表」をテーブル形式へ変更する

☑ 「フィールドが複数行に折り返された表」をテーブル形式のレイアウトに変更するには、どうすれば良いか複数行

「フィールドが複数行に折り返された表」とは

最後に、元データが「フィールドが複数行に折り返された表」の場合の、レイアウト変更テクニックを解説します。

「フィールドが複数行に折り返された表」とは、図6-6-1のイメージをご覧ください。

図6-6-1　「フィールドが複数行に折り返された表」の例

▼フィールドが複数行に折り返された表

	A	B	C	D	E	F	G
1	社員番号	氏名	性別	生年月日	年齢	入社年月日	勤続年数
2			部署1	部署2	役職	ステータス	退職日
3	50001	黒木 繁次	男性	1971/6/17	48	1993/6/1	26
4			マーケティング部	-	部長	在籍中	
5	50002	中嶋 嘉邦	男性	1971/9/12	48	1994/12/1	25
6			情報システム部	システムG	課長	在籍中	
7	50003	瀬戸 斎	男性	1974/12/10	45	1997/9/1	22
8			生産管理部	-	部長	在籍中	
9	50004	渡部 孝市	男性	1977/1/20	43	1999/3/1	21
10			人事労務G	人事G	課長	在籍中	
11	50005	緒方 準司	男性	1976/12/13	43	1999/3/1	21
12			人事労務G		部長	在籍中	

フィールドが複数行に折り返され、各レコードも複数行になっている

このように、フィールドが複数行で表現されており、1列に複数種類のデータが混在している表になっています。

この表形式は、コンパクトに情報を確認できる利点はありますが、データ集計/分析はしにくいため、この場合も図6-6-2のようにテーブル形式に変更すると良いです。

図6-6-2　「フィールドが複数行に折り返された表」→テーブル形式への変更イメージ

▼Before (「社員マスタ」シート)

	A	B	C	D	E	F	G
1	社員番号	氏名	性別	生年月日	年齢	入社年月日	勤続年数
2			部署1	部署2	役職	ステータス	退職日
3	50001	黒木 繁次	男性	1971/6/17	48	1993/6/1	26
4			マーケティング部	-	部長	在籍中	
5	50002	中嶋 嘉邦	男性	1971/9/12	48	1994/12/1	25
6			情報システム部	システムG	課長	在籍中	
7	50003	瀬戸 斎	男性	1974/12/10	45	1997/9/1	22
8			生産管理部	-	部長	在籍中	
9	50004	渡部 孝市	男性	1977/1/20	43	1999/3/1	21
10			人事労務G	人事G	課長	在籍中	
11	50005	緒方 準司	男性	1976/12/13	43	1999/3/1	21
12			人事労務部		部長	在籍中	

▼After (「Sheet1」シート)

	A	B	C	D	E	F	G	H	I	J	K	L
1	社員番号	氏名	性別	生年月日	年齢	入社年月日	勤続年数	部署1	部署2	役職	ステータス	退職日
2	50001	黒木 繁次	男性	1971/6/17	48	1993/6/1	26	マーケティング部	-	部長	在籍中	
3	50002	中嶋 嘉邦	男性	1971/9/12	48	1994/12/1	25	情報システム部	システムG		在籍中	
4	50003	瀬戸 斎	男性	1974/12/10	45	1997/9/1	22	生産管理部	-	部長	在籍中	
5	50004	渡部 孝市	男性	1977/1/20	43	1999/3/1	21	人事労務G	人事G	課長	在籍中	
6	50005	緒方 準司	男性	1976/12/13	43	1999/3/1	21	人事労務G	-	部長	在籍中	
7	50006	菅 真由美	女性	1975/3/29	45	2001/11/1	18	情報システム部	-	部長	在籍中	
8	50007	土屋 十四夫	男性	1974/4/19	46	2002/1/1	18	情報システム部	システムG	一般社員	在籍中	
9	50008	村井 裕香	女性	1978/7/29	41	2002/6/1	17	人事労務G	労務G	一般社員	在籍中	
10	50009	大崎 彰輝	男性	1974/9/13	45	2002/9/1	17	生産管理部	生産管理G	課長	在籍中	
11	50010	内海 昭二	男性	1978/11/3	41	2003/2/1	17	購買部	購買G	課長	在籍中	

各見出し・レコードの2行目をフィールドとして切り出す

関数での「フィールドが複数行に折り返された表」のレイアウト変更は何行目のデータかの識別が重要

　関数で「フィールドが複数行に折り返された表」のレイアウト変更を行うにあたり、折り返されていたフィールドを1行にしたテーブル形式用の新たな表を作成しましょう。

　その際、図6-6-3のようにフィルター機能をうまく活用すると時短になります。

コラム　結合セルのデータのありか

　今回のBeforeのように結合されたセルのデータは、結合範囲の左上隅のセルのみにあるという扱いとなります（上下のセル結合なら上端、左右のセル結合なら左端のセルのみ）。

　セル結合を解除、あるいは図6-6-3のように別シートへ値のみ貼り付けることで、実際の各セルのデータの有無を確かめることが可能です。

図6-6-3　「フィールドが複数行に折り返された表」→テーブル形式への変更準備①

▼Before（「社員マスタ」シート）

	A	B	C	D	E	F	G
1	社員番号	氏名	性別	生年月日	年齢	入社年月日	勤続年数
2			部署1	部署2	役職	ステータス	退職日
3	50001	黒木　繁次	男性	1971/6/17	48	1993/6/1	26
4			マーケティング部	-	部長	在籍中	
5	50002	中嶋　嘉邦	男性	1971/9/12	48	1994/12/1	25
6			情報システム部	システムG	課長	在籍中	
7	50003	瀬戸　斎	男性	1974/12/10	45	1997/9/1	22
8			生産管理部	-	部長	在籍中	
9	50004	渡部　孝市	男性	1977/1/20	43	1999/3/1	21
10			人事労務G	人事G	課長	在籍中	
11	50005	緒方　準司	男性	1976/12/13	43	1999/3/1	21
12			人事労務G	-	部長	在籍中	

▼After（「Sheet1」シート）

	A	B	C	D	E	F	G	H	I	J	K	L
1	社員番号	氏名	性別	生年月日	年齢	入社年月日	勤続年数	部署1	部署2	役職	ステータス	退職日
2	50001	黒木　繁次	男性	1971/6/17	48	1993/6/1	26					
3	50002	中嶋　嘉邦	男性	1971/9/12	48	1994/12/1	25					
4	50003	瀬戸　斎	男性	1974/12/10	45	1997/9/1	22					
5	50004	渡部　孝市	男性	1977/1/20	43	1999/3/1	21					
6	50005	緒方　準司	男性	1976/12/13	43	1999/3/1	21					
7	50006	菅　真由美	女性	1975/3/29	45	2001/11/1	18					
8	50007	土屋　二四大	男性	1974/4/19	46	2002/1/1	18					
9	50008	村井　裕香	女性	1978/7/29	41	2002/6/1	17					
10	50009	大崎　彰輝	男性	1974/9/13	45	2002/9/1	17					
11	50010	内海　昭二	男性	1978/11/3	41	2003/2/1	17					

見出し・各レコードの1行目をコピペしておく
※以下が効率的
①Beforeの表全体を値のみでコピペ
②A列等で「空白セル」でフィルター
③②の全行削除後、フィルター解除

　続いて、元データ側の表を転記するために、各レコードが何行目のフィールドのデータかを識別するためのキーを用意しておきます。

　今回は、何行目かどうかのカウントをCOUNTIFSで自動化しています（図6-6-4）。

　ここまで準備できたら、後は元データ側で2行目のフィールドに合致するレコードを転記していきます。

　今回は図6-6-5の通り、VLOOKUP＋MATCHを活用しました。ちなみに、VLOOKUPの検索値を図6-6-4で作成した作業セルのキーにすることと、MATCHの検査範囲を元データ側のフィールドの2行目部分に指定しておくことがポイントです。

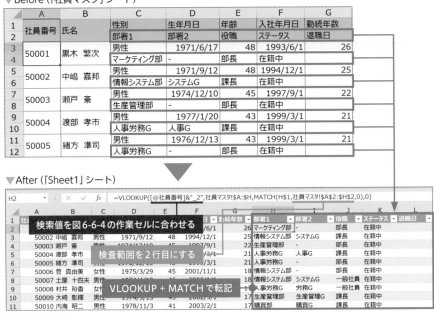

図6-6-4 「フィールドが複数行に折り返された表」→テーブル形式への変更準備②

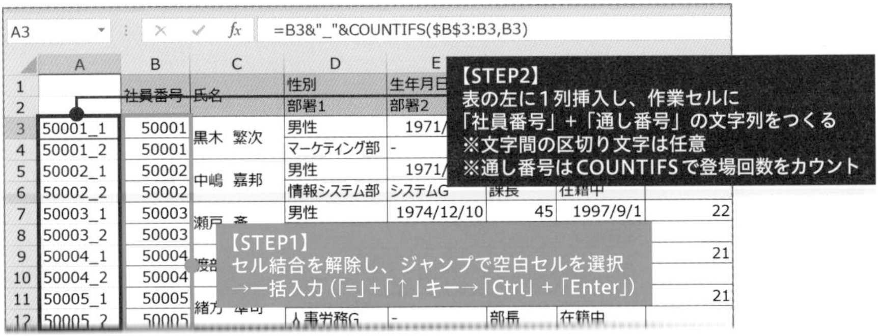

図6-6-5 2行目のフィールドの転記例（VLOOKUP ＋ MATCH）

　なお、「退職日」フィールドのように元データ側で空白セルがあるフィールドの場合、VLOOKUPやINDEXの結果が「0」となります。

　対策として、今回は図6-6-6のように、VLOOKUPの後に「&""」を付加した上でIFERRORとVALUEを組み合わせています。

図6-6-6 VLOOKUPでの「0」表示の対応例

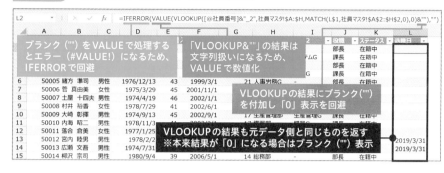

今回のように転記したいデータが数値や日付／時刻の場合は、上記で対応しましょう。なお、対象が文字列のデータなら、IFERRORとVALUEは不要です（VLOOKUP等の数式の後に、「&""」を付加のみ）。

パワークエリで「フィールドが複数行に折り返された表」→テーブル形式への変更テクニック

パワークエリで「フィールドが複数行に折り返された表」のレイアウト変更を行う際の大枠の方向性として、フィールドの1行目と2行目を別クエリで作成し、最後に2つのクエリをマージしていきます。

まず、1行目のクエリの作成方法は、図6-6-7の通りです。なお、6-3,6-4と同様に元データの見出し行が2行以上なので、表データ取得時点で見出しのチェックを外しておきましょう。

ポイントは、手順⑤～⑫です。手順⑤⑥の「インデックス列」コマンドで0始まりの通し番号の列を追加し、その列を手順⑦～⑫の「剰余」コマンドにて、フィールドの行数「2」で除算した余りの数を求めます。

そうすることで、各レコードへ「0」か「1」のフラグを割当できます（「0」は1行目、「1」は2行目）。

この1行目のクエリを複製し、2行目のクエリを作成すると時短が可能です（図6-6-8）。

最後に、この2つのクエリをマージして完了です（図6-6-9）。

図6-6-7　パワークエリでの「フィールドが複数行に折り返された表」
→テーブル形式への変更手順①（1行目のクエリ作成）

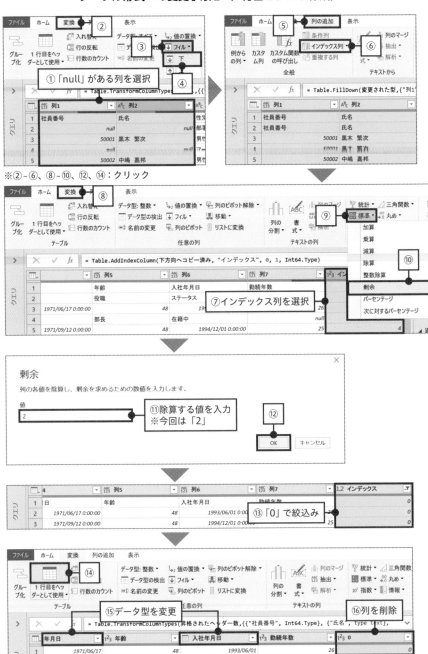

※②～⑥、⑧～⑩、⑫、⑭：クリック

288

図6-6-8　パワークエリでの「フィールドが複数行に折り返された表」
→テーブル形式への変更手順②（2行目のクエリ複製）

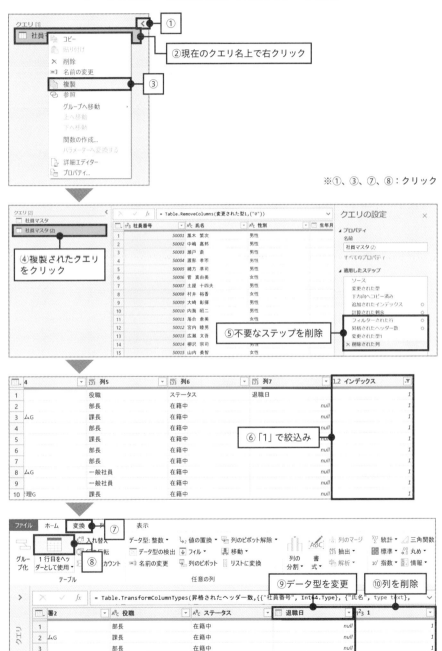

※①、③、⑦、⑧：クリック

289

図6-6-9　パワークエリでの「フィールドが複数行に折り返された表」
→テーブル形式への変更手順③（クエリのマージ）

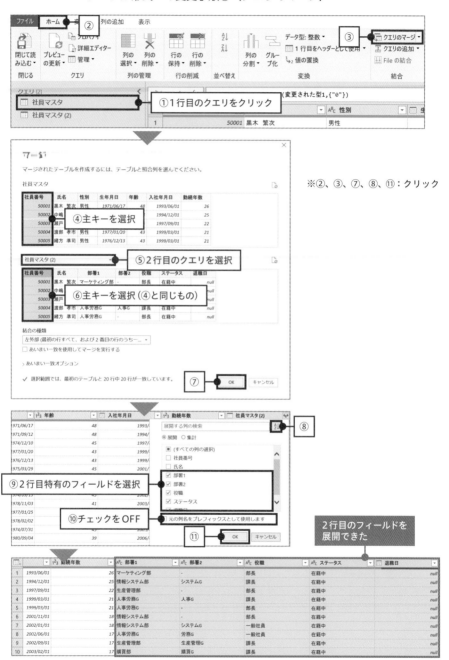

※②、③、⑦、⑧、⑪：クリック

演習

6-A

部署マスタの
行列を入れ替える

 サンプルファイル：【6-A】部署マスタ.xlsx

関数で「部署マスタ」の行列を自動化する

ここでの演習は、6-1で解説した表の行列の入れ替えの復習です。

今回は関数のINDEX + MATCHを活用し、サンプルファイルの「部署マスタ」シートの表の行（縦軸）と、列（横軸）を入れ替えましょう。

図6-A-1の状態になればOKです。なお、入れ替え後の表は、新規ワークシートに作成してください。

図6-A-1　演習6-Aのゴール

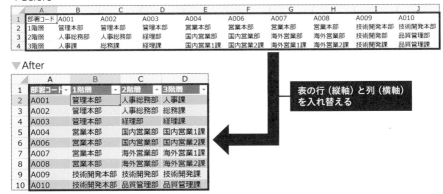

事前に「形式を選択して貼り付け」で表の見出しの行列を入れ替える

新規ワークシート上に行列を入れ替えた表を作成するために、まずは表の見出し部分から入れ替えていきます。

この作業は図6-A-2のように、「形式を選択して貼り付け」を活用すると効率的です。

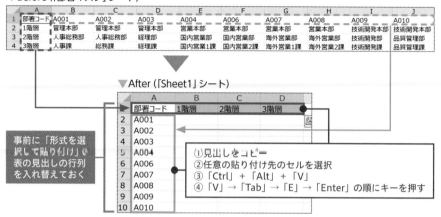

図6-A-2 「形式を選択して貼り付け」での行列の入れ替え準備

▼Before（「部署マスタ」シート）

	A	B	C	D	E	F	G	H	I	J
1	部署コード	A001	A002	A003	A004	A006	A007	A008	A009	A010
2	1階層	管理本部	管理本部	管理本部	営業本部	営業本部	営業本部	営業本部	技術開発本部	技術開発本部
3	2階層	人事総務部	人事総務部	経理部	国内営業部	国内営業部	海外営業部	海外営業部	技術開発部	品質管理部
4	3階層	人事課	総務課	経理課	国内営業1課	国内営業2課	海外営業1課	海外営業2課	技術開発課	品質管理課

▼After（「Sheet1」シート）

事前に「形式を選択して貼り付け」の表の見出しの行列を入れ替えておく

	A	B	C	D
1	部署コード	1階層	2階層	3階層
2	A001			
3	A002			
4	A003			
5	A004			
6	A006			
7	A007			
8	A008			
9	A009			
10	A010			

①見出しをコピー
②任意の貼り付け先のセルを選択
③「Ctrl」＋「Alt」＋「V」
④「V」→「Tab」→「E」→「Enter」の順にキーを押す

ここまで準備できたら、入れ替え後の表は「テーブルとして書式設定」をしておきましょう。

INDEX＋MATCHで表の中身をデータ転記する

後は、図6-A-2で用意した行列の見出しをキーとした、INDEX＋MATCHの数式で転記していきます。

B2セルへ、図6-A-3の数式を記述してみましょう。

少々長い数式ですが、2つのMATCHで参照するセル範囲や参照形式（絶対参照/相対参照）を間違えないようご注意ください。

もし、数式がエラーになる場合は、カンマ（,）等の記号やカッコ()の過不足を確認してください。

B2セルの数式が問題なければ、この数式でC・D列にも使い回せるため、B2セルの数式をコピーし、C2・D2セルへペーストしましょう。事前にテーブル化しているため、2行目の数式をセットすると全レコード分、自動的に数式がセットされます。

全セルの数式が問題なくセットされれば、これで入れ替え作業は完了です。

図6-A-3 INDEX ＋ MATCHでの行列の入れ替え例

▼Before (「部署マスタ」シート)

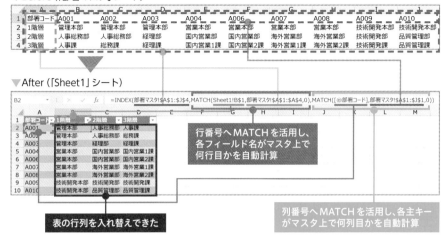

▼After (「Sheet1」シート)

B2 fx =INDEX(部署マスタ!$A$1:$J$4,MATCH(Sheet1!B$1,部署マスタ!$A$1:$A$4,0),MATCH([@部署コード],部署マスタ!$A$1:$J$1,0))

行番号へMATCHを活用し、
各フィールド名がマスタ上で
何行目かを自動計算

表の行列を入れ替えできた

列番号へMATCHを活用し、各主キー
がマスタ上で何列目かを自動計算

演習
6-B

「社員別×設問別」のクロス集計表を テーブル形式に変更する

 サンプルファイル：【6-B】アンケート結果.xlsx

パワークエリでクロス集計表のレイアウトを変更する

ここでの演習は、6-2で解説したクロス集計表のレイアウト変更の復習です。

サンプルファイルの「アンケート結果」シートの表を、パワークエリでテーブル形式の表レイアウトへ変更してください。

図6-B-1の状態がゴールです。

図6-B-1	演習6-Bのゴール

▼Before

▲	A	B	C	D	E	F	G	H	I	J	K	L	M
1	No.	社員番号	氏名	Q1	Q2	Q3	Q4	Q5	Q6	Q7	Q8	Q9	Q10
2	1	50001	黒木 繁次	5	5	3	4	2	3	3	5	5	5
3	2	50002	中嶋 嘉邦	2	2	2	4	4	4	3	4	5	5
4	3	50003	瀬戸 斎	2	3	2	5	3	5	5	3	3	4
5	4	50004	渡部 孝市	5	2	3	4	4	2	2	3	4	3
6	5	50005	緒方 準司	4	5	2	3	5	3	3	4	4	5
7	6	50006	菅 真由美	5	3	3	2	5	2	2	3	5	2
8	7	50007	土屋 十四夫	2	4	5	2	4	3	5	3	3	4
9	8	50008	村井 裕香	5	2	2	3	2	3	2	3	4	3
10	9	50009	大崎 彰輝	5	3	4	2	2	2	3	4	3	4
11	10	50010	内海 昭二	2	3	2	3	5	3	2	5	2	5
12	11	50011	落合 倉美	2	2	3	2	5	5	4	5	3	4
13	12	50012	宮内 睦男	5	5	4	5	2	4	5	5	4	4
14	13	50013	広瀬 文吾	2	3	2	5	3	4	3	4	4	2
15	14	50014	柳沢 宗司	2	3	2	3	3	4	4	4	4	2
16	15	50015	山内 美智	2	3	3	5	3	3	4	2	4	4
17	16	50016	福岡 芙美子	5	4	5	2	5	2	3	4	4	5
18	17	50017	西原 茂信	3	2	3	4	2	4	4	4	4	2
19	18	50018	荻野 憲志	3	4	4	3	2	2	4	2	5	4

▼After

▲	A	B	C	D	E
1	No.	社員番号	氏名	Q_No.	スコア
2	1	50001	黒木 繁次	Q1	5
3	1	50001	黒木 繁次	Q2	5
4	1	50001	黒木 繁次	Q3	3
5	1	50001	黒木 繁次	Q4	4
6	1	50001	黒木 繁次	Q5	2
7	1	50001	黒木 繁次	Q6	3
8	1	50001	黒木 繁次	Q7	3
9	1	50001	黒木 繁次	Q8	5
10	1	50001	黒木 繁次	Q9	5
11	1	50001	黒木 繁次	Q10	5
12	2	50002	中嶋 嘉邦	Q1	2
13	2	50002	中嶋 嘉邦	Q2	2
14	2	50002	中嶋 嘉邦	Q3	2
15	2	50002	中嶋 嘉邦	Q4	4
16	2	50002	中嶋 嘉邦	Q5	4
17	2	50002	中嶋 嘉邦	Q6	4
18	2	50002	中嶋 嘉邦	Q7	3

横軸に展開していたデータ を縦方向にまとめる

なお、「アンケート結果」テーブルを取得したクエリだけ用意しているため、このクエリを起動の上編集してください。

縦方向にしたい列が多い場合は「その他の列のピボット解除」を使う

クエリを起動したら、クロス集計表の横軸（「Q1」等の設問）を縦方向にまとめていきます。

ここで役立つコマンドは「列のピボット解除」でしたが、今回はピボット解除対象の列数の方が多いため、列の選択効率を考慮し、「その他の列のピボット解除」コマンドを使います。

手順は図6-B-2の通りです。

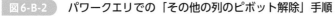

図6-B-2 パワークエリでの「その他の列のピボット解除」手順

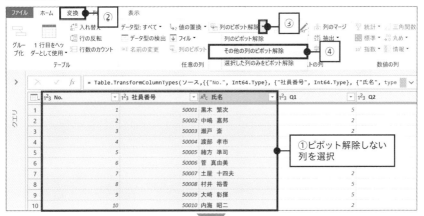

※②~④：クリック

横軸を縦方向に並べることができた

6-2でも解説した通り、ピボット解除したい列数が少ない場合は「列のピボット解除」を、ピボット解除したい列数が多い場合は「その他の列のピボット解除」を使い分けてくださいね。

後は、ピボット解除された列名が「属性」と「値」という列名になっているため、任意の列名へ変更しましょう。

今回は、「属性」フィールドは「Q_No.」、「値」フィールドは「スコア」へ、それぞれ列名を変更してください。

上記の処理まで終えたら、「閉じて読み込む」でクエリを上書き保存しましょう。すると、クエリの読み込み先である「アンケート結果 (2)」シートに編集内容が反映されます。

結果、図6-B-3と同じ状態になっていればOKです。

図6-B-3 「アンケート結果」クエリのワークシート表示結果

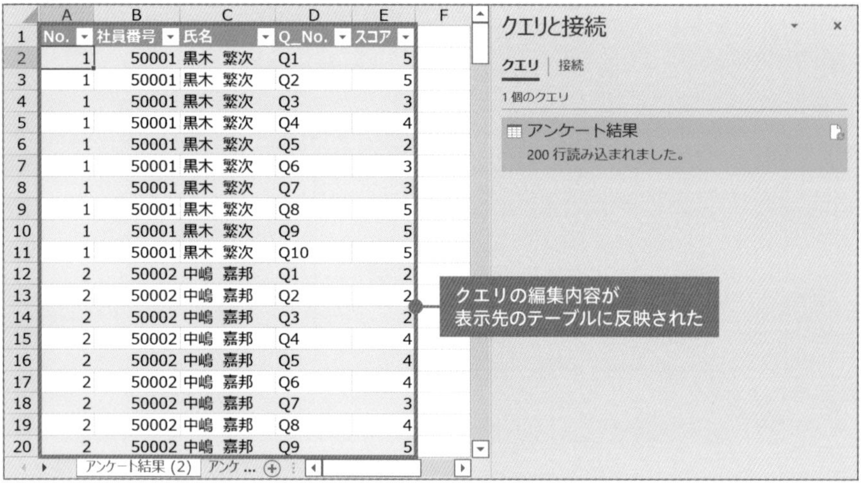

クエリの編集内容が
表示先のテーブルに反映された

演習 6-C

1列複数種類のデータを種類別の複数列に分ける

サンプルファイル：【6-C】見積管理.xlsx

パワークエリで1列複数種類のデータを種類別に列を分ける

ここでの演習は、6-4で解説したパワークエリでの「列のピボット」コマンドの復習です。

サンプルファイルの「見積管理」シートの表の「属性」・「値」フィールドに、複数種類のデータが混在しているため、パワークエリの「列のピボット」コマンドで1列1種類のテーブル形式の表レイアウトへ変更し、図6-C-1の状態にしましょう。

図6-C-1 演習6-Cのゴール

▼Before

	A	B	C	D	E	F
1	No.	企業コード	取引先企業名	見積No.	属性	値
2	1	C101	有限会社トータス	見積1回目	日付	2019/2/22
3	1	C101	有限会社トータス	見積1回目	営業担当名	西 真由子
4	1	C101	有限会社トータス	見積1回目	見積金額	550,000
5	1	C101	有限会社トータス	見積2回目	日付	2020/1/15
6	1	C101	有限会社トータス	見積2回目	営業担当名	西 真由子
7	1	C101	有限会社トータス	見積2回目	見積金額	600,000
8	1	C101	有限会社トータス	見積3回目	日付	2020/1/23
9	1	C101	有限会社トータス	見積3回目	営業担当名	西 真由子
10	1	C101	有限会社トータス	見積3回目	見積金額	580,000
11	2	C102	株式会社M＆K	見積1回目	日付	2019/4/1
12	2	C102	株式会社M＆K	見積1回目	営業担当名	澤 希
13	2	C102	株式会社M＆K	見積1回目	見積金額	1,580,000
14	2	C102	株式会社M＆K	見積2回目	日付	2019/12/20
15	2	C102	株式会社M＆K	見積2回目	営業担当名	澤 希

▼After

	A	B	C	D	E	F	G
1	No.	企業コード	取引先企業名	見積No.	日付	営業担当名	見積金額
2	1	C101	有限会社トータス	見積1回目	2019/2/22	西 真由子	550,000
3	1	C101	有限会社トータス	見積2回目	2020/1/15	西 真由子	600,000
4	1	C101	有限会社トータス	見積3回目	2020/1/23	西 真由子	580,000
5	2	C102	株式会社M＆K	見積1回目	2019/4/1	澤 希	1,580,000
6	2	C102	株式会社M＆K	見積2回目	2019/12/20	澤 希	1,500,000
7	3	C103	同じ種類の列をそれぞれ		2019/4/27	西 真由子	1,770,000
8	4	C104	1列にまとめる		2019/9/12	太田 健一	1,530,000
9	5	C105			2019/10/2	田中 寛治	1,070,000
10	5	C105	有限会社森建設	見積2回目	2019/11/11	田中 寛治	1,150,000
11	6	C106	株式会社山本商店	見積1回目	2019/11/7	澤 希	1,760,000
12	7	C107	有限会社朝日	見積1回目	2019/12/11	西 真由子	770,000
13	7	C107	有限会社朝日	見積2回目	2019/12/20	西 真由子	700,000
14	8	C108	株式会社アヴァンティ	見積1回目	2019/12/13	近藤 智	620,000
15	8	C108	株式会社アヴァンティ	見積2回目	2019/12/28	近藤 智	650,000

なお、「見積管理」テーブルの取得クエリは用意済みのため、このクエリを編集してください。

1列に複数修種類のデータが混在する場合は「列のピボット」を使う

クエリを起動したら、「属性」・「値」フィールドにある3種類のデータを、それぞれ1列1種類の列になるように「列のピボット」コマンドを使っていきましょう。「列のピボット」コマンドの操作手順は、図6-C-2をご覧ください。

これで、「日付」・「営業担当名」・「見積金額」フィールドを、それぞれ列として並べることができました。なお、手順①は必ず「フィールド名にしたい列」→「その値の列」の順に選択してください。また、今回のように「値」フィールドに文字列データが混在する場合、手順④⑤の設定をしないとデータ数をカウントされてしまいますので、ご注意ください。

後は、「日付」フィールドのデータ型を「日付/時刻」→「日付」に変更すれば完了です。ここまで終えたら、「閉じて読み込む」でクエリを上書き保存しましょう。結果、クエリの読み込み先である「見積管理 (2)」シートが、図6-C-3と同じになれば完璧です。

図6-C-2 パワークエリでの「列のピボット」手順

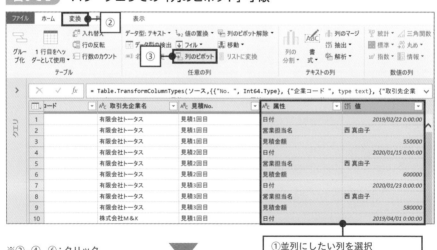

※②~④、⑥：クリック

①並列にしたい列を選択
※フィールド名の列＋左記の値の列

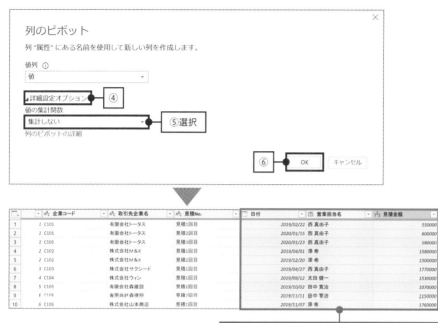

縦にまとまっていた3種類のデータを並列にできた

図6-C-3 「見積管理」クエリのワークシート表示結果

クエリの編集内容が
表示先のテーブルに反映された

第7章

手入力前提の
テーブルを制御すれば、
前処理がもっと楽になる

ここまで、「元データに対して不備を解消する」
や「元データをより使いやすくする」といった、
データ整形の前処理テクニックを学んできまし
た。ただ、こうしたテクニックはあくまで事後
的な対策です。前処理を行う対象データが多け
れば多いほど、工数がかかりますし、思わぬエ
ラーが出る恐れがあります。よって、理想は「転
ばぬ先の杖」として、そもそも入力の段階で不
備がなく、使いやすいデータになるよう制御し
ておくことです。

第7章では、不要な前処理の削減に役立つ、手
入力前提のテーブルの制御テクニックについて
解説します。

そもそも 入力するセルを減らすべき

✓ 手入力前提のテーブル作成時に気を付けることは何か

入力セルを最小限にすることの2つのメリット

　ここまでの第2~6章で解説してきた前処理は、データ整形に関するテクニックでした。対して、ここから解説する前処理は、データ整形の前工程である「データ収集」に関するものです。

　再掲ですが、第1章の全体像で整理すると、図7-1-1の通りです。

図7-1-1　Excelを用いる作業プロセスの全体像（データ収集）

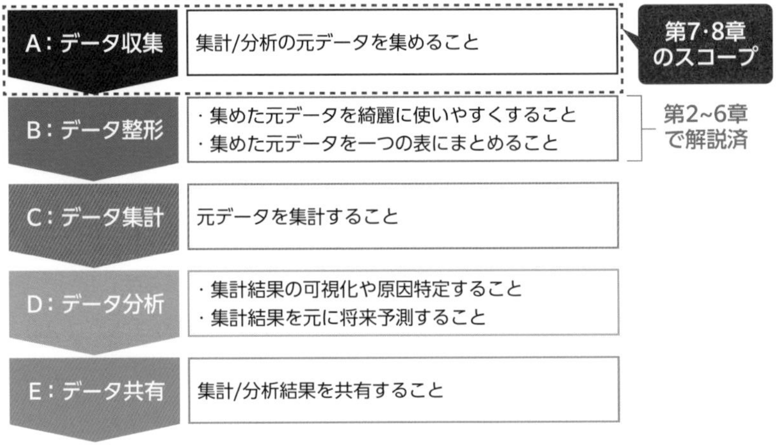

A：データ収集	集計/分析の元データを集めること	第7・8章のスコープ
B：データ整形	・集めた元データを綺麗に使いやすくすること ・集めた元データを一つの表にまとめること	第2~6章で解説済
C：データ集計	元データを集計すること	
D：データ分析	・集計結果の可視化や原因特定すること ・集計結果を元に将来予測すること	
E：データ共有	集計/分析結果を共有すること	

　1-2では、データ収集はデータを蓄積するための表の作成（作表）と、各種形式のファイルデータを集めることの両方を対象とするとしましたが、第7章では前者に関するテクニックを解説します。

　まず、「データを蓄積するための表」とは、テーブル形式の表にすることが大前提です。その上で大事なことは、「1レコードあたりの入力セルを最小限にすること」です。

ちなみに、単純に列数を減らす等のデータ自体を少なくすることを推奨しているわけではありません。あくまでも、必要なデータを揃える際に「手入力するセル数をいかに減らすか」ということです。

この入力セルを最小限にすることのメリットは、主に以下2点です。

- データ入力の工数が減少
- データ入力したデータの不備が減少（＝データ整形の工数が減少）

入力セルを減らす＝数式を活用して自動入力するセルを増やす

では、どのように入力セルを減らせば良いでしょうか？

それは、数式をうまく活用しデータの自動入力を行うことです。具体的には、図7-1-2のようなイメージです。

図7-1-2 数式を活用し入力セルを減らすイメージ

	A	B	C	D	E	F	G	H	I	J	K	L
1	売上番号	日付	商品コード	カテゴリ	商品名	販売単価	原価	数量	売上金額	原価計	売上利益額	売上利益率
2	0001	2020/1/1	PB005	お茶	ミルクティー	4,000	760	18	72,000	13,680	58,320	81.0%
3	0002	2020/1/2	PC001	コーヒー飲料	無糖コーヒー	4,000	400	6	24,000	2,400	21,600	90.0%
4	0003	2020/1/4	PC002	コーヒー飲料	微糖コーヒー	4,000	450	6	24,000	2,700	21,300	88.8%
5	0004	2020/1/7	PC001	コーヒー飲料	無糖コーヒー	4,000	400	6	24,000	2,400	21,600	90.0%
6	0005	2020/1/7	PC001	コーヒー飲料	無糖コーヒー	4,000	400	6	24,000	2,400	21,600	90.0%
7	0006	2020/1/13	PB005	お茶	ミルクティー	4,000	760	9	36,000	6,840	29,160	81.0%
8	0007	2020/1/18	PB005	お茶	ミルクティー	4,000	760	21	84,000	15,960	68,040	81.0%
9	0008	2020/1/22	PB005	お茶	ミルクティー	4,000	760	6	24,000	4,560	19,440	81.0%
10	0009	2020/1/27	PC003	コーヒー飲料	加糖コーヒー	4,000	500	6	24,000	3,000	21,000	87.5%
11	0010	2020/1/6	PD002	飲料水	炭酸水	3,600	500	3	10,800	1,500	9,300	86.1%
12	0011	2020/1/19	PD002	飲料水	炭酸水	3,600	500	6	21,600	3,000	18,600	86.1%
13	0012	2020/1/23	PD002	飲料水	炭酸水	3,600	500	6	21,600	3,000	18,600	86.1%
14	0013	2020/1/11	PC004	コーヒー飲料	カフェオレ	5,000	666	9	45,000	5,994	39,006	86.7%
15	0014	2020/1/19	PC004	コーヒー飲料	カフェオレ	5,000	666	3	15,000	1,998	13,002	86.7%
16	0015	2020/1/19	PC004	コーヒー飲料	カフェオレ	5,000	666	6	30,000	3,996	26,004	86.7%
17	0016	2020/1/2	PA005	清涼飲料水	りんごジュース	6,000	2,540	18	108,000	45,720	62,280	57.7%
18	0017	2020/1/6	PA005	清涼飲料水	りんごジュース	6,000	2,540	6	36,000	15,240	20,760	57.7%
19	0018	2020/1/7	PA002	清涼飲料水	サイダー	4,300	580	9	38,700	5,220	33,480	86.5%
20	0019	2020/1/21	PA002	清涼飲料水	サイダー	4,300	580	30	129,000	17,400	111,600	86.5%

ROWで自動化　　VLOOKUPで自動化　　四則演算で自動化

図7-1-2は12列ありますが、関数（ROW・VLOOKUP等）や四則演算等を活用することで、9列分のデータ入力を自動化しています。結果、単純計算で75%のデータ入力工数を削減していると言えますね。

なお、どういった数式を使えば良いかは、第3章や第5章で学んだ関数等を活用すると良いでしょう。

今回新たにROWという関数を使っていますが、この関数はA2セルなら「2」というように、指定のセルの行数を数値で返すことが可能です。

ROW([参照])
参照の行番号を返します。

　ROWの引数は省略すると、ROWがセットされたセル（自セル）の行数を返します。

　この性質を利用すると、図7-1-3のように見出し行の行数を引いておくことで、レコードの通し番号を自動的に返すことが可能です。

図7-1-3　ROWの使用イメージ

　こうしておくと、テーブル化した表でレコード追加した際、自動的に通し番号が入力されます。

　ただし、このROWの注意点として、後で並べ替えを行う可能性がある表には不向きです。

　理由としては、ROWは現在の行数で計算するため、並べ替え後に再計算されてしまい、並べ替え前の通し番号をキープできないからです。

　よって、並べ替えを行う可能性のある表の場合、通し番号は手入力するようにしましょう。

　ちなみに、ROWは主キーの自動生成にも有効です（図7-1-4）。

図7-1-4 ROWを活用した主キーの作成例

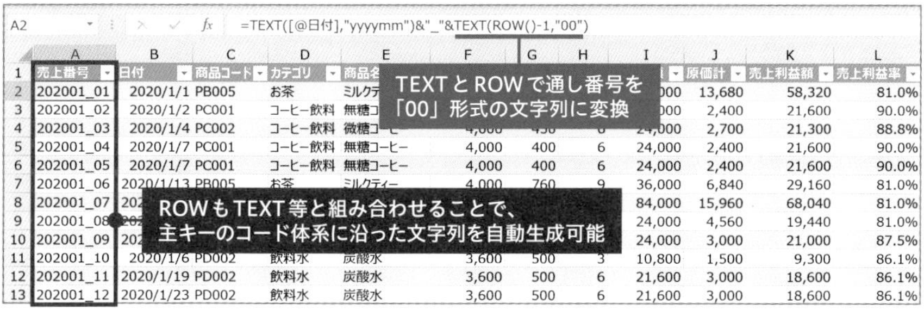

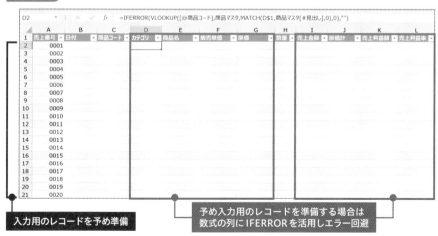

3-6で解説したテクニックと併せて、場面に応じてうまく活用してください。

予め入力用のレコードを準備する場合に役立つテクニック

手入力前提のテーブルは、通常レコード追加のタイミングで表が拡張していくものですが、予め入力用のレコードを用意しておきたいケースがあります。

この場合、数式を活用しているとエラー表示になる場合があるため、5-2で解説したIFERRORと組み合わせておくと良いです（図7-1-5）。

図7-1-5 入力用レコードの準備イメージ

こうした入力用レコードへ通し番号を用意する際に便利な機能は、「連続データの作成」です。操作手順は図7-1-6の通りです。

図7-1-6　「連続データの作成」の操作手順

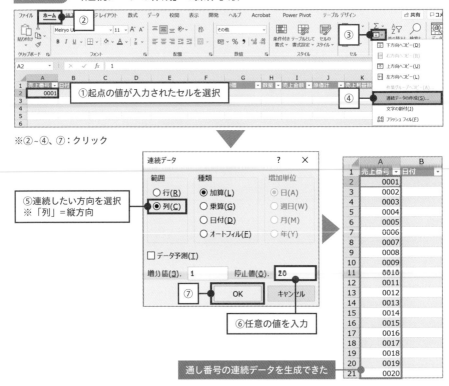

※②~④、⑦：クリック

①起点の値が入力されたセルを選択

⑤連続したい方向を選択
※「列」＝縦方向

⑥任意の値を入力

⑦

通し番号の連続データを生成できた

この機能は用意したいレコード数が多ければ多いほど便利ですし、マウスでドラッグして連続データを作成（オートフィル）するより速いです。

手入力するセルは物理的にヒューマンエラーを抑止する

✓ 手入力時のヒューマンエラーをどうすれば防げるのか

手入力時のヒューマンエラーを防ぐための機能とは

数式等で自動入力するセルを準備したら、次は残った手入力のセルに対してヒューマンエラーを防ぐための仕掛けを施しましょう。

具体的には、図7-2-1のような物理的な制御を行うイメージです。

図7-2-1 物理的な制御のイメージ

	売上番号	日付	商品コード	カテゴリ	商品名	販売単価	原価	数量	売上金額	原価計	売上利益額	売上利益率
2	0001	2020/1/1	PB005	お茶	ミルクティー	4,000	760	18	72,000	13,680	58,320	81.0%
3	0002	2020/1/2	PC001	コーヒー飲料	無糖コーヒー	4,000	400	6	24,000	2,400	21,600	90.0%
4	0003	2020/1/4	PC002	コーヒー飲料	微糖コーヒー	4,000	450	6	24,000	2,700	21,300	88.8%
5	0004	2020/1/7	PC001	コーヒー飲料	無糖コーヒー	4,000	400	6	24,000	2,400	21,600	90.0%
6	0005	2020/1/7	PC001	コーヒー飲料	無糖コーヒー	4,000	400	6	24,000	2,400	21,600	90.0%
7	0006	2020/1/13	PB005	お茶	ミルクティー	4,000	760	9	36,000	6,840	29,160	81.0%
8	0007	2020/1/18	PB005	お茶	ミルクティー	4,000	760	21	84,000	15,960	68,040	81.0%
9	0008	2020/1/22	PB005	お茶	ミルクティー	4,000	760	6	24,000	4,560	19,440	81.0%
10	0009	2020/1/27	PC003	コーヒー飲料	加糖コーヒー	4,000	500	6	24,000	3,000	21,000	87.5%
11	0010	2020/1/6	PD002	飲料水	炭酸水	3,600	500	3	10,800	1,500	9,300	86.1%

ドロップダウンリストで入力　　IMEの「日本語入力」を自動でOFFへ切り替え　　「0」より大きい整数のみ入力可

こうした制御を行う際の代表的な機能は「データの入力規則」です。ここでは「データの入力規則」の基本的なテクニックを解説していきます。

入力セルを選択入力形式にする

「データの入力規則」の基本はドロップダウンリストです。ドロップダウンリストとは、図7-2-2のようにセル選択時に表示される「▼」のボタンをクリックすると、候補となる選択肢をリスト表示させる機能です。

この設定がされていると、ドロップダウンリストから選択したものがセルの値になります。つまり、セルを選択入力形式にすることができるわけですね。

図7-2-2　ドロップダウンリストの使用イメージ

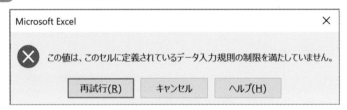

	A	B	C	D	E	F	G	H	I	
1	売上番号	日付	商品コード	カテゴリ	商品名	販売単価	原価	数量	売上金額	原
2	0001	2020/1/1	PB005	茶	ミルクティー	4,000	760	18	72,000	
3	0002	2020/1/2	PB005	ヒー飲料	無糖コーヒー	4,000	400	6	24,000	
4	0003	2020/1/4	PB006 PB007	ヒー飲料	微糖コーヒー	4,000	450	6	24,000	
5	0004	2020/1/7	PB008	ヒー	予め設定した候補から選択可能	400	6	24,000		
6	0005	2020/1/7	PC001	ヒー飲料	無糖コーヒー	4,000	400	6	24,000	
7	0006	2020/1/13	PC002 PC003	茶	ミルクティー	4,000	760	9	36,000	
8	0007	2020/1/18	PC004	茶	ミルクティー	4,000	760	21	84,000	
9	0008	2020/1/22	PB005	お茶	ミルクティー	4,000	760	6	24,000	
10	0009	2020/1/27	PC003	コーヒー飲料	加糖コーヒー	4,000	500	6	24,000	
11	0010	2020/1/6	PD002	飲料水	炭酸水	3,600	500	3	10,800	

　この方がデータの「表記ゆれ」は防止できますし、文字を都度手入力するよりも簡単です。

　ちなみに、「Alt」＋「↓」でマウス不要でリスト選択が可能です。また、ドロップダウンリストの設定セルに対し、選択肢以外の文字を入力しようとすると、図7-2-3のようなメッセージが表示されます。

図7-2-3　「データの入力規則」のエラーメッセージ

Microsoft Excel　　　　　　　　　　　　　　×

❌　この値は、このセルに定義されているデータ入力規則の制限を満たしていません。

再試行(R)　　キャンセル　　ヘルプ(H)

　このドロップダウンリストの設定は、図7-2-4の手順で設定できます。

　ポイントは手順⑤です。直接選択肢を手入力して設定することもできますが、右記のように別表（マスタ等）のセル範囲を参照することをおすすめします。

　その方が、指定した該当のセル範囲のデータを更新するだけで、ドロップダウンリストの表示内容を変更でき、メンテナンスしやすいです。

　ただし、他のユーザーにドロップダウンリストの編集をさせたくない場合は、あえて固定値を直接設定した方が良い場合もあります。

　固定値での設定例は、図7-2-5をご覧ください。

図7-2-4 「データの入力規則」の設定手順（設定→リスト）

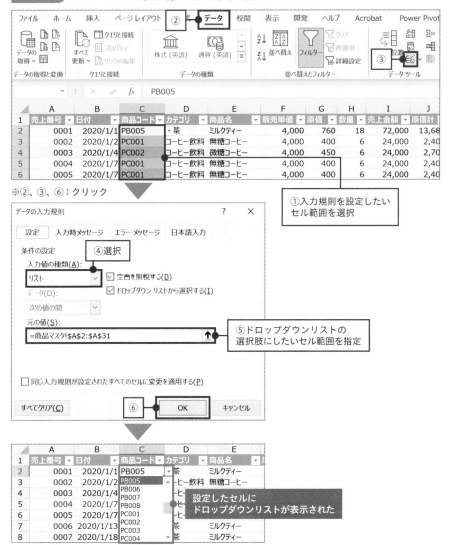

※②、③、⑥：クリック

①入力規則を設定したい
セル範囲を選択

④選択

⑤ドロップダウンリストの
選択肢にしたいセル範囲を指定

設定したセルに
ドロップダウンリストが表示された

図7-2-5　別表を参照しない場合のドロップダウンリストの設定例

| データの入力規則 | ? | × |

設定　入力時メッセージ　エラー メッセージ　日本語入力

条件の設定

入力値の種類(A):

リスト　☑ 空白を無視する(B)

データ(D):　☑ ドロップダウン リストから選択する(I)

次の値の間

元の値(S):

○,×　↑

ドロップダウンリストの選択肢を
手入力することも可能
※選択肢の間はコンマ (,) で区切る

☐ 同じ入力規則が設定されたすべてのセルに変更を適用する(P)

すべてクリア(C)　OK　キャンセル

　なお、選択肢となる文字に対し、数式と違ってダブルクォーテーション (") で囲う必要がありませんのでご注意ください。

　場面に応じてセル範囲を指定するか、固定値を直接手入力で設定するかを使い分けましょう。

　ちなみに、リストを初期化したい場合は、「入力値の種類」を「すべての値」にしてください。

入力値の種類やデータ範囲、IMEのコントロールも可能

　「データの入力規則」はドロップダウンリスト以外にも、セルへ入力するデータ型やデータ範囲を基準とした制御も可能です（図7-2-6）。

　例えば、「数量」フィールド等であれば、「0」より大きい整数が入力してほしいデータとなります。この場合、図7-2-7のように設定すれば良いわけです。

> **コラム**　「データの入力規則」の「設定」タブの条件は1種類限定
>
> 　「設定」タブで様々な条件を設定できますが、同時に複数条件で制御することはできず、いずれか1つの条件を指定することとなります。
>
> 　なお、応用として、「設定」タブで数式（関数含む）を使い、デフォルト以外の条件で制御することは可能です（詳細は7-3参照）。

図7-2-6 「データの入力規則」で指定できる入力値の種類

▼「入力値の種類」の選択肢

▼「データ」の選択肢

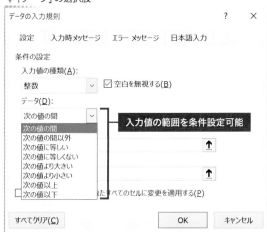

図7-2-7 「データの入力規則」で操作手順（設定→整数）

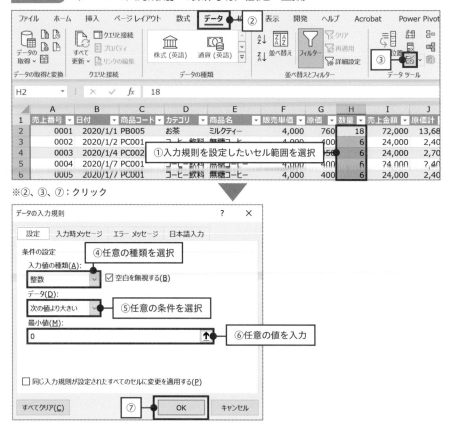

この設定後、パッと見のワークシート上の変化はありませんが、図7-2-7の条件以外の値を入力すると、図7-2-3のエラーメッセージが表示されます。セルに入力してほしい値が明確な場合は、こうした設定をしておくと良いでしょう。

他にも、ダイアログ上の「日本語入力」タブにて、元々のIMEの設定に関係なく、セル選択時に日本語入力モードのON/OFFを任意のものに設定することも可能です（図7-2-8）。

図7-2-8 「データの入力規則」の操作手順（日本語入力）

※②～④、⑥：クリック

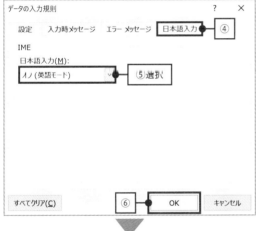

設定したセルを選択した際に
IMEが自動的に日本語入力OFFになる

特に、英数字しか入力しないセルでは、日本語入力をOFFにしておくことで、全角での誤入力や変換ミス等を防ぐことができます。

　先ほどの、入力セルのデータ型やデータ範囲で制御するテクニックと併用するのも効果的です（「データの入力規則」は、ダイアログ上の別タブのものを複数設定することが可能）。

　なお、「データの入力規則」の設定をすべて解除したい場合は、「データの入力規則」ダイアログの左下にある「すべてクリア」をクリック後に「OK」をクリックで、複数タブの設定をまとめて初期化できます。

　ちなみに、「データの入力規則」も弱点はあります。それは、コピペで上書きされるリスクがあることです。こうしたリスクがあることを知っておいてください。

　なお、完璧に制御したい場合は、本書では割愛しますが、コントロールやユーザーフォームといった機能の方が良いでしょう。必要な方は調べて使ってみてください。

「データの入力規則」の
応用テクニック

✅ 「データの入力規則」をもっと便利に使うにはどうすれば良いか

「データの入力規則」は数式を設定するとより便利になる

　ヒューマンエラーの防止に「データの入力規則」は効果的でしたが、実はデフォルトのままだと物足りない部分もあります。

　例えば、ドロップダウンリストの「元の値」へテーブル化された表を設定したとしても、固定のセル範囲扱いとなり、そのテーブルにレコード追加しても自動的にリストへ反映されません（図7-3-1）。

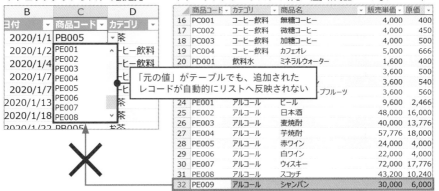

図7-3-1　ドロップダウンリストの元のセル範囲へのレコード追加例

　他の関数やピボットテーブル等でテーブル化された表を参照した場合、上記のケースでも自動的に参照範囲も拡張されますが、「データの入力規則」は例外的に注意が必要というわけです。

　では、「データの入力規則」でレコード追加等に自動対応したい場合は、どうしたら良いでしょうか。

　それは、関数の「INDIRECT」を活用することです。

> **INDIRECT(参照文字列,参照形式)**
> 指定される文字列への参照を返します。

INDIRECTは、ざっくり言うと「特定の文字列を数式の一部として扱える関数」です。一例として、図7-3-2をご覧ください。

図 7-3-2 INDIRECTの使用イメージ

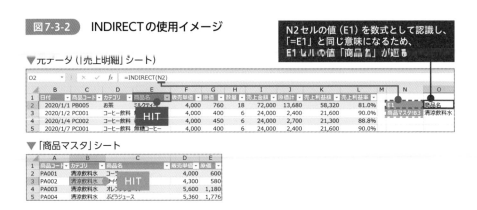

O2セルのINDIRECTは図7-3-2の解説の通りですが、O3セルのINDIRECTは参照しているN3セルの値「商品マスタ!B3」を数式として認識します。結果、「=INDIRECT(O3)」は実質「=商品マスタ!B3」として扱われます。

今回はセルを参照させていますが、文字列を直接INDIRECT内に入力すること

図 7-3-3 「データの入力規則」＋INDIRECTの使用例

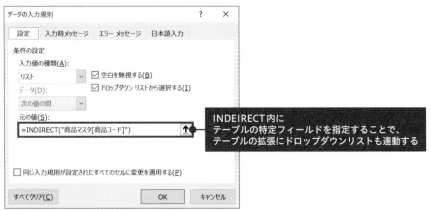

も可能です。その際は、ダブルクォーテーション（"）で文字列を囲む必要があることは、通常の数式のルール通りです。

　この性質を利用して、「データの入力規則」の「元の値」へINDIRECTの数式をセットしましょう（図7-3-3）。

　INDIRECTの中にセットする文字列は、該当のテーブル名＋フィールド名です（1列のみのテーブルの場合は、テーブル名のみ）。これで、該当のテーブルにレコード追加しても、自動的にドロップダウンリストへ反映されるようになります。

　他にも、「データの入力規則」の「設定」タブ内の「入力値の種類」を「ユーザー設定」にすることで、数式を用いて入力を制御するといったことも可能です。
　例えば、図7-3-4のように、マスタ上へ一意の値以外が入力できないように制御する場合にCOUNTIFSを活用する等です。

図7-3-4 「データの入力規則」の数式の使用例（COUNTIFS）

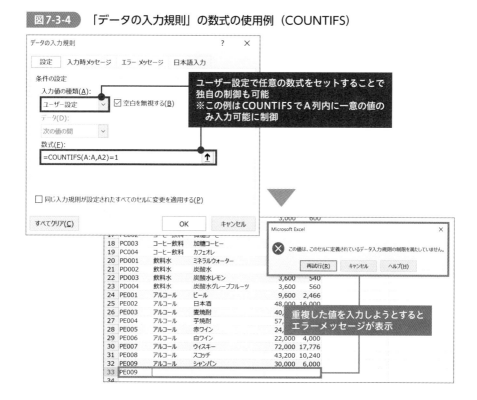

317

これはあくまでも一例ですので、制御したい内容によって他の関数も工夫して
みてください。

　なお、数式バーと違い、関数名がサジェストされず、数式が合っているか不安
な方は、一度ワークシート上で動作検証したものをコピペすると良いでしょう。

　また、数式中の「A2」等は、入力規則を設定したいセル範囲の起点（左上）と
なるセルを指定すればOKです。

ドロップダウンリストを階層化する方法

　もう1つ、「データの入力規則」での応用テクニックとして、ドロップダウンリ
ストを階層化するということも可能です。

　部署を例にすると、1つ目の列ではドロップダウンリストで「本部」を選べる
のは通常通りですが、2つ目の列は1つ目に選んだ本部配下の「部」のみがドロッ
プダウンリストで表示されるというものです。

　こうしておくことで、実際に存在しない「本部」と「部」の組み合わせパター
ンになってしまうということを制御できます。

　この設定を行うには、まずはドロップダウンリストの「元の値」となるデータ
を用意しておきます（図7-3-5）。

図7-3-5　　ドロップダウンリストの階層化の事前準備例

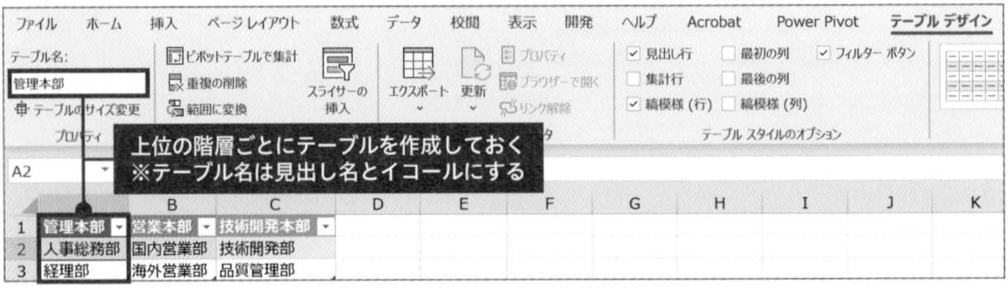

　ポイントは、上位の階層ごとに1列ごとのテーブルを横に複数並べておくこと
です。なお、各テーブル名が見出し名と不一致だと、2階層目のドロップダウン
リストの表示がされませんので、ご注意ください。

　ここまで準備ができたら、1・2階層のドロップダウンリストを順番に設定して
いきます。

　1階層目の設定は、図7-3-5で準備した見出し行を「元の値」で指定すればOK
です（図7-3-6）。

図7-3-6 ドロップダウンリストの階層化の設定方法① (1階層目)

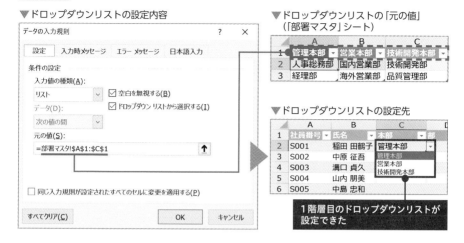

▼ドロップダウンリストの設定内容

▼ドロップダウンリストの「元の値」
　（「部署マスタ」シート）

▼ドロップダウンリストの設定先

1階層目のドロップダウンリストが設定できた

続いて、2階層目の設定はINDIRECTを活用します（図7-3-7）。

図7-3-7 ドロップダウンリストの階層化の設定方法② (2階層目)

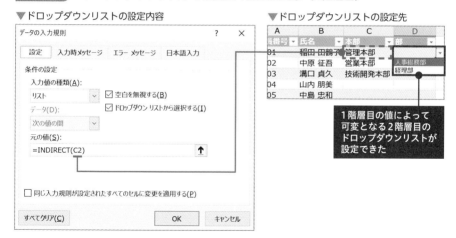

▼ドロップダウンリストの設定内容

▼ドロップダウンリストの設定先

1階層目の値によって可変となる2階層目のドロップダウンリストが設定できた

　入力規則の設定範囲の起点となるD2セルを基準に数式をセットするため、左隣のC2セルをINDIRECTで参照させれば、D3セル以下の参照セルは相対参照でスライドします。

　これで、C列の選択した内容に連動してドロップダウンリストの表示内容が変わります。

7-4 上書きされたくないセルを物理的に制御する

☑ 上書きされたくないセルを制御するにはどうすれば良いか

数式のセルは上書きされない対策が必要

入力するセルを減らすためにセットした数式のセルですが、ヒューマンエラーによる上書きされるリスクもあります。

上書きを防止したい場合、図7-4-1のように数式が入ったセルを保護することがベターです。

図7-4-1　セルの保護を行うイメージ

	A	B	C	D	E	F	G	H	I	J	K	L
1	売上番号	日付	商品コード	カテゴリ	商品名	販売単価	原価	数量	売上金額	原価計	売上利益額	売上利益率
2	0001	2020/1/1	PB005	お茶	ミルクティー	4,000	760	18	72,000	13,680	58,320	81.0%
3	0002	2020/1/2	PC001	コーヒー飲料	無糖コーヒー	4,000	400	6	24,000	2,400	21,600	90.0%
4	0003	2020/1/4	PC002	コーヒー飲料	微糖コーヒー	4,000	450	6	24,000	2,700	21,300	88.8%
5	0004	2020/1/7	PC001	コーヒー飲料	無糖コーヒー	4,000	400	6	24,000	2,400	21,600	90.0%
6	0005	2020/1/7	PC001	コーヒー飲料	無糖コーヒー	4,000	400	6	24,000	2,400	21,600	90.0%
7	0006	2020/1/13	PB005	お茶	ミルクティー	4,000	760	9	36,000	6,840	29,160	81.0%
8	0007	2020/1/18	PB005	お茶	ミルクティー	4,000	760	21	84,000	15,960	68,040	81.0%
9	0008	2020/1/22	PB005	お茶	ミルクティー	4,000	760	6	24,000	4,560	19,440	81.0%
10	0009	2020/1/27	PC003	コーヒー飲料	加糖コーヒー	4,000	500	6	24,000	3,000	21,000	87.5%
11	0010	2020/1/6	PD002	飲料水	炭酸水	3,600	500	3	10,800	1,500	9,300	86.1%

数式のセルは上書きできないようセルを保護

このセルを保護するには「シートの保護」という機能を使いますが、その前準備として「セルのロック」を解除します。

実は、ワークシート上のすべてのセルは、デフォルトでシート保護時にロックがかかる設定になっています。よって、このまま「シートの保護」を設定すると、すべてのセルが編集不可の状態となってしまうため、予め「セルのロック」を解除する必要があるわけです。

この「セルのロック」を解除する手順は、図7-4-2の通りです。

図7-4-2　「セルのロック」の解除手順

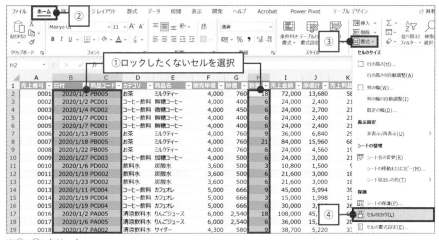

※②～④：クリック

シート保護中も編集したいセルの「セルのロック」を解除できたら、後は「シートの保護」を設定すればOKです（図7-4-3）。

図7-4-3　「シートの保護」の設定手順

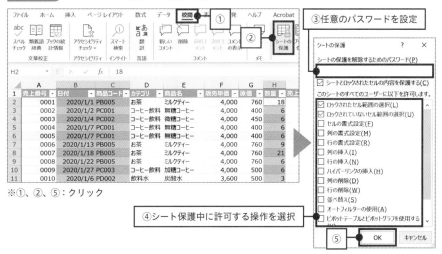

※①、②、⑤：クリック

手順③のパスワードは、不要な場合はブランク（空白）のままで結構です（設定時は、確認用に同じパスワードの入力が求められます）。

手順④は、デフォルトで最初の2つにチェックが入っていますが、他にも許可したいものがあればチェックを付けましょう。

なお、シート保護中にロックがかかったセルを編集しようとすると、次のエラーメッセージが表示されます。

図7-4-4 「シートの保護」のエラーメッセージ

これで、シート保護を解除しない限り、ロックがかかったセルの編集は許可したもの以外は制御できました。

もし、数式の修正等、ロックしたセルを編集したい場合は、図7-4-5の手順でシート保護を解除すればOKです。

図7-4-5 「シート保護の解除」の操作手順

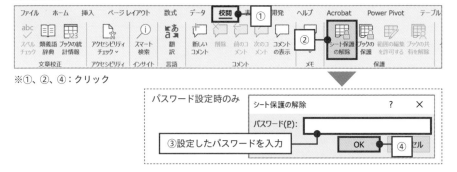

※①、②、④：クリック

ブックの管理と入力を担当分けする場合、パスワードをきちんと設定しておくことが望ましいです。

なお、「シートの保護」の注意点としては、テーブル化した表でも保護は可能ですが、シート保護中はテーブルにレコード追加した際のテーブル範囲の拡張がされなくなってしまいます。

よって、予め入力用の予備のレコードを用意した上で、「シートの保護」を設定するようにしましょう。

担当者ごとに入力可能な範囲を分けたい場合は

「セルのロック」を解除し、「シートの保護」を設定する場合、ロック解除されたセルは全ユーザーが編集可能です。

もし、入力対象のセルによって入力可能な担当者を制御したい場合は、「セルのロック」解除の代わりに「範囲の編集の許可」という機能で、ロックを解除するセル範囲を設定しましょう（図7-4-6）。

図7-4-6 「範囲の編集の許可」の設定手順

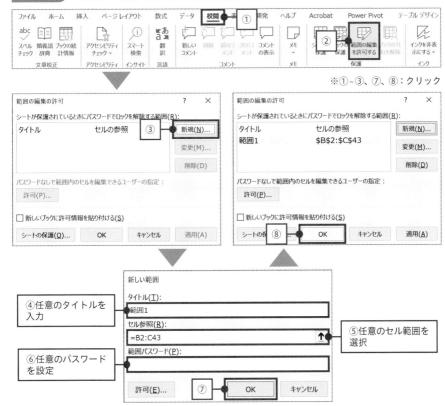

この手順に沿って、担当者の数だけロック解除のセル範囲を設定しましょう（手順⑥は、範囲ごとに別パスワードにした方が運用上安全です）。

この設定後にシート保護を設定し、ロック解除のセル範囲を編集しようとする

と、図7-4-7のダイアログが起動し、パスワード入力を求められます。設定した
パスワードを入力すれば、編集可能となります。

図7-4-7 「範囲のロック解除」ダイアログの表示イメージ

　なお、上記ダイアログは「セルのロック」自体を解除していると表示されませ
ん。「範囲の編集の許可」の使用時は、「セルのロック」を解除しないようご注意
ください。

7-5 物理的な制御に加え、入力者へ注意事項を伝える工夫も大事

物理的な制御に加えて行った方が良いことはあるか

エラー時に入力者へ対応方法をメッセージで通知する

7-1~7-4までは、Excelで行うことができる物理的な制御について解説してきましたが、それでもヒューマンエラーを100%なくすことは難しいです。

さらにヒューマンエラーを減らすためにも、物理的な制御に加え、適宜入力者に注意喚起を行うための仕掛けを用意すると良いでしょう。

その手段の1つとして、「データの入力規則」のエラー時に表示するメッセージをカスタマイズし、対応方法を入力者へ通知する仕組みをつくることも効果的です（図7-5-1）。

図7-5-1 エラーメッセージのカスタマイズ例

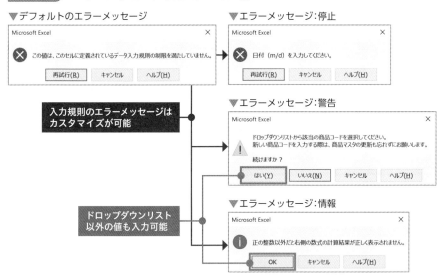

デフォルトのメッセージだけだと、どうすればエラー回避できるかまでは不明なため、このようにメッセージを工夫した方が入力者にとって親切ですね。

なお、エラーメッセージの種類（スタイル）が「警告」と「情報」の場合は、制御のレベルが下がり、ドロップダウンリスト以外の値も入力が可能となります。状況によって使い分けましょう。

　また、このエラーメッセージのカスタマイズは、「データの入力規則」の「エラーメッセージ」タブで設定が可能です（図7-5-2）。

「データの入力規則」の操作手順（エラーメッセージ）

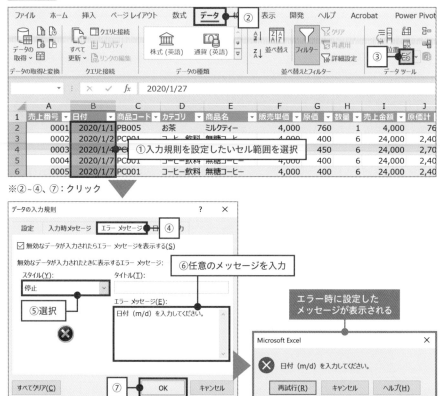

　ドロップダウンリストと併せて設定しておくと効果的です。ちなみに、「データの入力規則」ダイアログの「タイトル」を設定した場合、エラーメッセージ上部の「Microsoft Excel」の部分に表示されます。

入力時の注意点を通知するメッセージの設定テクニック

エラー時以外にも、そもそも入力時に注意点を事前に伝える仕組みを用意しておくと良いです。ここで役立つのが、「入力時メッセージ」と「メモ」という機能です。それぞれ、図7-5-3のイメージとなります。

図7-5-3 入力補助のメッセージ例

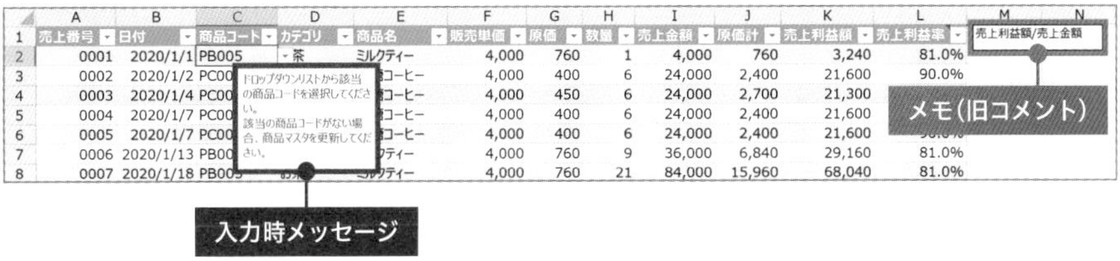

まず、入力時メッセージは該当のセルを選択した際にメッセージを表示させることができ、入力前に確認してほしいことを記載しておくと効果的です。この設定は、図7-5-4-の通り「データの入力規則」の「入力時メッセージ」タブから行います。

コラム 入力時メッセージとメモ（旧コメント）の使い分け

入力時メッセージはセル選択時に表示されるため、「セル単位」で入力時に注意喚起したい内容を記載しましょう。

一方のメモ（旧コメント）は、常に表示しておくことで「シート単位や列単位」で知ってもらいたい注釈や補足情報を伝えることに向いています。

このように、注意喚起したい対象データの単位に着目すると、どちらの機能を使った方が効果的か判断できます。参考にしてみてください。

図7-5-4　「データの入力規則」の操作手順（入力時メッセージ）

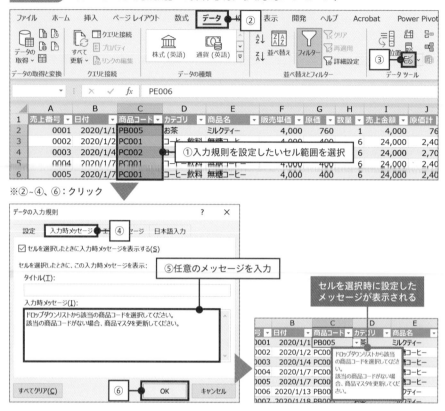

なお、「データの入力規則」ダイアログの「タイトル」を設定した場合、メッセージの量によっては文字切れする場合があるため、基本的に設定しないことをおすすめします。

続いてメモですが、こちらは注釈や補足情報を常時表示しておきたい場合にうってつけです。ちなみに、Excelのバージョンが2013以前だと、「コメント」という名称でした。ご自身のバージョンによって名称が異なる場合があるので、ご注意ください。

このメモの挿入手順は、図7-5-5の通りです。

図7-5-5 メモ（旧コメント）の挿入手順

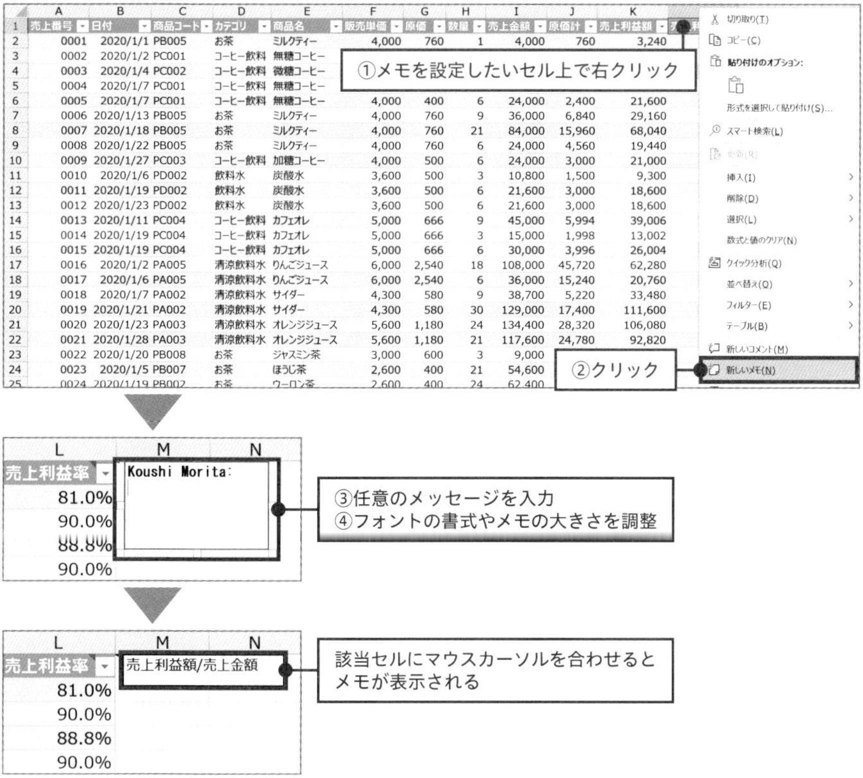

手順④ですが、通常のセルや図形のように書式を変更可能です。また、メモの大きさも図形のように、縦・横・四隅をドラッグして調整可能です。

このメモは、通常はマウスカーソルを合わせると表示される仕様なので、常時表示にするには図7-5-6のいずれかの対応が必要です。

コラム **メモ（旧コメント）の書式設定について**

デフォルトの書式はフォントが「MSPゴシック」、塗りつぶしは薄い黄色です。こちらはメモ（旧コメント）上で右クリックすると表示される「コメントの書式設定」で、フォントの種類やサイズ、配置の他、塗りつぶしの色や線の色、太さ等を自由に変更できます。

なお、メモのデフォルトの書式を予め変えることは可能とのことですが、OSのバージョンによって方法と変更可能な書式が異なります。また、Windows全体の設定に影響が出るため、私は推奨しておりません。

図 7-5-6　メモ（旧コメント）の表示方法

▼個別のメモの表示方法

①該当のメモがある
セル上で右クリック

②クリック

▼すべてのメモの表示方法

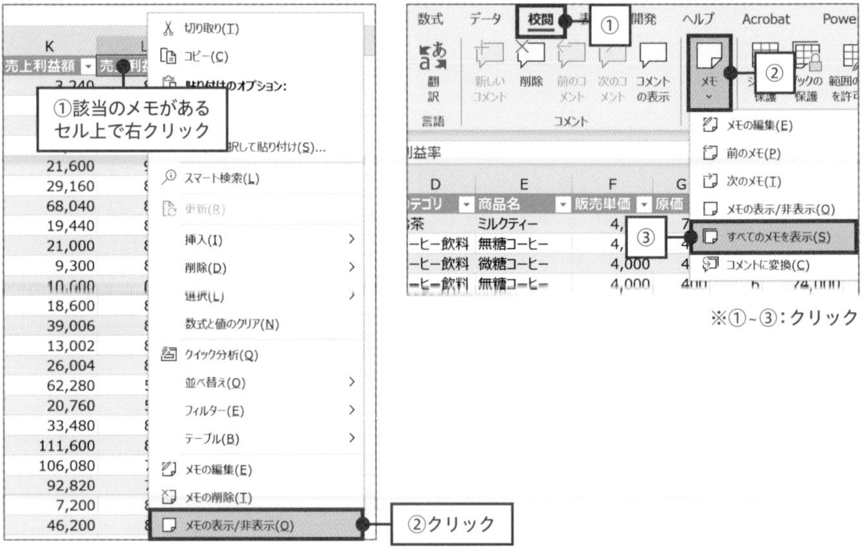

※①～③：クリック

　表示させたいメモが単独か複数かで、上記の方法を使い分けましょう。なお、メモの編集や削除は、図7-5-6の左側同様に右クリックメニューで対応可能です。

　ちなみに、Excel2016以降・365ユーザー側のコメントは、複数ユーザーのやりとりをスレッド化できる双方向性の機能です。こちらは確認やフィードバック等に活用すると良いでしょう。

入力者に役立つ詳細情報の導線を設置しておく

　もし、入力時メッセージやメモでは記載できない情報（図解や表、別ファイル等）を入力者に見せたい場合、ハイパーリンクを活用して詳細情報への導線を用意してあげることも有効です。

　ちなみにハイパーリンクとは、Webサイトのリンクと同じように、クリックすると別な場所へ遷移する機能です（図7-5-7）。

図7-5-7　ハイパーリンクの使用イメージ

▼「売上明細」シート

	A	B	C	D	E	F
1	※フィールド定義はこちら					
2	売上番号	日付	商品コード	カテゴリ	商品名	販売単価
3	0001	2020/1/1	PB005	お茶	ミルクティー	4,000
4	0002	2020/1/2	PC001	コーヒー飲料	無糖コーヒー	4,000
5	0003	2020/1/4	PC002	コーヒー飲料	微糖コーヒー	4,000
6	0004	2020/1/7	PC001	コーヒー飲料	無糖コーヒー	4,000
[illegible]	[illegible]	[illegible]	[illegible]	[illegible]	[illegible]糖コーヒー	4,000
[illegible]	[illegible]	[illegible]	[illegible]	[illegible]	[illegible]クティー	4,000
[illegible]	[illegible]	[illegible]	[illegible]	お茶	ミルクティー	4,000
10	0008	2020/1/22	PB005	お茶	ミルクティー	4,000
11	0009	2020/1/27	PC003	コーヒー飲料	加糖コーヒー	4,000
12	0010	2020/1/6	PD002	飲料水	炭酸水	3,600
13	0011	2020/1/19	PD002	飲料水	炭酸水	3,600

リンクをクリックすることで
詳細情報が記載されたシートへ遷移させることが可能

▼「フィールド定義」シート

	A	B	C	D	E
1	No.	フィールド名	データ型	入力形式	定義
2	1	売上番号	数値	自動入力	各レコードの通し番号（"0000"形式）
3	2	日付	日付	手入力	受注した日付
4	3	商品コード	文字列	選択入力	受注した商品コード
5	4	カテゴリ	文字列	自動入力	No.3に該当する商品カテゴリ（商品マスタから参照）
6	5	商品名	文字列	自動入力	No.3に該当する商品名（商品マスタから参照）
7	6	販売単価	数値	自動入力	No.3に該当する商品の販売単価（商品マスタから参照）
8	7	原価	数値	自動入力	No.3に該当する商品の原価（商品マスタから参照）
9	8	数量	数値	手入力	No.3の受注数量
10	9	売上金額	数値	自動入力	No.6×No.8
11	10	原価計	数値	自動入力	No.7×No.8
12	11	売上利益額	数値	自動入力	No.9－No.10
13	12	売上利益率	数値	自動入力	No.11÷No.9

このハイパーリンクの設定手順は、図7-5-8の通りです。

今回は同じExcelブック内の別シートへのリンクを設定しましたが、他にも特定のWebサイトURLや、フォルダーパス、別ファイル、メールアドレス等も設定できます。作業内容に合わせてリンク先を工夫すると良いでしょう。

コラム　フィールド定義のすすめ

不特定多数の関係者が使う可能性のある表の場合、図7-5-7のように、フィールド定義というシートを用意しておくことをおすすめします。これにより読み手が混乱しにくくなり、不要な問合せや入力誤り等が減ります。なお、ここで言うフィールド定義とは、文字通り各フィールドがどのようなデータかの定義、そしてデータ型や入力方法、計算式等がまとめられたものを指しています。

図7-5-8　ハイパーリンクの設定手順

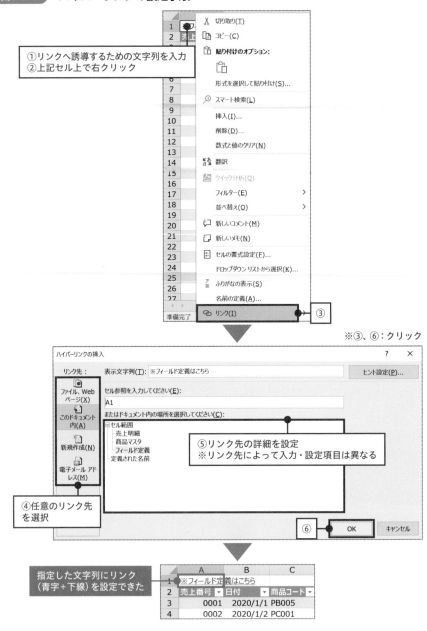

①リンクへ誘導するための文字列を入力
②上記セル上で右クリック

切り取り(T)
コピー(C)
貼り付けのオプション:
形式を選択して貼り付け(S)...
スマート検索(L)
挿入(I)...
削除(D)...
数式と値のクリア(N)
翻訳
クイック分析(Q)
フィルター(E)
並べ替え(O)
新しいコメント(M)
新しいメモ(N)
セルの書式設定(E)...
ドロップダウン リストから選択(K)...
ふりがなの表示(S)
名前の定義(A)...
リンク(I)　③

準備完了

※③、⑥：クリック

ハイパーリンクの挿入　?　×

リンク先：
表示文字列(T): ※フィールド定義はこちら　　ヒント設定(P)...

ファイル、Web ページ(X)
セル参照を入力してください(E):
A1
またはドキュメント内の場所を選択してください(C):

このドキュメント 内(A)
セル範囲
　売上明細
　商品マスタ
　フィールド定義
定義された名前

⑤リンク先の詳細を設定
※リンク先によって入力・設定項目は異なる

新規作成(N)

電子メール アドレス(M)

④任意のリンク先 を選択

⑥　OK　キャンセル

指定した文字列にリンク （青字＋下線）を設定できた

	A	B	C
1	※フィールド定義はこちら		
2	売上番号	日付	商品コード
3	0001	2020/1/1	PB005
4	0002	2020/1/2	PC001

7-6 入力漏れを注意喚起する仕組みとは

入力漏れを防止するためにどんな工夫をすれば良いか

IFや条件付き書式を工夫することで、入力漏れの注意喚起も可能

入力者への注意喚起する仕掛けは、工夫次第では入力漏れの防止も可能です。一例として、図7-6-1をご覧ください。

図7-6-1　IF＋条件付き書式での注意喚起例

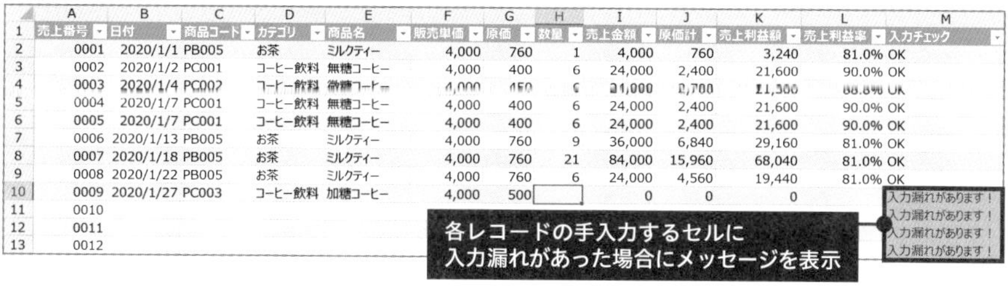

	A	B	C	D	E	F	G	H	I	J	K	L	M
1	売上番号	日付	商品コード	カテゴリ	商品名	販売単価	原価	数量	売上金額	原価計	売上利益額	売上利益率	入力チェック
2	0001	2020/1/1	PB005	お茶	ミルクティー	4,000	760	1	4,000	760	3,240	81.0%	OK
3	0002	2020/1/2	PC001	コーヒー飲料	無糖コーヒー	4,000	400	6	24,000	2,400	21,600	90.0%	OK
4	0003	2020/1/4	PC002	コーヒー飲料	微糖コーヒー	4,000	450	6	24,000	2,700	21,300	88.8%	OK
5	0004	2020/1/7	PC001	コーヒー飲料	無糖コーヒー	4,000	400	6	24,000	2,400	21,600	90.0%	OK
6	0005	2020/1/7	PC001	コーヒー飲料	無糖コーヒー	4,000	400	6	24,000	2,400	21,600	90.0%	OK
7	0006	2020/1/13	PB005	お茶	ミルクティー	4,000	760	9	36,000	6,840	29,160	81.0%	OK
8	0007	2020/1/18	PB005	お茶	ミルクティー	4,000	760	21	84,000	15,960	68,040	81.0%	OK
9	0008	2020/1/22	PB005	お茶	ミルクティー	4,000	760	6	24,000	4,560	19,440	81.0%	OK
10	0009	2020/1/27	PC003	コーヒー飲料	加糖コーヒー	4,000	500		0	0	0		入力漏れがあります！
11	0010												入力漏れがあります！
12	0011												入力漏れがあります！
13	0012												入力漏れがあります！

各レコードの手入力するセルに
入力漏れがあった場合にメッセージを表示

これはIFと条件付き書式をうまく活用したものです。「データの入力規則」以外でも、発想次第ではこういうアプローチもできます。

まず、IFについては、入力漏れを検知するための論理式にすることがポイントです。

今回はCOUNTAで「日付」・「商品コード」・「数量」フィールドにデータが入っているかカウントさせ、それが3列すべてを示す「3」と一致するかを、IFの論理式にしました（図7-6-2）。

これで入力漏れがあれば、「入力チェック」フィールドに「入力漏れがあります！」というメッセージが表示されます。

後は、条件付き書式で強調表示ルールを設定すると、より視覚的に強調することが可能です。その手順は、図7-6-3の通りです。

図7-6-2　IF＋COUNTAでのメッセージ表示例

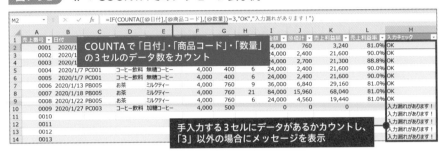

COUNTAで「日付」・「商品コード」・「数量」の3セルのデータ数をカウント

手入力する3セルにデータがあるかカウントし、「3」以外の場合にメッセージを表示

図7-6-3　条件付き書式の設定手順（セルの強調表示ルール）

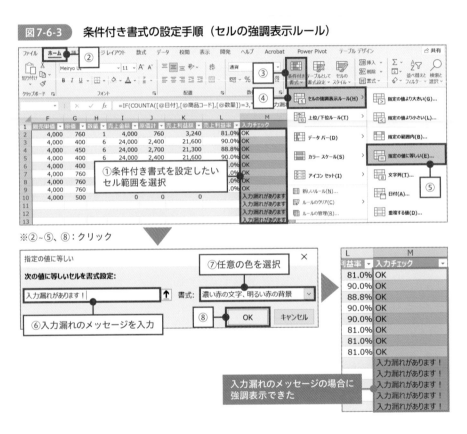

①条件付き書式を設定したいセル範囲を選択

※②〜⑤、⑧：クリック

⑦任意の色を選択

⑥入力漏れのメッセージを入力

入力漏れのメッセージの場合に強調表示できた

「色」で視覚的に入力漏れを防止する

入力漏れのメッセージを表示させる以外にも、「色」をうまく活用することで、入力漏れか否かをパッと見で判別させやすくする方法もあります。

色を活用する方法は、手入力対象のフィールドに対し、色での入力ルールを定めることです。一例としては、手入力対象フィールドのみ、「入力済」のセルはフォントの色を「青」に、「未入力」のセルは背景（塗りつぶし）の色を「黄」にする等です（図7-6-4）。

第7章

手入力前提のテーブルを制御すれば、前処理がもっと楽になる

図7-6-4 色での入力ルール例

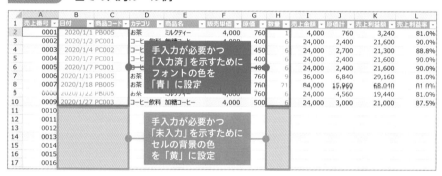

こうしておくことで、数式のセルと手入力が必要なセルが一目瞭然になります（数式のセルのフォントは「黒」）。

なお、フォントの色は、手入力対象のフィールドの全セルへ書式設定しておけばOKです。

一方、セルの背景色については、空白セルの場合のみ「黄」にしたいため、条件付き書式で設定しましょう。ちなみに、こうした色に関するルールはワークシート上に凡例として、表の上側の余白に記載しておくと良いです（理想は、Excelブックを開いた際にファーストビューで表示されること）。その方が、入力者側が理解しやすくなります。

空白セルを条件にする場合の設定手順は、図7-6-5の通りです。

図7-6-5　条件付き書式の設定手順（新しいルール）

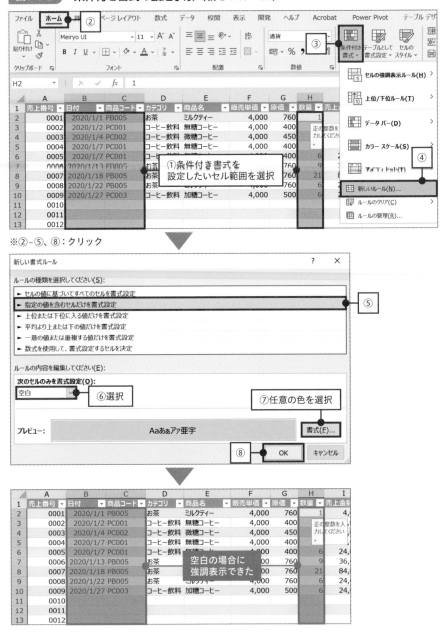

※②〜⑤、⑧：クリック

　なお、「入力済」のフォントの色と「未入力」のセルの背景色については、任意のものでOKですが、セルの背景色については「黄」等の警告色にすると良いでしょう（入力漏れを注意喚起したいため）。

　色はそれぞれ関連するイメージがあるため、そうした効果も踏まえて選択することをおすすめします。

第7章

手入力前提のテーブルを制御すれば、前処理がもっと楽になる

売上明細に
ドロップダウンリストを設定する

 サンプルファイル：【7-A】202001_売上明細.xlsx

「データの入力規則」で売上明細にドロップダウンリストを設定する

　ここでの演習は、7-2で解説した「データの入力規則」の復習です。

　今回は、サンプルファイルの「売上明細」シートの「商品コード」フィールドにドロップダウンリストを設定しましょう。

　また、「日付」・「数量」フィールドはIMEの日本語入力をOFFにします。図7-A-1の状態になればOKです。

図7-A-1　演習7-Aのゴール

	A	B	C	D	E	F	G	H	I	J	K	L
1	売上番号	日付	商品コード	カテゴリ	商品名	販売単価	原価	数量	売上金額	原価計	売上利益額	売上利益率
2	0001	2020/1/1	PB005	お茶	ミルクティー	4,000	760	18	72,000	13,680	58,320	81.0%
3	0002	2020/1/2	PC001	コーヒー飲料	無糖コーヒー	4,000	400	6	24,000	2,400	21,600	90.0%
4	0003	2020/1/4	PC002	コーヒー飲料	微糖コーヒー	4,000	450	6	24,000	2,700	21,300	88.8%
5	0004	2020/1/7	PC001	コーヒー飲料	無糖コーヒー	4,000	400	6	24,000	2,400	21,600	90.0%
6	0005	2020/1/7	PC001	コーヒー飲料	無糖コーヒー	4,000	400	6	24,000	2,400	21,600	90.0%
7	0006	2020/1/13	PB005	お茶	ミルクティー	4,000	760	9	36,000	6,840	29,160	81.0%
8	0007	2020/1/18	PB005	お茶	ミルクティー	4,000	760	21	84,000	15,960	68,040	81.0%
9	0008	2020/1/22	PB005	お茶	ミルクティー	4,000	760	6	24,000	4,560	19,440	81.0%
10	0009	2020/1/27	PC003	コーヒー飲料	加糖コーヒー	4,000	500	6	24,000	3,000	21,000	87.5%
11	0010	2020/1/6	PD003	飲料水	炭酸水	3,600	500	3	10,800	1,500	9,300	86.1%

ドロップダウンリストを設定する　　IMEの「日本語入力」をOFFにする

「設定」タブの「リスト」でドロップダウンリストを設定する

　まずは「商品コード」フィールドにドロップダウンリストを設定していきます。なお、ドロップダウンリストの参照元は「商品マスタ」テーブルにしましょう。

　ドロップダウンリストは、「データの入力規則」ダイアログの「設定」タブで設定可能です。詳細の手順は、図7-A-2の通りです。

図7-A-2　「データの入力規則」の設定手順（設定→リスト）

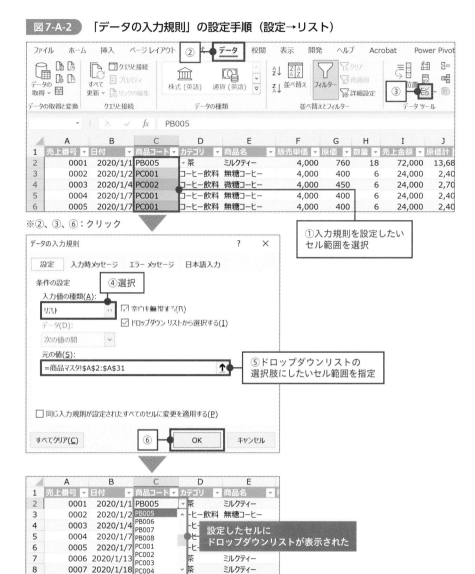

「日本語入力」タブで日本語入力をOFFにする

　続いて、「日付」・「数量」フィールドはIMEの日本語入力をOFFにします。この設定は「日本語入力」タブで行います（図7-A-3）。

図7-A-3 「データの入力規則」の操作手順（日本語入力）

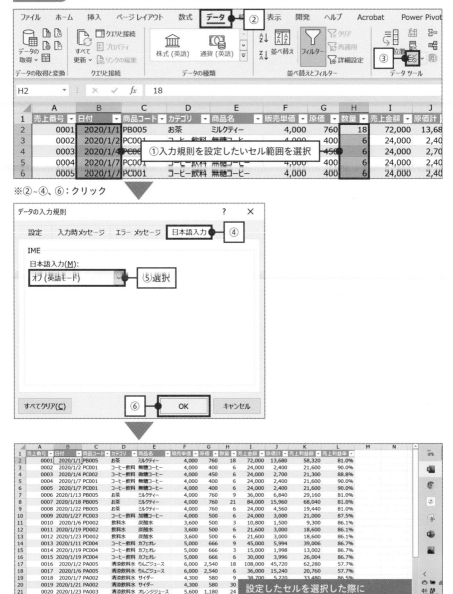

「データの入力規則」は入力セルの物理的な制御ができ、かつ入力効率を上げることができるため、うまく活用してください。

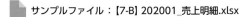

演習

///////////
7-B
///////////

セルへ入力時の
注意事項のメッセージを表示させる

📄 サンプルファイル：【7-B】202001_売上明細.xlsx

「データの入力規則」で売上明細に入力時メッセージを設定する

　ここでの演習は、7-5で解説した「データの入力規則」の復習です。

　今回は、サンプルファイルの「売上明細」シートの、「日付」・「商品コード」・「数量」フィールドの3列に入力時メッセージを設定します。

　設定するメッセージは、図7-B-1の通りです。

図7-B-1 演習7-Bのゴール

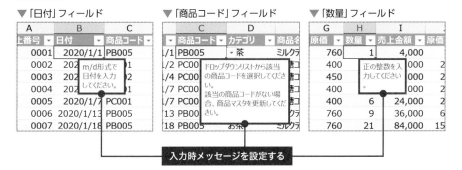

「入力時メッセージ」タブで入力時メッセージを設定する

　今回は「商品コード」フィールドを例に、入力時メッセージを設定していきます。

　なお、入力時メッセージは「データの入力規則」ダイアログの「入力時メッセージ」タブで設定可能です。手順は図7-B-2をご覧ください。

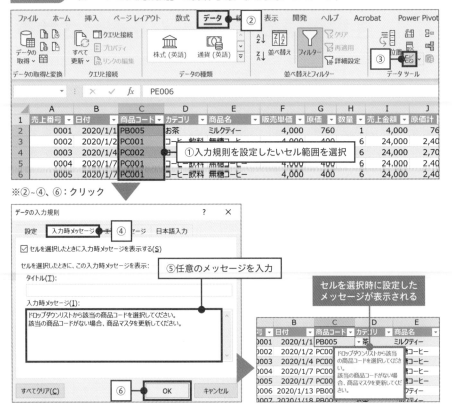

図7-B-2 「データの入力規則」の操作手順（入力時メッセージ）

これで、「商品コード」フィールドのセルを選択すると、設定したメッセージが表示されます。

後は同じ要領で、「日付」・「数量」フィールドにそれぞれ入力時メッセージを設定してください。

結果的に図7-B-1のメッセージがそれぞれ表示されるようになればOKです。

未入力のセルを
自動的に色付けする

サンプルファイル：【7-C】202001_売上明細.xlsx

条件付き書式で売上明細の空白セルの場合に色付けを行う

ここでの演習は、7-6で解説した条件付き書式の復習です。

今回は、サンプルファイルの「売上明細」シートの、「日付」・「商品コード」・「数量」フィールドの3列が未入力（＝空白セル）の場合に、セルの背景（塗りつぶし）の色が変わるよう設定します。

図7-C-1の状態になっていればOKです。

図7-C-1 演習7-Cのゴール

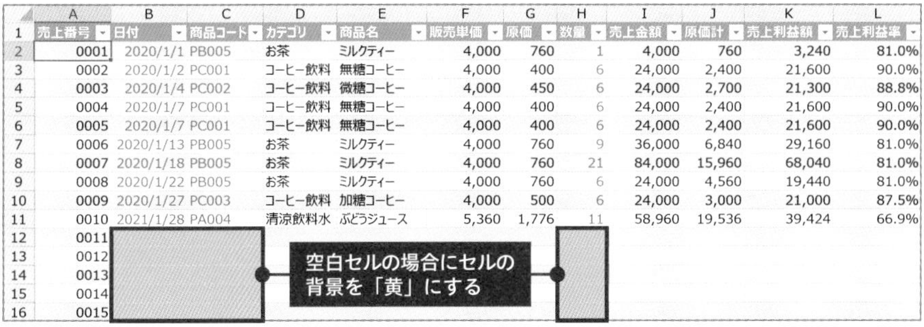

条件付き書式で「空白セル」の場合の書式を設定する

条件付き書式は、「空白セル」を条件にすることが可能です。この場合、「新しいルール」経由で設定していきます（図7-C-2）。

図7-C-2 条件付き書式の設定手順（新しいルール）

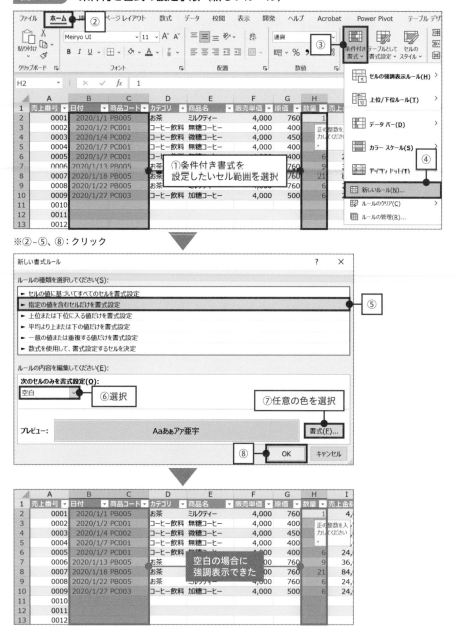

※②~⑤、⑧：クリック

空白の場合に強調表示できた

344

これで、設定したセルが未入力の場合に、セルの背景が「黄」に自動的に切り替わるようになりました。

このように、色で視覚的に未入力な状態であることが分かると、入力漏れを回避しやすくなります。

条件付き書式は他にも複数の条件があるため、ケースに応じていろいろ試してみてください。

コラム　色の効果を活用しよう

条件付き書式等で色を選択することが多いと思いますが、その際にどの色を使うかにも細心の注意を払うことをおすすめします。

なぜなら、色によって読み手に与える印象は異なり、場合によっては、こちらの意図と逆の意味に捉えられてしまうこともあり得るからです。

では、どうした色を使えば効果的なのか、参考になるのは信号機です。

各色の意味合いが感覚的に、以下のような意味合いに感じられるのではないでしょうか。

・赤：危ない状態
・黄：注意が必要な状態
・青/緑：問題ない、あるいは良い状態

その他、よく使われる色として「グレー」がありますが、これは無効なデータを表す意味合いが一般的です。

まずはこうした色を軸に、データの状況に合ったものを選ぶことを意識してみてください。

第8章

複数のデータ収集作業を
高速で終わらせるための
テクニック

実務では、複数のExcelブック、あるいは他
システムからエクスポートしたCSVファイル等
を1つのテーブルに集約する前処理の機会が非
常に多いです。ただ、この1つのテーブルに集
約する作業、いわゆる「データ収集」は手作業
で行うと地味に工数がかかってしまうもの。逆
に言えば、この部分を自動化できれば、前処理
の大幅な時短に直結すると言えます。

第8章では、各種形式の複数ファイルのデー
タ収集を自動化するためのテクニックについて
解説します。

別ファイルのデータを
自動的に取得するには

8-1

✓ 別ファイルのデータを自動的に取得するには、どうすれば良いか

データ取得の自動化はパワークエリが最適

　第8章では、各種形式のファイルデータを集める「データ収集」の前処理テクニックを解説していきます。

　この前処理の自動化にうってつけなのが、パワークエリです。4-1で解説した内容の復習ですが、パワークエリでデータを取得/収集するためのコマンドで、主要なコマンドは4種類ありました（図8-1-1）。

図8-1-1 パワークエリのデータ取得の主要コマンド（再掲）

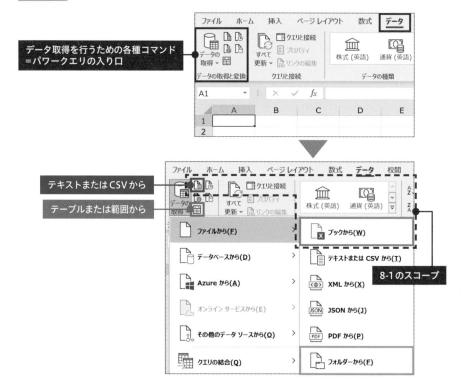

ここまでのパワークエリの解説は、すべて「テーブルまたは範囲から」でした（Excelブック内のテーブル/セル範囲のデータが対象）。

今回は、単一の別ファイルのデータ取得に役立つ「テキストまたはCSVから」と「ブックから」の使用方法を解説していきます。

これらのコマンドは、図8-1-2の形式のファイル（CSVファイル、テキストファイル、Excelブック）へデータが更新/蓄積される場合のデータ取得を自動化するのに有効です。

図8-1-2 データ取得対象のファイル例

単一のテキスト/CSVファイルを取得するには

まずは、「テキストまたはCSVから」のコマンドですが、これは文字通りテキストファイル（拡張子が「.txt」）とCSVファイル（拡張子が「.csv」）を取り込むためのものです。

テキストファイルはメモ帳、CSVファイルはExcelで開くことが多いために気づきにくいかもしれませんが、実はこの2つのファイルは大枠では同じ「テキストファイル」という扱いになります。

そもそもCSVは「Comma Separated Value」の略称で、実態はコンマ区切りのテキストだからです。よって、同じコマンドでデータ取得ができるわけですね。

では、実際に図8-1-2の「商品マスタ.csv」と「担当営業マスタ.txt」を、それぞれパワークエリでデータ取得してみましょう。

使用するコマンドも画面遷移もほぼ同じであることが分かります（図8-1-3・8-1-4）。ちなみに、パワークエリを操作するExcelブックは新たに起動しています。

図8-1-3 パワークエリのデータ取得手順（CSVファイル）

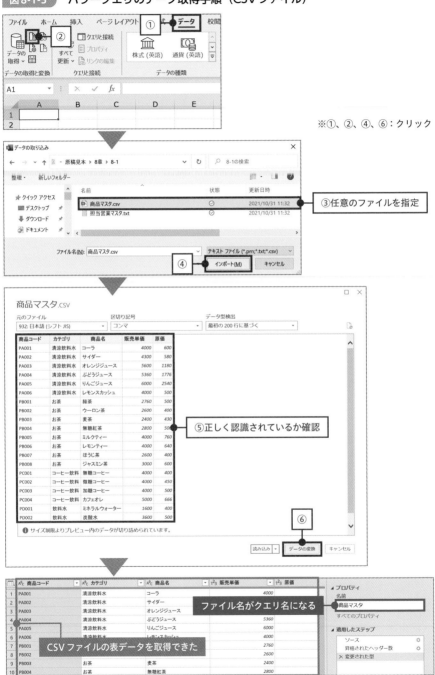

※①、②、④、⑥：クリック

③任意のファイルを指定

ファイル名がクエリ名になる

CSVファイルの表データを取得できた

図8-1-4 パワークエリのデータ取得手順（テキストファイル）

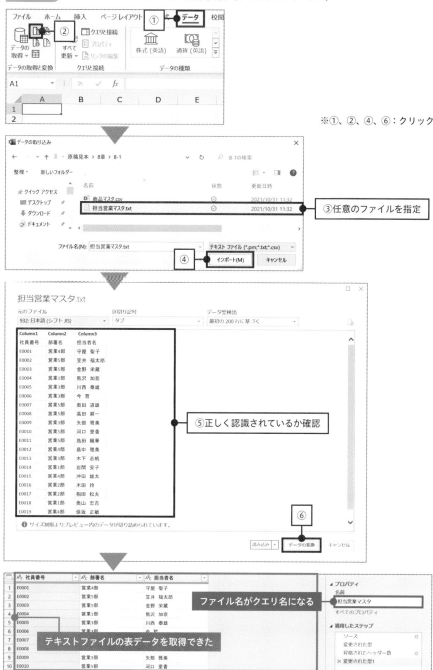

※①、②、④、⑥：クリック

③任意のファイルを指定

④

⑤正しく認識されているか確認

⑥

ファイル名がクエリ名になる

テキストファイルの表データを取得できた

第8章 複数のデータ収集作業を一問速で終わらせるためのテクニック

手順⑥まで完了すると、Power Queryエディターに遷移するため、後は必要な処理を行いましょう。

なお、図8-1-4ではヘッダーが「Column1」等になっているため、「1行目をヘッダーとして使用」のコマンドが最低でも必要です。

それ以外にも、データによってはデータ型や列名の変更等が必要な場合がありますので、ご注意ください。

また、パワークエリを操作しているExcelブックはSheet1が空なため、整形後のデータの読み込み先を「テーブル」にする場合、「既存のワークシート」を指定すると良いでしょう（操作方法は4-1を参照）。

別のExcelブックのシートやテーブルのデータ取得テクニック

続いて、「ブックから」のコマンドですが、これも文字通りパワークエリを起動するExcelブックとは別ブックのデータを取得するためのものです。

なお、Excelブックからデータ取得する場合、対象が単一か複数かで手順が変わります。

まずは単一データ取得の場合の手順ですが、図8-1-5の通りです。

手順⑦では、対象のExcelブック配下にある表データが一覧で表示されますが、シート上の表をテーブル化している場合は同じ表データで2種類（テーブル名、シート名の両方）表示されます（アイコン上部に青の見出し有＝テーブル、アイコン下部にタブ有＝シート）。

この場合、基本的にはテーブルの方を指定した方が余分なデータがないためおすすめです（シートだと空白行まで取得される場合あり）。

次は、複数のデータ取得の場合の手順です。大まかな流れとしては、Excelブック配下のテーブル＋シート情報を取得（図8-1-6）し、それから取得したいテーブル／シートの取得したいフィールドを選択／展開（図8-1-7）していきます。

図8-1-5 パワークエリのデータ取得手順（Excelブック→単一）

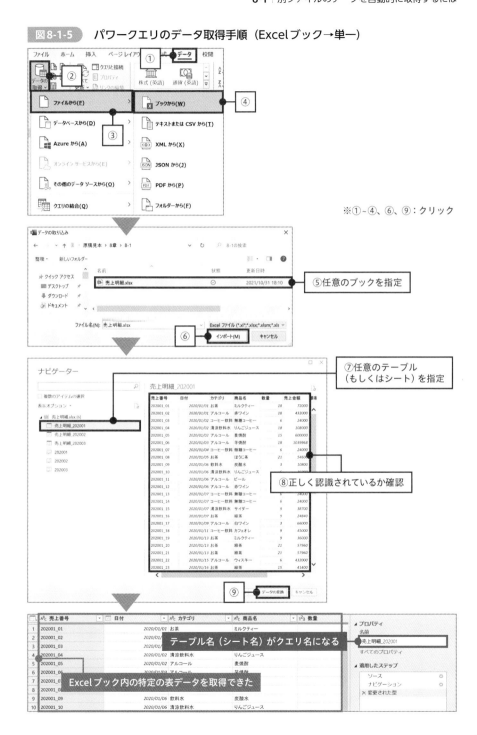

※①〜④、⑥、⑨：クリック

⑤任意のブックを指定

⑦任意のテーブル
（もしくはシート）を指定

⑧正しく認識されているか確認

テーブル名（シート名）がクエリ名になる

Excelブック内の特定の表データを取得できた

図8-1-6　パワークエリのデータ取得手順（Excelブック→複数）①

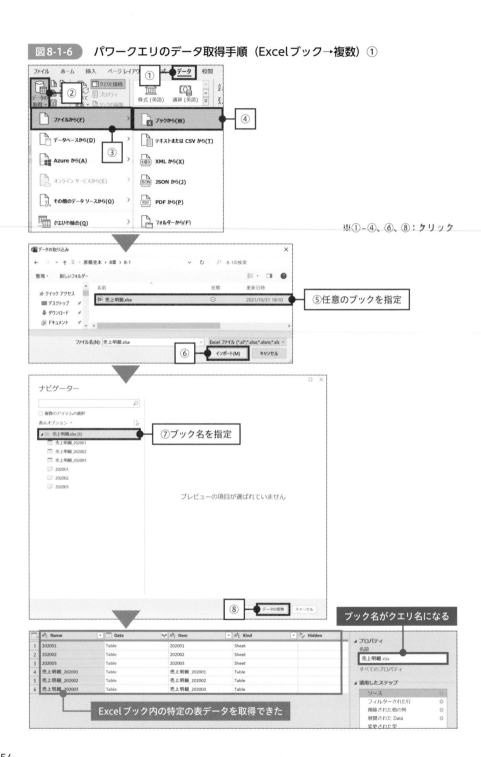

※①～④、⑥、⑧：クリック

⑤任意のブックを指定

⑦ブック名を指定

ブック名がクエリ名になる

Excelブック内の特定の表データを取得できた

手順⑦でテーブルやシートを指定するのではなく、フォルダーアイコン（ブック名）を指定しましょう。

図8-1-7 パワークエリのデータ取得手順（Excelブック→複数）②

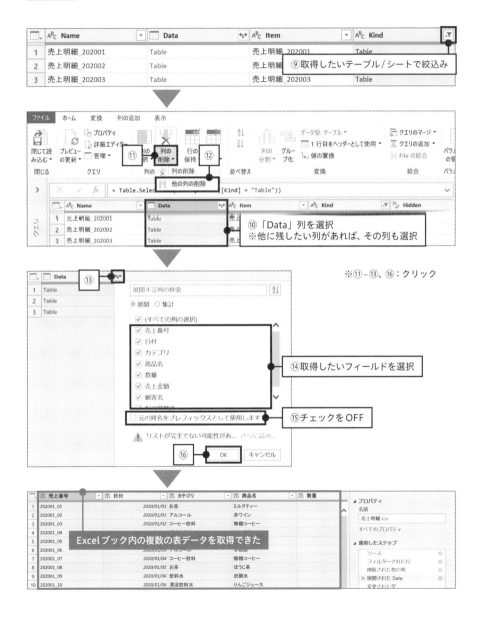

大事なのは手順⑨です。基本的にテーブルかシートのいずれかで抽出する場合は、「Kind」列で任意の方を選択すれば良いです。ただし、特定の名称で抽出したい場合は、「Name」列をテキストフィルターで抽出条件を設定してください。

　特に、指定したExcelブック内でテーブルやシートが順次追加される場合、パワークエリで更新した際にテーブル／シートの追加分も取得対象になるような条件にしておかないと、取得漏れが発生します。

　なお、手順⑬～⑯は「マージ」コマンドと共通です。もし、不要なフィールドがあれば、手順⑭でチェックを外しておきましょう。

　最後に、「テキストまたはCSVから」と「ブックから」共通の注意事項となりますが、一度クエリを設定以降に各ファイルの格納場所やファイル名を変更すると、クエリの更新時にエラーとなります。

　もし、変更が必要な場合は、Power Queryエディターを開き、「ソース」ステップの歯車マークをクリックして最新のフォルダーパス・ファイル名に更新しましょう。

8-2 フォルダー内の複数ファイルの一括取得テクニック

☑️ フォルダー内の複数ファイルのデータを自動的に取得するには、どうすれば良いか

パワークエリなら同一形式の複数ファイルを一括で取得可能

続いて、フォルダー内の複数ファイルのデータ取得に役立つ「フォルダーから」のコマンドについて解説していきます（図8-2-1）。

図8-2-1 パワークエリのデータ取得の主要コマンド（再掲）

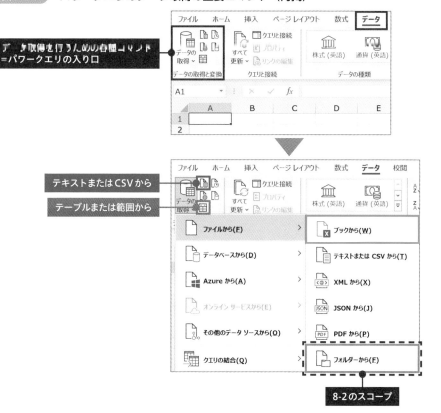

このコマンドは、特定のフォルダーへファイルデータが適宜追加される場合の、データ取得を自動化するのに有効です。

なお、このコマンドを使いやすくするためにも、予めフォルダーに格納するファイルの形式を統一するのはもちろん、そのファイルの中身を同一レイアウトにしておくことをおすすめします。

こちらを実務で行う場合、ファイル形式で頻出なのはCSVファイルとExcelブックの2種類です。それぞれ順番に解説します。

フォルダー内の複数のCSVファイルのデータを取得する

まず、「フォルダーから」で指定するフォルダー配下にCSVファイルを蓄積していく場合です（図8-2-2）。

図8-2-2 データ取得対象のフォルダー例（CSVファイル）

では、こちらのファイルをパワークエリでデータ取得していきましょう。手順は、図8-2-3・8-2-4の通りです。

図8-2-3 パワークエリのデータ取得手順（フォルダー→CSVファイル）①

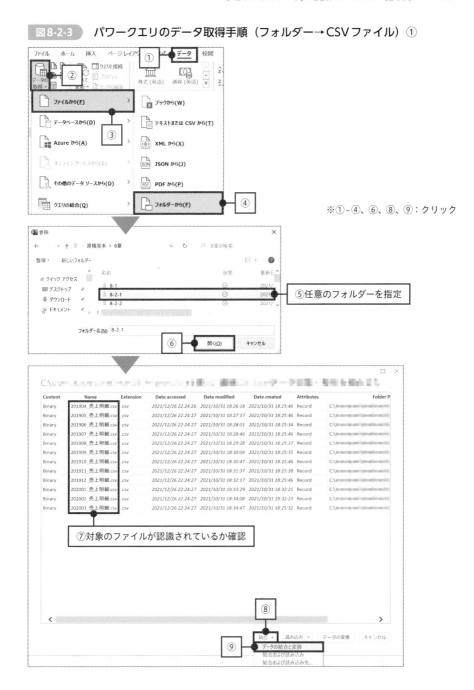

※①~④、⑥、⑧、⑨：クリック

⑤任意のフォルダーを指定

⑦対象のファイルが認識されているか確認

ここまでで、フォルダー配下のファイルがリスト化されます。

図8-2-4　パワークエリのデータ取得手順（フォルダー→CSVファイル）②

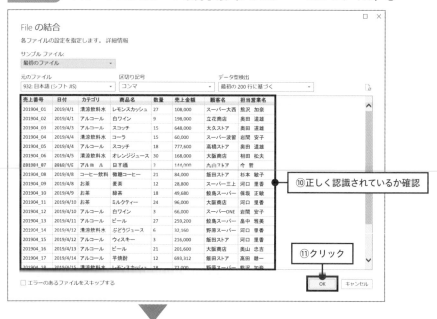

　手順⑩は「サンプルファイル」でプレビューするファイルを切り替えることは
可能ですが、全ファイルをチェックするのは現実的ではないです。試しに1つの
ファイルを見て問題なければ次の手順に進み、取得後のデータで不備がないかを
見た方が早いです。

　ちなみに、「フォルダーから」のコマンドでクエリを生成すると、ヘルパークエ
リが自動生成されます（図8-2-5）。

図8-2-5 フォルダーから取得した場合のクエリイメージ

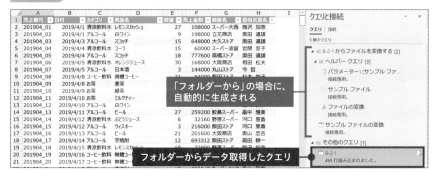

このヘルパークエリはフォルダー配下のファイル情報を取得するためのものです。予備知識程度に知っておいてください。

フォルダー内の複数のExcelブックのデータ取得テクニック

続いて、「フォルダーから」で指定するフォルダー配下にExcelブックを蓄積していく場合です（図8-2-6）。

図8-2-6 データ取得対象のフォルダー例（Excelブック）

この複数のExcelブックを取得していきますが、CSVファイルの時よりも手順が多いです（図8-2-7〜8-2-9）。

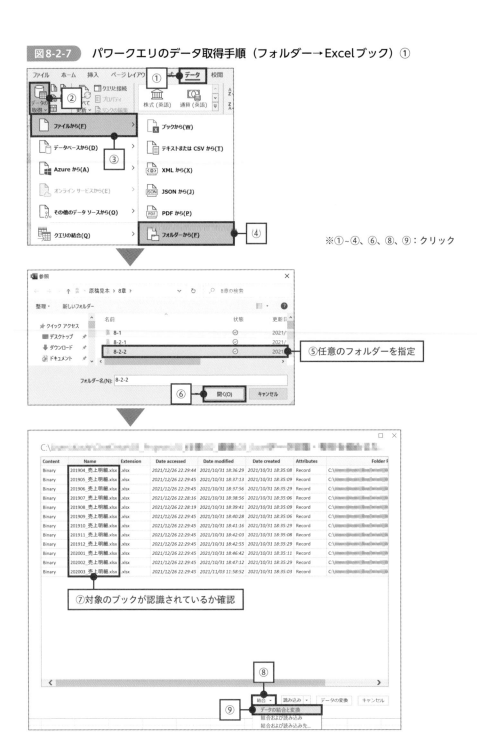

図8-2-7 パワークエリのデータ取得手順（フォルダー→Excelブック）①

※①~④、⑥、⑧、⑨：クリック

⑤任意のフォルダーを指定

⑦対象のブックが認識されているか確認

　ここまではCSVファイルの時と手順は同じです。図8-2-8以降は、「ブックから」で複数テーブル／シートを取得する際（図8-1-6の手順⑦以降）と類似の手順となります。

図8-2-8　パワークエリのデータ取得手順（フォルダー→Excelブック）②

※⑩、⑪：クリック

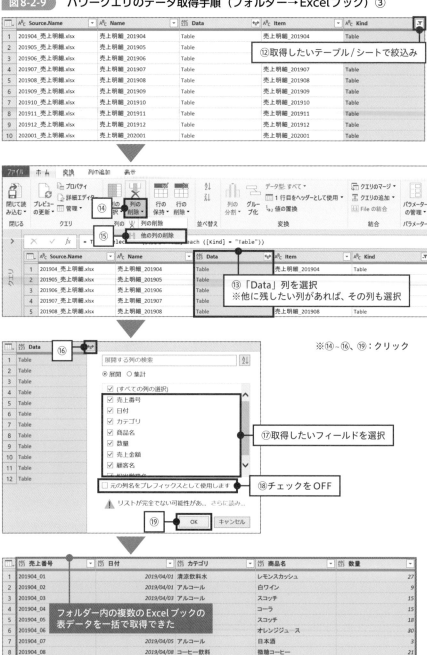

図 8-2-9 パワークエリのデータ取得手順（フォルダー→Excel ブック）③

⑫取得したいテーブル / シートで絞込み

⑭

⑮

⑬「Data」列を選択
※他に残したい列があれば、その列も選択

⑯

※⑭～⑯、⑲：クリック

⑰取得したいフィールドを選択

⑱チェックを OFF

⑲

フォルダー内の複数の Excel ブックの
表データを一括で取得できた

　手順⑬ではExcelブックの中身以外の情報を残せますし、手順⑰でExcelブック内の不要なフィールドは省くことも可能です。よって、CSVファイルの時よりもExcelブックの方が、データ取得時の自由度が高いと言えます。

　なお、「フォルダーから」もクエリを設定以降に指定フォルダーの格納場所やフォルダー名を変更すると、クエリの更新時にエラーとなりますのでご注意ください。

　もし、フォルダーの格納場所やフォルダー名を変更する際は、該当クエリの「ソース」ステップを修正してください（ヘルパークエリ内の「サンプルファイル」クエリの「ソース」ステップも、修正が必要な場合があります）。

8-3 ブック内のシートや フォルダー内のファイルを 一覧化する方法

✓ Excelブック内のシートやフォルダー内のファイルを一覧化するには、どうすれば良いか

「ブックから」の応用でシート一覧を自動作成する

「ブックから」と「フォルダーから」のコマンドは、各配下の複数の表のレコードを収集するだけでなく、応用すればシート名やファイル名を一覧化するといったことも可能です。

まず、「ブックから」を応用してシート一覧を作成したイメージは、図8-3-1の通りです。

図8-3-1 シート一覧のイメージ

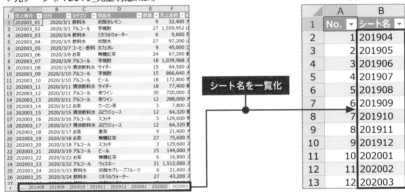

こうした作業は、Excelブック内のシート数が多く、横串計算を行う際に事前準備として行うケースがあります。

従来はVBAを使わないと自動化できませんでしたが、パワークエリはより簡単にシート一覧を作成できます。

手順は、8-1で解説したExcelブック内の複数のデータ取得の場合のものとほぼ同様です（図8-3-2,8-3-3）。

図8-3-2 パワークエリでのシート一覧作成手順①

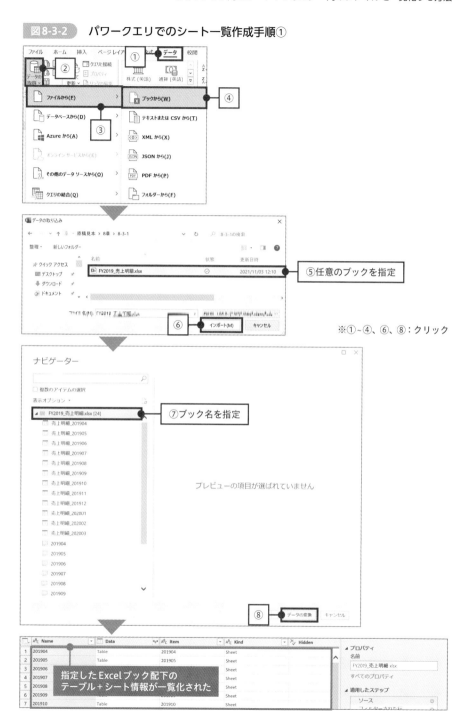

※①～④、⑥、⑧：クリック

⑤任意のブックを指定

⑦ブック名を指定

指定したExcelブック配下の
テーブル＋シート情報が一覧化された

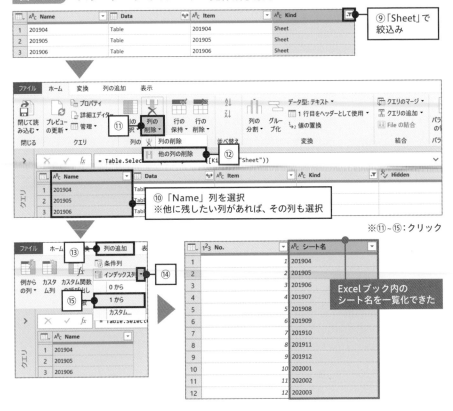

図8-3-3 パワークエリでのシート一覧作成手順②

Excelブック内の複数のデータ取得の手順との相違点は、大きく2つです。1つ目はシート名を取得したいので、手順⑨で「Kind」列を「Sheet」で絞込むことが必須なこと、2つ目は手順⑩で「Name」列が必須になることです（「Data」列は展開しないため削除対象）。

なお、今回は通し番号を振るために手順⑬～⑮でインデックス列を追加していますが、これはお好みで結構です。

「フォルダーから」の応用でファイル一覧を作成するには

続いて、「フォルダーから」を応用した、フォルダー配下のファイル一覧（サブフォルダー配下含む）の作成方法について解説していきます。

ファイル一覧のイメージは、図8-3-4をご覧ください。

図8-3-4 ファイル一覧のイメージ

▼元データ（「8-3-2」フォルダー）

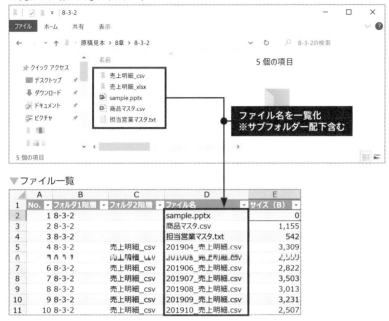

▼ファイル一覧

	A	B	C	D	E
1	No.	フォルダ1階層	フォルダ2階層	ファイル名	サイズ（B）
2	1	8-3-2		sample.pptx	0
3	2	8-3-2		商品マスタ.csv	1,155
4	3	8-3-2		担当営業マスタ.txt	542
5	4	8-3-2	売上明細_csv	201904_売上明細.csv	3,309
6	5	8-3-2	売上明細_csv	201905_売上明細.csv	2,550
7	6	8-3-2	売上明細_csv	201906_売上明細.csv	2,822
8	7	8-3-2	売上明細_csv	201907_売上明細.csv	3,503
9	8	8-3-2	売上明細_csv	201908_売上明細.csv	3,013
10	9	8-3-2	売上明細_csv	201909_売上明細.csv	3,231
11	10	8-3-2	売上明細_csv	201910_売上明細.csv	2,507

　今回は、各ファイルのフォルダーパスとサイズを含めて一覧化することを例に解説していきます。共有フォルダーの容量が一杯でファイル整理を行う際に便利です。手順自体は8-2で解説したものと手順⑦までは一緒ですが、手順⑧から変わります（図8-3-5）。

コラム　ファイルサイズの基礎知識

　ファイルのサイズは、以下5種類を覚えておけば良いでしょう。

・B（バイト）

・KB（キロバイト）＝1,024B

・MB（メガバイト）＝1,024KB

・GB（ギガバイト）＝1,024MB

・TB（テラバイト）＝1,024GB

　上記の通り、単位が上がる度に1,024倍（2の10乗）します（コンピュータは二進法であり、10乗はキリが良いため）。

　なお、一般的に1つのExcelブックなら、KBかMBに納まるサイズです。

図8-3-5 パワークエリでのファイル一覧作成手順①

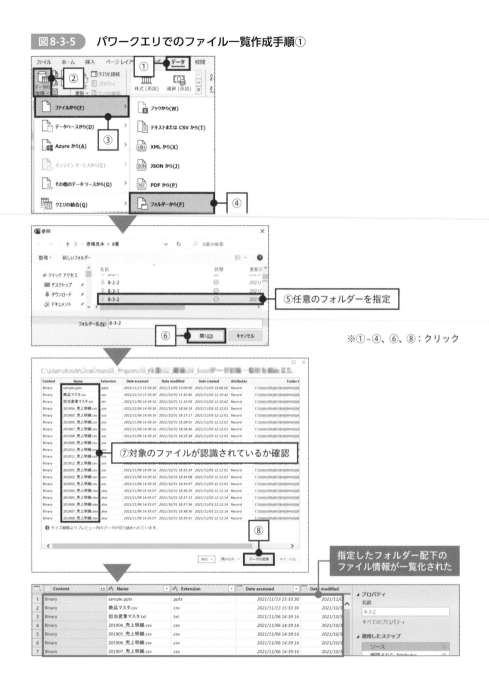

手順⑧は「データの変換」をクリックすることで、フォルダー配下のファイル
情報が一覧化されます。手順⑨以降は、図8-3-6の通りです。

図8-3-6　パワークエリでのファイル一覧作成手順②

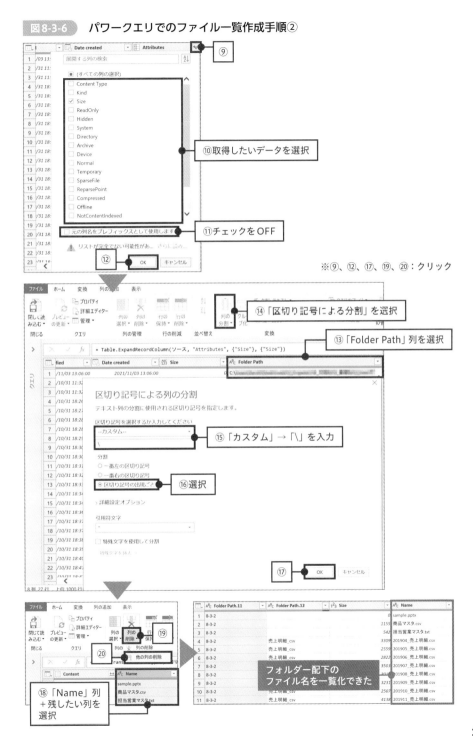

⑨
⑩取得したいデータを選択
⑪チェックをOFF
⑫
※⑨、⑫、⑰、⑲、⑳：クリック

⑭「区切り記号による分割」を選択
⑬「Folder Path」列を選択

区切り記号による列の分割
⑮「カスタム」→「\」を入力
⑯選択
⑰

⑱「Name」列＋残したい列を選択
⑲
⑳

フォルダー配下のファイル名を一覧化できた

手順⑨の「Attributes」列で、任意のファイル情報を展開することが可能です。すべて英語表記で分かりにくいですが、フォルダー上で確認できる情報から展開したいものを選択しましょう（今回は「Size」のみ）。

なお、フォルダーの階層別に集計したい場合は、手順⑬~⑰のように「\」を区切り記号として列を分割すると良いです。

後は、列名やデータ型の変更や、列の並び順を整えればOKです。ここまで終えれば、後はフォルダーの階層別の集計をピボットテーブル等で行えば、どのフォルダーが重いのか特定できます。

図8-3-7 フォルダー階層別の集計例（ピボットテーブル）

今回はファイルのサイズを基準に一覧化しましたが、その他の情報（更新日、拡張子等）を基準にフォルダー配下のファイルの格納先を整理したい場合にも有効なテクニックです。

こうした作業は、VBAで行おうとすると案外複雑なコードになるため、パワークエリで楽に、かつ簡単に対応できるようになりました。

ぜひ、シート名やファイル名を一覧化したい方は試してみてください。

8-4 外部データを取得する Excelブックの受渡し時は 相対パスにする

✓ 外部データ（ファイルやフォルダー）を取得するExcelブックを第三者へ受け渡しする際の注意点はあるか

パワークエリ設定時のパスは固定される

ここまで、パワークエリを設定するExcelブック以外のファイルやフォルダーからデータ取得するテクニックを解説してきましたが、1つ注意点があります。

それは、この設定したExcelブックを第三者へ受渡しする際、データ取得先のパスが固定されてしまい、クエリの更新ができずにエラーになってしまうことです（設定したパスが受渡し先の相手もアクセスできる共有フォルダーの場合を除く）。

この場合、Power Queryエディターの「ソース」ステップの参照先を修正すれば良いですが、受渡し先の相手に対応をお願いできないケースもあるものです。

対策として、ワークシート上のセルの値に合わせて、クエリ上の「ソース」ステップのパスを可変にすることがお手軽です（図8-4-1）。

図8-4-1 ワークシート上のセルの値をパスにするイメージ

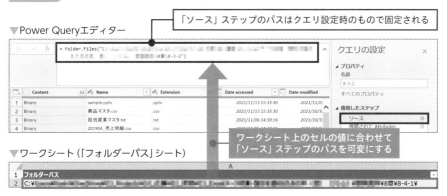

今回は8-3-2のクエリと同内容の、「8-4-1」クエリの「ソース」ステップをワークシート上のセルの値を参照するように修正していきます。

このための事前準備として、クエリが設定されたExcelブック内にパス用のシートとテーブルを作成しましょう（図8-4-2）。

図8-4-2 ワークシート上のセルの値をパスにするための事前準備

これで準備は完了です。後は、「8-4-1」クエリの編集をPower Queryエディター上で行います（図8-4-3）。

図8-4-3 Power Queryエディターの「ソース」ステップの編集方法

▼Power Queryエディター（「8-4-1」クエリ）

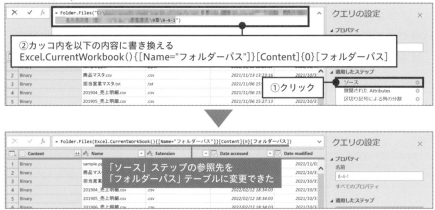

手順②は、数式バー上でダブルクォーテーション（"）からダブルクォーテーション（"）までを図8-4-3に記載の通り、Excelブックの内容を返すM関数「Excel.CurrentWorkbook」の数式に書き換えればOKです（数式バーが非表示の方は、リボン「表示」タブの「数式バー」のチェックをONにしましょう）。

ちなみに、「Excel.CurrentWorkbook」の構文は以下の通りです。

> **Excel.CurrentWorkbook(){[Name="テーブル名"]}[Content]{行番号}
> [列名]**
> 現在のExcelブックの内容を返します。

　図8-4-3の「Excel.CurrentWorkbook」の数式は、「フォルダーパス」テーブルの「フォルダーパス」列の1行目（「行番号」は0始まりのため、1行目＝0）を設定したという意味になります（図8-4-4）。

図8-4-4 Excel.CurrentWorkbookの数式の意味

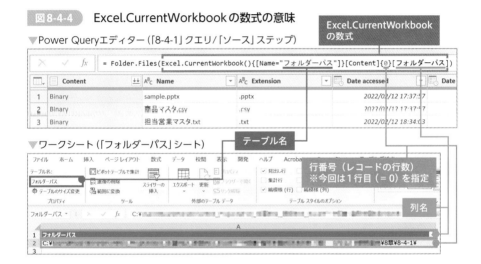

　ここまでで、「8-4-1」クエリのソースを、ワークシート上の「フォルダーパス」テーブルの1行目のセルの値にすることができました。今後はワークシート上の値（A2セル）を変更すれば、クエリ側の参照先のパスも連動して変更されます。

　もし、図8-4-5のエラーが出た場合は、数式が誤っている可能性がありますので、誤りがないかを確認し修正してください。

図8-4-5 Power Query エディターの「Formula.Firewall」エラー

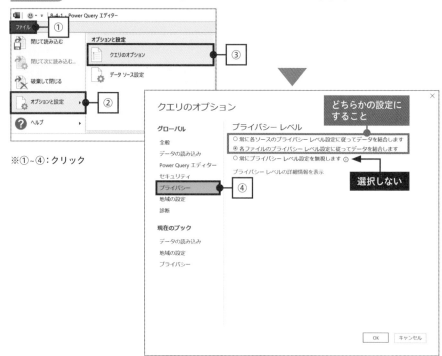

ちなみに、図8-4-3以外の方法でワークシート上のセルの値をパスにしようと
すると、ソースの記述的には誤りがないものの、図8-4-5のエラーが出るケース
もあります。

この場合、プライバシーレベルを下げることでこのエラーを回避することも可
能ですが、これは原則的に行わないようご注意ください。

このプライバシーレベルは、クエリのソースとなる機密情報が外部へ漏洩しな
いよう制限がかかるようになっています。基本的に外部（自分や組織の管理外）
のデータを直接ソースとするクエリを作らない限り問題ないですが、リスク管理
の観点からプライバシーレベルは下げないことをおすすめします。

図8-4-6 「クエリのオプション」のプライバシーレベル確認方法

なお、パワークエリのプライバシーレベルの確認方法は、図8-4-6の通りです。

デフォルトのプライバシーレベルは、真ん中のレベル（各ファイルのプライバシーレベル設定に従ってデータを結合します）になっています。間違っても最後のレベルに変更しないよう、ご注意ください。

ワークシート上でパスを自動取得させるテクニック

ワークシート上のセルの値でクエリ上のパスを可変にできるようにしましたが、さらに受渡し先の手間をかけないために、ワークシート上のセルの値を手修正させずに自動取得させることも可能です。

具体的には、ZIPファイル内のフォルダー（今回は「8-4-2」フォルダー）を格納した場所に応じて、Excelワークシート上で自動的にパスを取得させるというイメージです（図8-4-7）。

図8-4-7 パスの自動取得イメージ

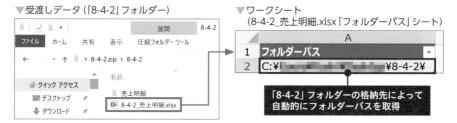

▼受渡しデータ（「8-4-2」フォルダー）

▼ワークシート
（8-4-2_売上明細.xlsx「フォルダーパス」シート）

「8-4-2」フォルダーの格納先によって
自動的にフォルダーパスを取得

こうした格納先に応じて可変となるパスのことを、「相対パス」と言います（反対に、固定されたパスは「固定パス」、もしくは「絶対パス」）。

この相対パス化に役立つのが、関数の「CELL」です。

CELL(検査の種類,[参照])
シートの読み取り順で、参照の最初のセルの書式設定、位置、内容に関する情報を返します。

このCELLは、「検査の種類」を「"filename"」に指定することで、「参照」に指定したセルのフルパスを取得できます（図8-4-8）。

図8-4-8 CELLの使用イメージ

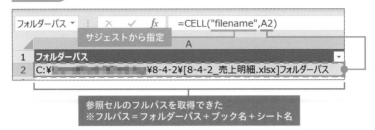

このフルパスからフォルダーパスのみを抽出します。今回は図8-4-9のように
LEFTとFINDを組み合わせてみました。

図8-4-9　LEFT＋FIND＋CELLの組み合わせ例

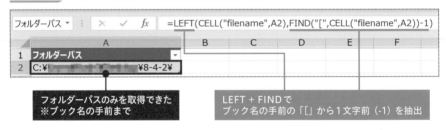

　もし、ファイル名まで含めたパスを取得したい場合は、他の関数を使って角カッ
コ（[]）とシート名を除去しましょう。

　また、OneDriveで共有しているフォルダー上に格納した場合、CELLで取得し
たフルパスがドライブ形式（C:¥〜等）ではなく、URL形式（https://〜）になる
ケースもあります。

　この場合、関数等でドライブ形式に変換するか、OneDrive上の設定でファイル
のOfficeとの同期をOFFにして、フルパスをドライブ形式に戻しましょう（図
8-4-10）。

図8-4-10 OneDriveのファイルのOffice同期OFFの設定手順

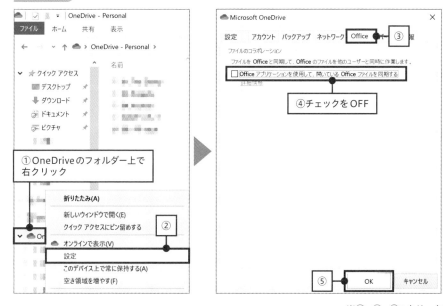

①OneDriveのフォルダー上で
右クリック

②

③

④チェックをOFF

⑤

※②、③、⑤：クリック

8-5 取り込み対象のExcelブックが帳票形式の場合の応用技

☑ 取り込む対象のExcelブックが帳票形式の場合はどうしたら良いか

帳票形式のExcelブックはデータ整形も必要

　ここまでは、基本的に表データとしてまとまっているファイルが取得対象でした。

　ただ、取り込むデータによっては帳票形式のExcelブックの場合もあります。帳票とは、契約や請求、見積等の単一の取引/出来事を記録するものです。

　単体のデータの詳細を確認するには良いですが、複数の帳票のデータを1つのテーブルにまとめるのは大変です。この場合も、パワークエリをうまく工夫することで自動化することが可能です（図8-5-1）。

図8-5-1 複数の帳票をテーブル形式への集約イメージ

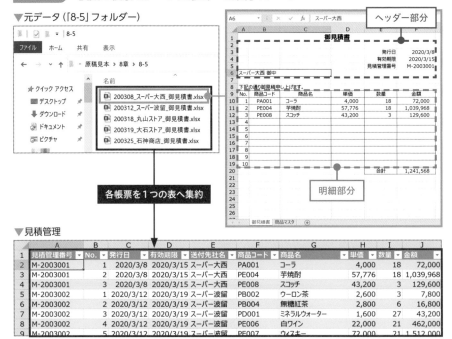

380

8-1,8-2のデータ収集のテクニックに加え、第4〜6章のデータ整形テクニックも複合的に活用していきましょう。

帳票形式のデータ整形は条件列をうまく使うこと

では、具体的にどうパワークエリを使えば良いか、今回は複数の御見積書の明細部分をレコードの単位として集約することを例に解説していきます（帳票のデータ構成によっては、アプローチや使用するコマンドは当然変わります）。

なお、今回は解説済みのテクニックばかりのため、各コマンドの解説は簡略化しています。必要に応じて、過去ページで復習してください。

まず、今回は「8-5」フォルダーからデータ取得を行うため、8-2の図8-2-7,8-2-8の手順⑪までの手順を終えてから、図8-5-2の手順を踏みます。すると、各帳票が縦に並んで展開されます。

図8-5-2 パワークエリの帳票形式→テーブルへの集約手順①

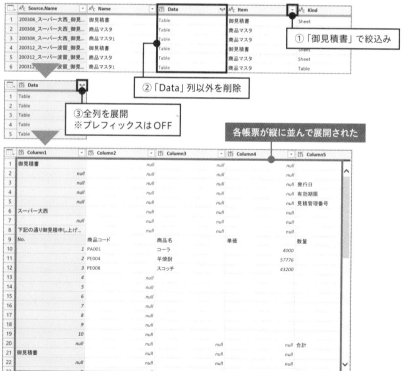

ここからテーブル形式にするために、データ整形を行っていきます。

各レコードが各帳票の何行目かを示す通し番号を振るために、インデックス列＋剰余を活用します（図8-5-3）。

図8-5-3　パワークエリの帳票形式→テーブルへの集約手順②

	n3	ABC 123 Column4	ABC 123 Column5	ABC 123 Column6	1.2 インデックス
1	null	null	null	null	0
2	null	null	null	null	1
3	null	null	発行日	2020/03/08	2
4	null	null	有効期限	2020/03/15	3
5	null	null	見積管理番号	M-2003001	4
6	null	null	null	null	5
7	null	null	null	null	6
8	null	null	null	null	7
9		単価	数量	金額	8
10		4000	18	72000	9
11		57776	18	1039968	10
12		43200	3	129600	11
13				null	12
14				null	13
15				null	14
16				null	15
17				null	16
18				null	17
19				null	18
20	null	null	合計	1241568	19
21	null	null	null	null	0
22	null	null	null	null	1

④インデックス列を追加（0始まり）
⑤「20」で除算した剰余を計算

手順⑤は、各帳票が20行あるために「20」で除算しています。続いて、各帳票のヘッダー部分にある「発行日」、「有効期限」、「見積管理番号」を条件列で新たな列として追加していきます（図8-5-4）。

コラム　インデックス列＋剰余のコツ

インデックス列＋剰余の組み合わせはデータ整形の上で頻出のテクニックなので、ぜひ覚えてください。コツは、インデックス列→剰余の結果、0始まりの通し番号になるように設定値を変更することです。

データに応じて、インデックス開始の値、あるいは剰余で除算する値でうまく調節しましょう。

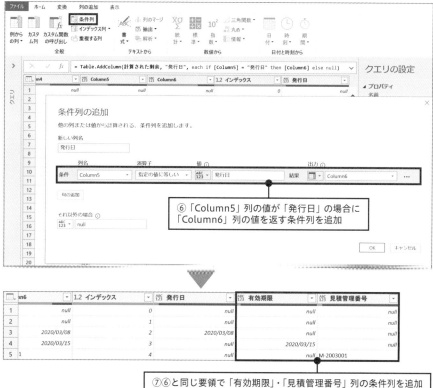

図8-5-4 パワークエリの帳票形式→テーブルへの集約手順③

⑥「Column5」列の値が「発行日」の場合に「Column6」列の値を返す条件列を追加

⑦⑥と同じ要領で「有効期限」・「見積管理番号」列の条件列を追加

　この3つのデータは「Column5」列にデータの見出し的な情報があるために条件として設定できましたが、「Column1」列にある御見積書の送付先の会社名は見出し的な情報がありません。

　この場合は、図8-5-3で追加したインデックスを目印に条件列で列追加をしましょう（図8-5-5）。

図8-5-5　パワークエリの帳票形式→テーブルへの集約手順④

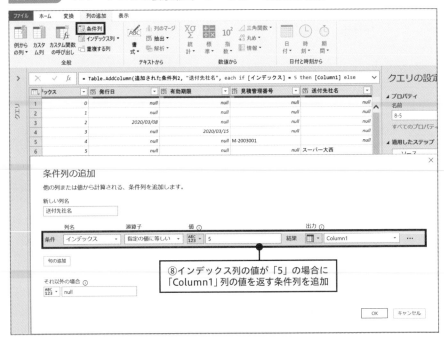

ここまでで各帳票のヘッダー部分の情報はすべて列追加できたため、追加した各列をフィルで下方向へコピーしましょう（図8-5-6）。

図8-5-6　パワークエリの帳票形式→テーブルへの集約手順⑤

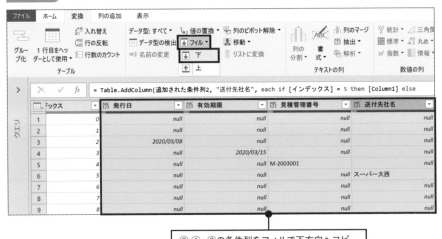

こうしておくことで、不要なレコードを削除しても残った各レコードに条件列で返された値が入った状態になります。

この準備ができたため、図8-5-7でフィルター操作を行い、不要なレコードを削除していきます。

図8-5-7 パワークエリの帳票形式→テーブルへの集約手順⑥

	筋 No.	筋 商品コード	筋 商品名	筋 単価	筋 数量
1	1	PA001	コーラ	4000	
2	2	PE004		57776	
3	3	PE008	⑫「null」以外で絞込み	43200	
4	1	PB002	ウーロン茶	2600	
5	2	PB004	無糖紅茶	2800	
6	3	PD001	ミネラルウォーター	1600	
7	4	PE006	白ワイン	22000	
8	5	PE007	ウィスキー	72000	
9	1	PB001	緑茶	2760	
10	2	PB004	無糖紅茶	2800	
11	3	PD004	炭酸水グレープフルーツ	3600	
12	1	PD003	炭酸水レモン	3600	
13	2	PE001	ビール	9600	
14	3	PE005	赤ワイン	24000	
15	1	PD001	ミネラルウォーター	1600	
16	2	PD003	炭酸水レモン	3600	

　手順⑩では、各帳票のヘッダー部分のレコードをフィルターで除外し、さらに手順⑫では明細部分のブランクの行を「null」以外でフィルターを掛けることで、各帳票の明細部分のレコードのみを残すことが可能です。

　ここまでできたら、後は各列のデータ型を変更の上、任意のデータ読み込み先を設定すれば完了です。

　このように、帳票形式のデータはヘッダー部分の項目情報、もしくはインデックスを条件にして条件列で列追加していくと、テーブル形式へ整形できます。後はケースによって、第6章のようなレイアウト変更のテクニックを応用すると良いでしょう。

> **コラム** **帳票が必要な場合は、テーブル→帳票の流れが最も効率的**
>
> もし、帳票が含まれるExcelブックの編集や運用をコントロールできるのであれば、入力する場所をテーブル（イメージは図8-5-1の集約後のものを参照）に一元化することがベターです。その方が入力者も入力しやすいですし、8-5で解説したデータ収集の作業自体も不要になります。
>
> なお、帳票の情報自体は、印刷等のデータ共有前に「見積管理番号」等の主キーを変えればテーブルの情報が転記されるように、本来の入力欄にVLOOKUP等を設定しておくと良いでしょう（明細部分の情報は「見積管理番号」＋「No.」等の複数条件で転記）。
>
> このように、データの流れをテーブル→帳票にした方が、全体的な効率は劇的にアップします。
>
> ちなみに、それぞれのExcelブックで入力せざるを得ない場合であれば、各ブック内に入力用のシート（テーブル）を用意し、その入力値を帳票に反映するようにしておきましょう。
>
> そして、データ収集の対象を帳票ではなく、入力用シートにすることで、8-1で解説したテクニックでもデータ収集できるようになります。その方が、パワークエリの設定工数も断然減ります。
>
> なるべく一連の作業が楽になるようにデータの持ち方や運用を設計することが何より大事です。参考にしてみてくださいね。

取り込んだ複数種類のテーブルを連携し一元化する

✓ 別ファイルに分かれている複数テーブルは、どうすれば一緒に集計できるか

ワークシート以外でも複数のテーブルは一元化が可能

複数テーブルをパワークエリで取得→一元化したい場合、結果的にワークシートの104万行を超えるとしたらどうしますか？

図8-6-1　別ファイルに分かれた複数テーブルの例

▼8-6-1_売上明細.xlsx

	A	B	C	D	E
1	売上番号	日付	商品コード	数量	社員番号
2	201904_01	2019/4/1	PA006	27	E0004
3	201904_02	2019/4/1	PE006	9	E0007
4	201904_03	2019/4/3	PE008	15	E0007
5	201904_04	2019/4/4	PA001	15	E0014
6	201904_05	2019/4/4	PE008	18	E0007
7	201904_06	2019/4/5	PA003	30	E0017
8	201904_07	2019/4/5	PE002	3	E0006
9	201904_08	2019/4/8	PC002	21	E0020
10	201904_09	2019/4/8	PB003	12	E0010
11	201904_10	2019/4/9	PB001	18	E0019

▼商品マスタ.csv

	A	B	C	D	E
1	商品コード	カテゴリ	商品名	販売単価	原価
2	PA001	清涼飲料水	コーラ	4000	600
3	PA002	清涼飲料水	サイダー	4300	580
4	PA003	清涼飲料水	オレンジジュー	5600	1180
5	PA004	清涼飲料水	ぶどうジュース	5360	1776
6	PA005	清涼飲料水	りんごジュース	6000	2540
7	PA006	清涼飲料水	レモンスカッシ	4000	500
8	PB001	お茶	緑茶	2760	500
9	PB002	お茶	ウーロン茶	2600	400
10	PB003	お茶	麦茶	2400	430
11	PB004	お茶	無糖紅茶	2800	500

▼担当営業マスタ.txt

```
担当営業マスタ.txt - メモ帳
ファイル(F) 編集(E) 書式(O) 表示(V) ヘルプ(H)
社員番号　部署名　担当者名
E0001　営業4部　守屋　聖子
E0002　営業5部　笠井　福太郎
E0003　営業5部　金野　栄蔵
E0004　営業1部　熊沢　加奈
E0005　営業3部　川西　泰雄
E0006　営業3部　今　哲
E0007　営業5部　奥田　道雄
E0008　営業5部　高田　耕一
E0009　営業3部　矢部　雅美
E0010　営業5部　河口　里香
```

この場合、複数テーブルでリレーションシップ（テーブル間を主キーで連携させること）を設定し、仮想的に1つの表にした上でデータモデルに追加すると良いです。

データモデルとは、Excelブック内の新しい格納先だと思ってください。データを圧縮して格納できるため、従来のExcelワークシート以上のデータ数を扱うことができ、仕様上の1テーブルあたりで管理可能なレコード上限数は約20億（1,999,999,997）です。

なお、リレーションシップを設定する際は、どのようにテーブル間を関連付けるかの設計が大事です。一般的なのは、「スタースキーマ」という星形にテーブル間を連携させていくモデルです（図8-6-2）。

図8-6-2 リレーションシップのイメージ（スタースキーマ）

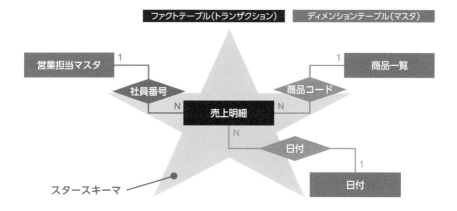

星形の中心に位置するのが「ファクトテーブル（またはトランザクション）」です。こちらがベースとなるテーブルであり、出来事の記録を更新していくためにレコードが順次増えていくものです。

そして、周辺にあるのが「ディメンションテーブル（またはマスタ）」です。各主キーの一意のデータを管理するテーブルであり、データ集計/分析時の切り口にもなります。

この2種類のテーブルの関係性は、各テーブルをつなぐ主キーの線のつなぎ目にある「1」と「N」でも判別できます（「1」は一意、「N」は複数）。「1」はディメンション、「N」がファクトになります。

こうしたテーブル間の連携をさせることで、全体のデータ量を最小化でき、ディメンションのメンテナンスもしやすく、データ集計/分析の速度向上も期待できます。

なお、その恩恵を受けるためにも、ファクトとディメンションで重複するフィールドは、ファクト側を削除しておきましょう。

複数テーブルの連携を設定する方法

このリレーションシップを設定する前に、事前準備として関連するテーブルすべてをクエリで取得し、そのクエリの読み込み先の設定時にデータモデルへ追加しておきましょう（図8-6-3）。

図8-6-3 リレーションシップ設定前の事前準備

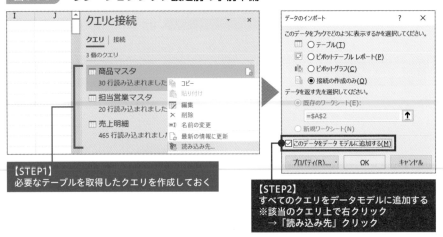

準備が終わったら、テーブル間の組み合わせの数だけリレーションシップを設定していきます。すべてのパターンを完了したイメージは、図8-6-4です。リレーションシップの設定手順は、図8-6-5をご覧ください。

図8-6-4　すべての連携の設定完了イメージ

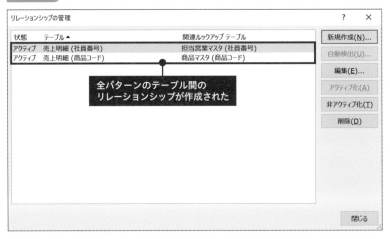

もし、途中で設定を誤った場合、もしくは後で連携パターンが変更された場合は修正や削除を行いましょう（図8-6-6）。

図8-6-5 リレーションシップの設定手順

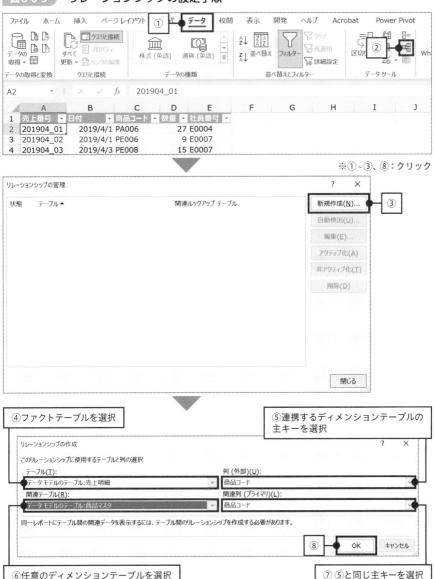

※①~③、⑧：クリック

④ファクトテーブルを選択

⑤連携するディメンションテーブルの主キーを選択

⑥任意のディメンションテーブルを選択

⑦⑤と同じ主キーを選択

図8-6-6　　リレーションシップの修正方法

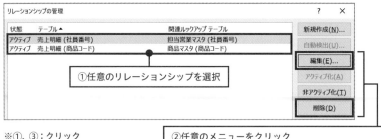

※①、③：クリック

②任意のメニューをクリック
※「編集」は「リレーションシップの編集」ダイアログが起動

▼上記更新が反映されない場合

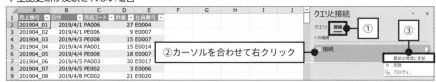

リレーションシップの設定状況をチェックするには

　リレーションシップを設定したら、Power Pivotウィンドウの「ダイアグラム ビュー」という機能で確認しましょう（図8-6-7）。

　このように、データモデルに格納したデータの確認や編集はPower Pivotウィンドウで行うと覚えておいてください。データモデルに格納したテーブルへ列を 追加し、テーブル間の計算や処理を行うといった「計算列」という前処理も可能 です（本書では割愛）。

　なお、データモデルを元データとし、日付を切り口に集計/分析を行う場合、次 の要件を満たす日付テーブルの準備が必要です。

> ・データ型が「日付」、もしくは「日付/時刻」の列（日付列）が必要
> ・日付列は1年分以上の連続した日付が必要（すべて一意かつ空白なし）
> ・日付テーブルは日付テーブルとしてマークされていることが必要

　いくつか方法はありますが、簡単なのはPower Pivotウィンドウ上の「日付テー ブル」コマンドです（図8-6-8）。

図8-6-7 ダイアグラムビューの確認手順

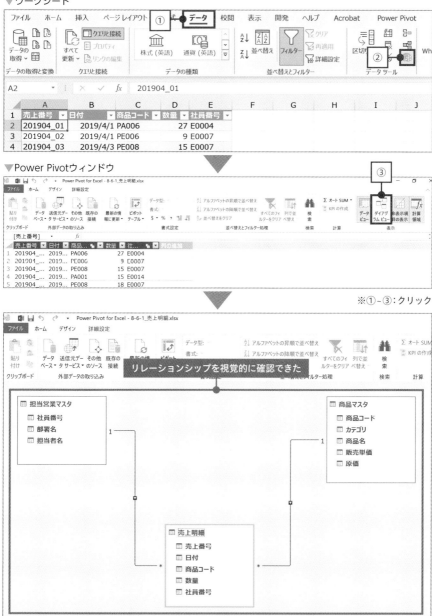

▼ワークシート

▼Power Pivotウィンドウ

※①～③：クリック

リレーションシップを視覚的に確認できた

図8-6-8 Power Pivotウィンドウでの日付テーブルの作成方法

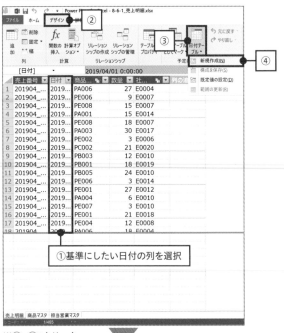

①基準にしたい日付の列を選択

※②～④：クリック

①の前後の期間に対応した日付テーブルを
自動的に生成できた
※テーブル名は「予定表」

　これだけで、先のすべての要件を満たしたテーブルを瞬時に作成できます。なお、この日付テーブルはリレーションシップまでは自動で設定されないため、追加で設定が必要です。この設定は、ダイアグラムビュー上でも簡単に行うことが可能です（図8-6-9）。

図8-6-9　ダイアグラムビュー上のリレーションシップ設定方法

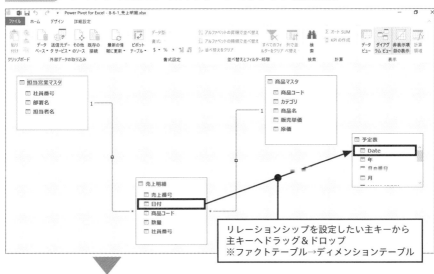

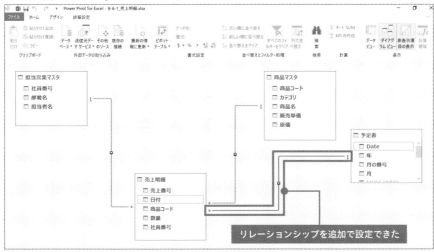

今回は「日付テーブル」の場合の方法を解説しましたが、営業日等の情報も必要な場合、ワークシート上で上記要件を満たした日付テーブルを作成し、予めクエリ取得及びリレーションシップを設定しておいても問題ないです。ただし、「日付テーブルとしてマーク」だけは追加で必須となりますので、ご注意ください（図8-6-10）。

図8-6-10　「日付テーブルとしてマーク」の設定方法

①日付テーブルの主キーとなる日付の列を選択

チェックが付いていればOK

※②~④：クリック

　なお、データモデルの集計/分析はピボットテーブルで行います。データモデルをデータソース（元データ）としたピボットテーブルのことを、「パワーピボット」と言います。

　挿入時点でのピボットテーブルとの違いは、図8-6-11の手順③で選択する部分が「このブックのデータモデルを使用する」になる点です。

　その他、パワーピボットでは既存のピボットテーブルの機能の一部（集計フィールドや日付/時刻を除くグループ化等）が使用不可となる一方、「メジャー」という計算や処理を行う機能を新たに設定することが可能です。

　このメジャーとPower Pivotウィンドウの「計算列」は、いずれもDAX（ダックス）というパワーピボット専用の関数を用いて設定します。ご興味のある方は、別の書籍やネット検索等で勉強してみてください。

図8-6-11 パワーピボットの集計イメージ

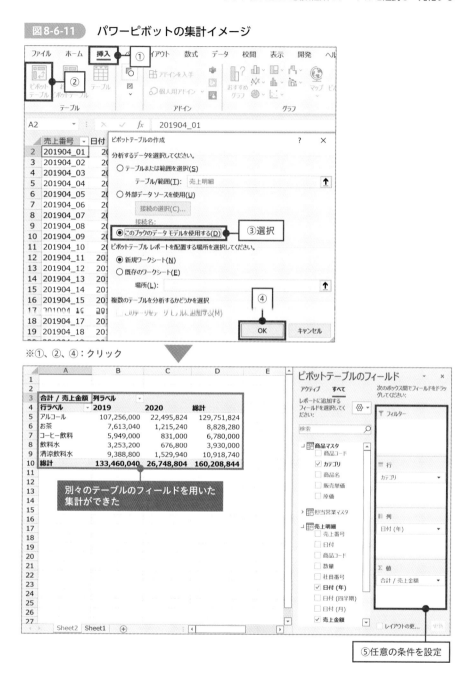

※①、②、④：クリック

別々のテーブルのフィールドを用いた
集計ができた

⑤任意の条件を設定

商品マスタの CSVファイルを取得する

サンプルファイル：【8-A】商品マスタ.xlsx

パワークエリでCSVファイルの表データを取得する

ここでの演習は、8-1で解説したCSVファイルの取得の復習です。

今回は別ファイルの「商品マスタ.csv」のデータを取得し、サンプルファイルの「Sheet1」シートへ読み込ませましょう。

結果として、図8-A-1の状態になればOKです。

図8-A-1	演習8-Aのゴール

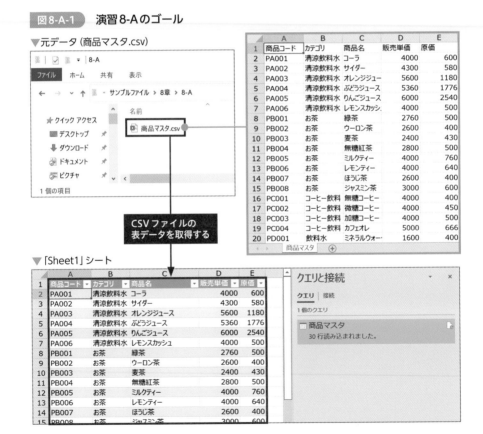

「テキストまたはCSVから」でCSVファイルのデータを取得する

パワークエリでCSVファイルのデータを取得する場合は、「テキストまたはCSVから」のコマンドを活用します。

詳細の手順は、図8-A-2の通りです。

図8-A-2 パワークエリのデータ取得手順（CSVファイル）

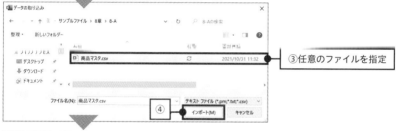

③任意のファイルを指定

※①、②、④、⑥：クリック

⑤正しく認識されているか確認

ファイル名が
クエリ名になる

CSVファイルの
表データを取得できた

399

実務では、必要に応じてこの後に必要なデータ整形のステップを登録していけばOKです。

最後に、この結果を既存ワークシートの「Sheet1」へ読み込ませれば完了です（図8-A-3）。

図8-A-3 パワークエリのデータ読み込み先設定手順（既存ワークシート）

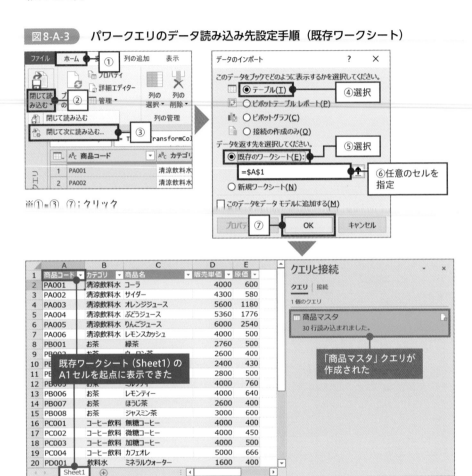

演習 8-B

売上明細のExcelブックの 複数シートをすべて取得する

サンプルファイル：【8-B】2019_4Q_売上明細.xlsx

パワークエリでExcelブック内の複数シートの表データを取得する

ここでの演習は、8-1で解説した別ブック内の複数シートのデータ取得を復習します。

今回は別ファイルの「売上明細.xlsx」の「202001」・「202002」・「202003」の3シートのデータを取得し、サンプルファイルの「Sheet1」シートへ読み込ませましょう。

図8-B-1の状態がゴールです。

図8-B-1 演習8-Bのゴール

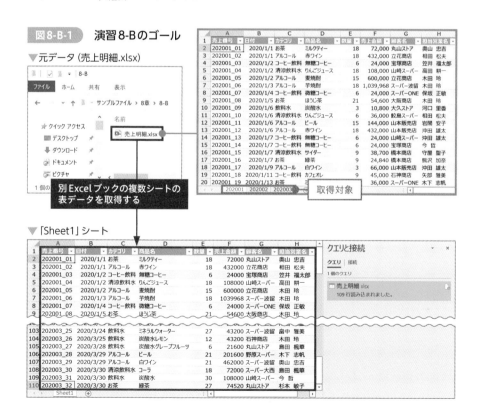

「ブックから」で別のExcelブックのデータを取得する

パワークエリで別のExcelブックを取得する場合は、「ブックから」のコマンドを活用します（図8-B-2）。

今回は複数シートを取得するため、手順⑦でブック名を指定しています。

ここから希望のデータを絞込んだ上で展開していきましょう。詳細な手順は、図8-B-3をご覧ください。

大事なのは手順⑨です。基本的にテーブルかシートのいずれかで抽出する場合は、「Kind」列で任意の方を選択すれば良いですが、特定の名称で抽出したい場合は「Name」列をテキストフィルターで抽出条件を設定してください。

その際、指定したExcelブック内でテーブルやシートが順次追加されても、取得漏れが発生しない条件にするよう留意しましょう。

最後に、データ型の変更等、必要なデータ整形のステップを登録の上、既存ワークシートの「Sheet1」へ読み込ませれば完了です。

> **コラム** **フィルターのチェックボックスで選択するとどうなるか**
>
> 本書では、8-Bでの手順⑨等で、特定の名称で抽出したい場合はテキストフィルターで設定するよう何度も記載しておりますが、なぜチェックボックスでの設定ではダメなのでしょうか？
>
> それは、チェックボックスで設定すると、「指定の値と等しい」という条件になるためです。
>
> 例えば、月ごとにシートが増えていくブックを取り込む際、現時点で4~6月分があるとしましょう。この場合、4～6月のシートにチェックを入れると、「4～6月のシートと等しい」という条件となり、7月以降のシートを取得できません。よって、テキストフィルターで、「指定の値を含む」や「指定の値から始まる」等でデータが追加されても問題ない条件にしておく必要があるのです。

図8-B-2 パワークエリのデータ取得手順（Excelブック→複数）①

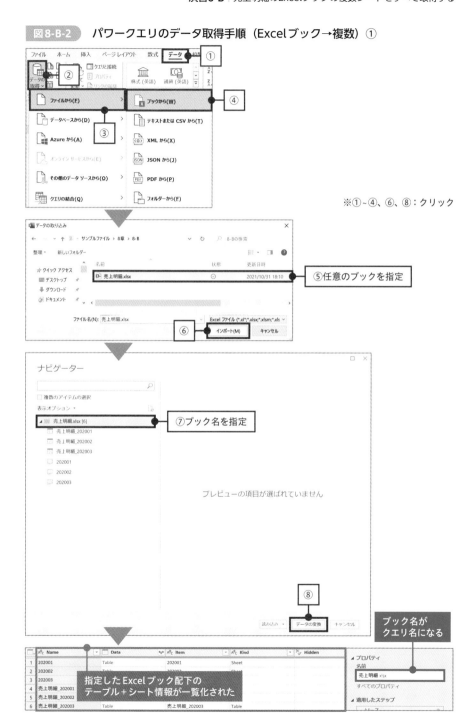

⑤任意のブックを指定

※①～④、⑥、⑧：クリック

⑦ブック名を指定

ブック名が
クエリ名になる

指定したExcelブック配下の
テーブル＋シート情報が一覧化された

図8-B-3 パワークエリのデータ取得手順（Excelブック→複数）②

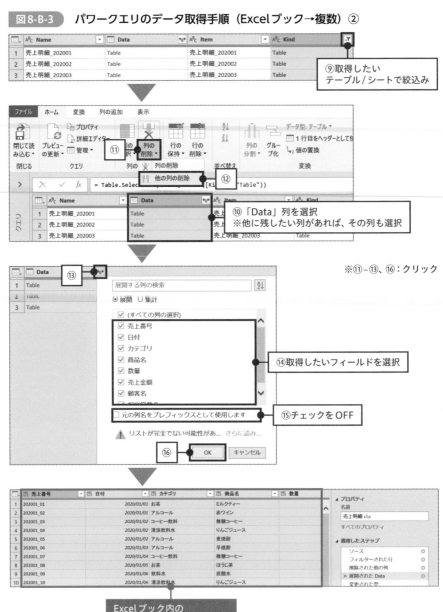

⑨取得したい
テーブル／シートで絞込み

⑩「Data」列を選択
※他に残したい列があれば、その列も選択

※⑪～⑬、⑯：クリック

⑭取得したいフィールドを選択

⑮チェックをOFF

Excelブック内の
複数の表データを取得できた

指定フォルダー内の
CSVファイルを一括で取得する

サンプルファイル：【8-C】FY2019_売上明細.xlsx

パワークエリでフォルダー内の複数ファイルの表データを取得する

　ここでの演習は、8-2で解説したフォルダー内の複数ファイルのデータ取得を復習します。

　今回は「8-C」フォルダー内のすべてのCSVファイルのデータを取得し、サンプルファイルの「Sheet1」シートへ読み込ませましょう。

　最終的に、図8-C-1の状態になればOKです。

図8-C-1　演習8-Cのゴール

▼元データ（「8-C」フォルダー）

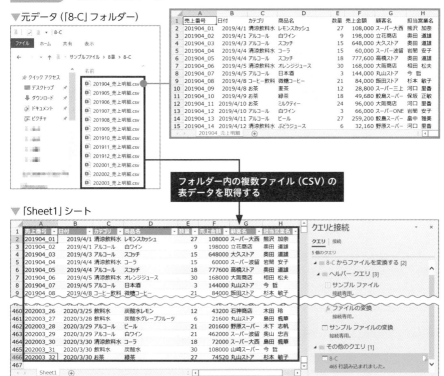

フォルダー内の複数ファイル（CSV）の
表データを取得する

▼「Sheet1」シート

「フォルダーから」で複数のCSVファイルのデータを取得する

パワークエリでフォルダー内の複数ファイルのデータを取得する場合は、「フォルダーから」のコマンドを活用します。

手順は、図8-C-2・8-C-3の通りです。

図8-C-2 **パワークエリのデータ取得手順（フォルダー→CSVファイル）①**

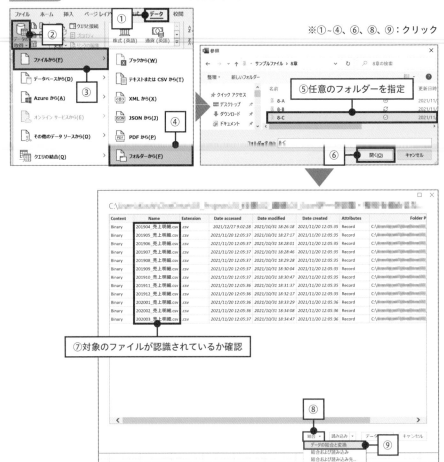

図8-C-3　パワークエリのデータ取得手順（フォルダー→CSVファイル）②

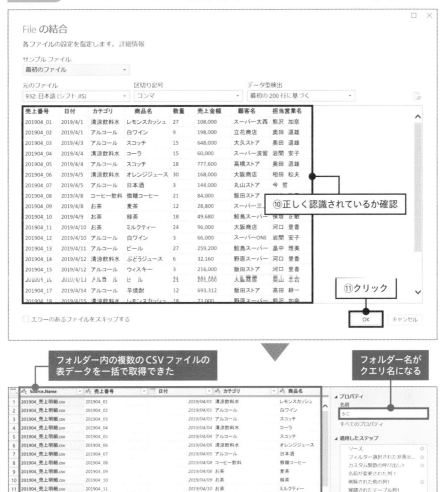

手順⑩は試しに1つのファイルを見て問題なければ次の手順に進み、取得後の
データで不備がないか確認しましょう。

最後に、データ型の変更等、必要なデータ整形のステップを登録の上、既存ワー
クシートの「Sheet1」へ読み込ませて完了です。

第 9 章

「神エクセル」でも、
順序を踏めば「使えるデータ」へ
収集/整形できる

ここまで、第1〜8章で解説してきた各種前処
理テクニックをフルに活用すれば、実務上の頻
出ケースにはほぼ対応できるはず。もちろんそ
れは、巷で問題視される「神エクセル」と呼ば
れるような複雑な元データであっても同様です。

　本書の締めくくりである第9章では、神エク
セル等の「元データが複雑な場合」の対処法に
ついて解説していきます。

統計データの「サービス業基本調査」の前処理を行う

☑ 統計データの前処理を行うには、どうすれば良いか

統計データの中には複雑な元データがある

ここまで学んできた数々のテクニックの締めくくりとして、第9章では複雑な元データの前処理について解説していきます。

まず、その代表例として挙げられるのが、統計局のデータです。

統計局のデータもブラウザ上でダッシュボード的に確認できるようになる等、以前と比べると利活用しやすく改善された印象を受けますが、データによっては未だに扱いにくいものもあります。

業務内容によって、統計データを自身のビジネスに活用したいケースもあり得ますので、どのように前処理を行えば良いか、「サービス業基本調査」を例に解説していきましょう（図9-1-1）。

図9-1-1 統計データの例（サービス業基本調査）

▼e-Stat（総務省統計局ホームページ）　　▼サービス業基本調査 第3表（調査年月：2004年）

出典：「サービス業基本調査」（総務省統計局）ホームページ

統計データの特徴と前処理のポイント

統計データに限らずですが、大事なのはデータの特徴（構成）を把握することです。今回の「サービス業基本調査」の場合なら、図9-1-2のような特徴があります。

図9-1-2 データの特徴（サービス業基本調査 第3表/z03.xls）

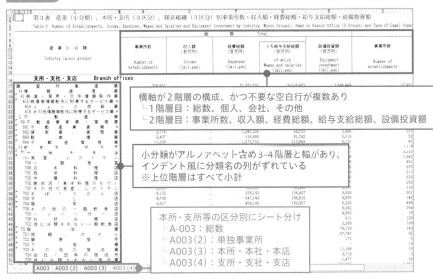

このデータを1枚のテーブル形式の表へ集約していきましょう。なお、その作業はパワークエリで行っていきますが、データ収集部分は第8章、データ整形部分は第4~6章で解説したテクニックを組み合わせれば対応が可能です。

詳細な手順は9-2で解説していきますが、今回の元データをテーブル形式に集約する際のポイントは、図9-1-3の通りです。

今回は複数シートありますので、それらを1テーブルに集約し、かつ総計（総数）や小計といった重複するデータは省きます。

また、元データの小分類は最大4階層ですが、項目によっては3階層までしかないこともあるため、今回はAfterのレコード単位を3階層と定めます。

後は、第6章のレイアウト変更同様に横軸を縦方向に並べるといった作業を行えば完了です。

図9-1-3　複数シートの統計データ→テーブル形式への集約イメージ

▼Before（サービス業基本調査 第3表）

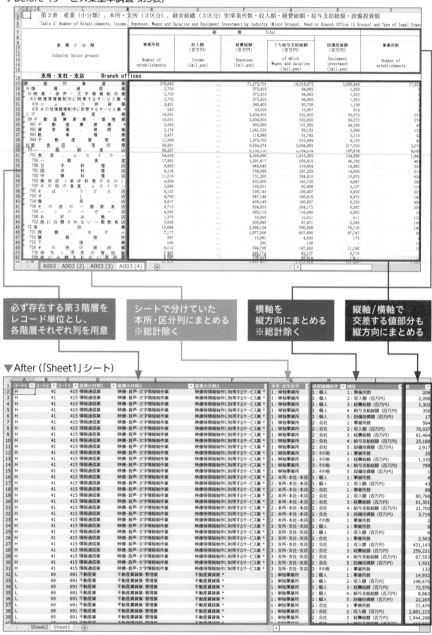

▼After（「Sheet1」シート）

必ず存在する第3階層を
レコード単位とし、
各階層それぞれ列を用意

シートで分けていた
本所・区分列にまとめる
※総計除く

横軸を
縦方向にまとめる
※総計除く

縦軸/横軸で
交差する値部分も
縦方向にまとめる

9-2 統計データもデータ収集＋レイアウト変更テクニックの合わせ技で対処できる

✓ 統計データの前処理を行う際の具体的な手順はどうなるか

【STEP1】不要な行列データを削除し、行列の入れ替えを駆使する

では、実際に「サービス業基本調査」をパワークエリで前処理を行う手順を解説します。私が行った作業結果が、図9-2-1です。

図9-2-1 複数シートの統計データ→テーブル形式への集約手順全体像

ステップ数が多いため、全体を3つのステップに分割して解説しますが、基本的には解説済みのテクニックのため、各コマンドの解説は簡略化しています。必要に応じて、過去ページで復習してください。

まずSTEP1ですが、「サービス業基本調査」は単独のブックかつ複数シートのため、図8-1-6の手順でブック全体を取り込んでから図9-2-2の手順に進んでください。

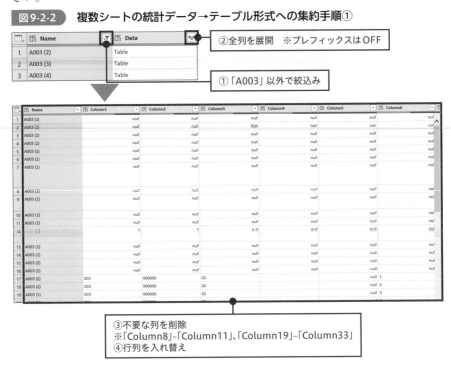

図9-2-2　複数シートの統計データ→テーブル形式への集約手順①

②全列を展開　※プレフィックスはOFF

①「A003」以外で絞込み

③不要な列を削除
※「Column8」~「Column11」、「Column19」~「Column33」
④行列を入れ替え

手順②は、9-1で解説した通り「A003」は「総数」を示すシートで不要なため除外しておきます。手順③も各シートの「総数」等の不要な列を先に削除しておくことで、後工程のデータ量を先に減らします。

今回は横軸が複数階層のため、図6-3-9のように手順④で行列を入れ替え、元々見出し行の部分へ必要な整形作業を行います（図9-2-3）。

図9-2-3 複数シートの統計データ→テーブル形式への集約手順②

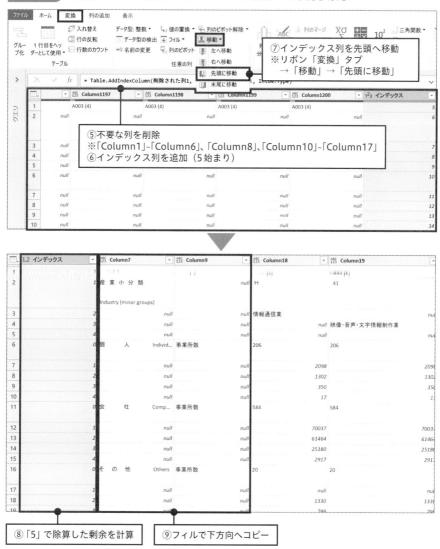

⑦インデックス列を先頭へ移動
※リボン「変換」タブ
　→「移動」→「先頭に移動」

⑤不要な列を削除
※「Column1」~「Column6」、「Column8」、「Column10」~「Column17」
⑥インデックス列を追加（5始まり）

⑧「5」で除算した剰余を計算

⑨フィルで下方向へコピー

　ここでのポイントは手順⑥と⑧です。元データにあった横軸2階層目の項目名が、「事業所数」以外が「null」扱いになっていたため、「インデックス列」＋「剰余」で項目名の通し番号を割り当てました。

　続いて、元データの横軸1階層目を綺麗な値に置換したら、列をマージして再度行列を入れ替えます（図9-2-4）。

図9-2-4 複数シートの統計データ→テーブル形式への集約手順③

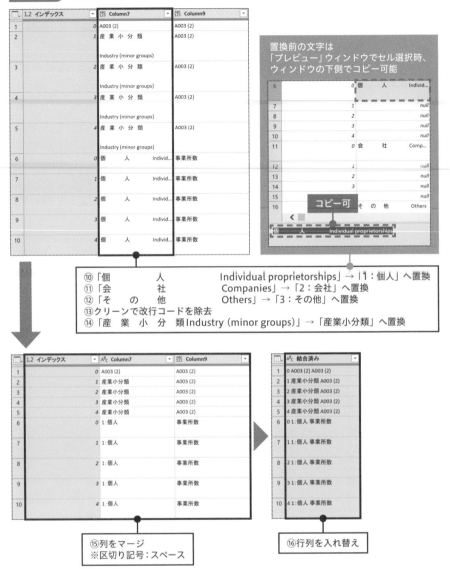

⑩「個　　　　人　　　　　　　Individual proprietorships」→「1：個人」へ置換
⑪「会　　　　社　　　　　　　Companies」→「2：会社」へ置換
⑫「そ　　の　　他　　　　　　Others」→「3：その他」へ置換
⑬クリーンで改行コードを除去
⑭「産　業　小　分　類Industry (minor groups)」→「産業小分類」へ置換

⑮列をマージ
※区切り記号：スペース

⑯行列を入れ替え

　置換後の値に「1：」等の番号を振っておくと、後で並べ替えする際に便利です。

【STEP2】列の追加やフィル、フィルターで必要レコードのみ残す

元の行列に戻ったら、続いてSTEP2です。

ここで行うのは、「カスタム列」・「条件列」を活用し、小分類のコードの階層別に列を用意します。こうすることで、元々列が別になっている小分類項目名と合わせることが可能です。手順は図9-2-5の通りです。

図9-2-5 複数シートの統計データ→テーブル形式への集約手順④

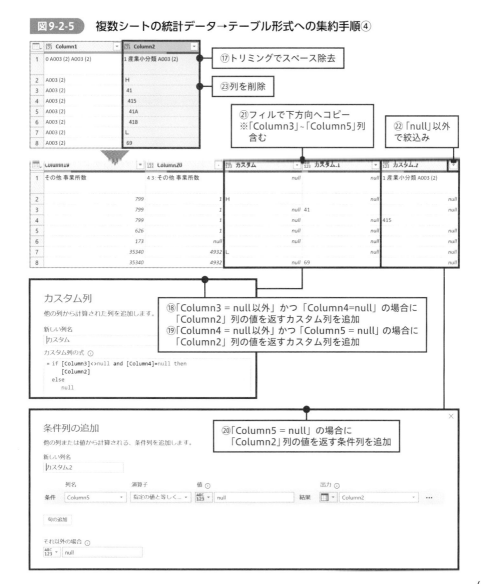

⑰トリミングでスペース除去

㉓列を削除

㉑フィルで下方向へコピー
※「Column3」~「Column5」列含む

㉒「null」以外で絞込み

⑱「Column3 = null以外」かつ「Column4=null」の場合に「Column2」列の値を返すカスタム列を追加
⑲「Column4 = null以外」かつ「Column5 = null」の場合に「Column2」列の値を返すカスタム列を追加

㉑「Column5 = null」の場合に「Column2」列の値を返す条件列を追加

なお、手順㉒で「null」以外で絞込みを行うことで、3階層目のレコードのみを残しています。後は、「カスタム列」・「条件列」の元になった「Column2」列は不要になったので削除します（手順㉓）。

　続いて、3階層のレコードで各項目（「事業所数」等）の列のいずれかで数値があるものだけを残したいため、各項目列に数値があるかの判定用の作業列を追加します（図9-2-6）。

図9-2-6 複数シートの統計データ→テーブル形式への集約手順⑤

　手順㉔は、手順㉖のフィルター時に本来ヘッダー用のレコードまで削除しないように先に行っています。手順㉖のフィルター後、作業列（「結合済み」列）は不要なため削除します（手順㉗）。

【STEP3】列のピボットを解除し、データを整える

最後にSTEP3です。

数値の列のピボット解除し、元々横軸だった部分を縦方向に並べていきましょう（図9-2-7）。

図9-2-7 複数シートの統計データ→テーブル形式への集約手順⑥

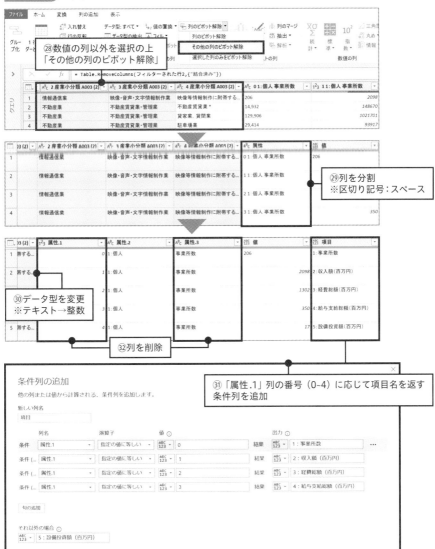

手順⑥⑧で割り当てた番号を元に、手順㉛で項目名に返すことができました。
なお、「条件列」で数値を条件にする際、データ型が「テキスト」だとエラーになるため、事前に手順㉚で「整数」へ変更しています。

そして、役目を終えた「属性.1」・「属性.3」列は削除します（手順㉜）。

続いて「条件列」を活用し、元データのシート名に応じて本所・支所区分を追加します（図9-2-8）。

図9-2-8　複数シートの統計データ→テーブル形式への集約手順⑦

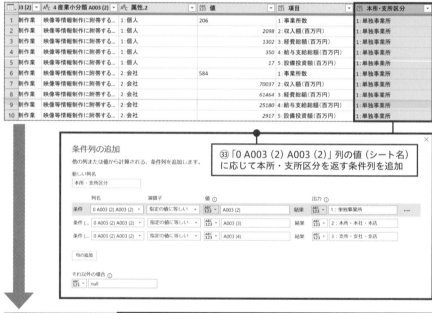

　手順㉞で列の並べ替えをしたら、役目を終えた「0 A003（2）A003（2））」（シート名があった列）は削除しましょう（手順㉟）。

　最後に列名やデータ型の変更、行の並べ替え等でデータを綺麗に整え、任意の読み込み先へ出力すれば完了です（図9-2-9）。

図9-2-9　複数シートの統計データ→テーブル形式への集約手順⑧

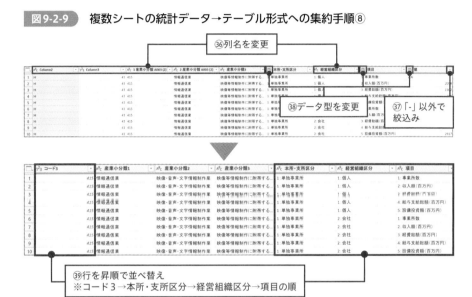

　なお、レコードによっては「-」が混在しているものもあったため、手順㊲で省きました。後は、お好みで項目名を列表示したい場合は、「列のピボット」で横軸に並べても良いでしょう。

　このように、複雑な統計データでも今までのテクニックを駆使すれば、綺麗で使いやすいデータに整えることが可能です。

第9章　「神エクセル」でも、順序を踏めば「使えるデータ」へ収集／整形できる

神エクセルの複数帳票を前処理するには

☑ 神エクセルの前処理を行うには、どうすれば良いか

最も扱いに困る元データが「神エクセル」の帳票

最後の題材として、元データが「神エクセル」の帳票だった場合に、どう前処理を行っていくかを解説していきます。

まず、神エクセルとは図9-3-1のようなものを指します。

図9-3-1 「神エクセル」の帳票の例（利用申込書）

セルの高さ/幅を狭め、方眼紙状にし、セル結合を多用している

神エクセルの定義は諸説ありますが、以下3点の要素が含まれるものだと解釈してください。

1. セルの高さ/幅を狭め、方眼紙状にしている
2. 紙に印刷しても良いように、セル結合等で見栄えを整えている
3. データの再利用を想定した設計になっていない

特に問題なのが、2と3の要素です。神エクセルの「神」は、元々「紙」から転じたネットスラングですが、実際はデータのままで入力させるケースもあり、この帳票だと入力、メンテナンスのいずれの工程も非効率になるため、大いに問題視されています。

もちろん、データ収集 / 整形の前処理も非常に手間がかかります。

「神エクセル」の帳票の特徴と前処理のポイント

では、神エクセルの帳票の例として、今回扱う「利用申込書」の特徴を整理しましょう（図9-3-2）。

図9-3-2 「神エクセル」の帳票の特徴（利用申込書）

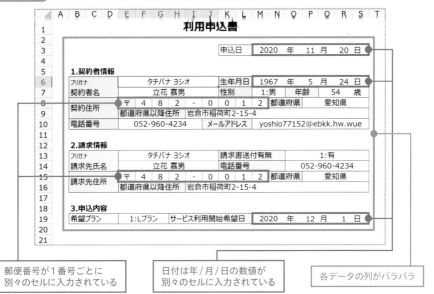

郵便番号が1番号ごとに別々のセルに入力されている

日付は年 / 月 / 日の数値が別々のセルに入力されている

各データの列がバラバラ

このように、データの位置（列）がバラバラかつ、データによっては分割されてしまっていることが分かりました。

こうした帳票が複数あるとした場合、1枚のテーブル形式の表へ集約していく必要があります。基本的なイメージは、8-5で解説したテクニックと似ています。

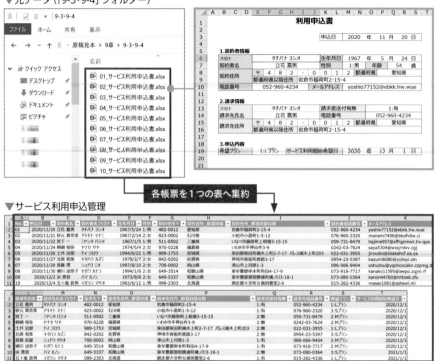

図9-3-3 「神エクセル」の複数帳票→テーブル形式への集約イメージ

▼元データ（「9-3・9-4」フォルダー）

各帳票を1つの表へ集約

▼サービス利用申込管理

今回は1つの帳票につき、1レコードとしてまとめていきます。

各帳票の各データは、集約後のテーブルで列単位に整理すればOKです。詳細
な手順は9-4で解説していきます。

神エクセルは
「条件判定」のフル活用が
キーポイント

✓ 神エクセルの前処理を行う際の具体的な手順はどうなるか

【STEP1】不要な列データを削除しつつ、条件判定の前準備を行う

　ここからは、神エクセルの複数帳票をパワークエリで前処理を行う手順を解説します。私が行った作業結果が、図9-4-1です。

図9-4-1　「神エクセル」の複数帳票→テーブル形式への集約手順全体像

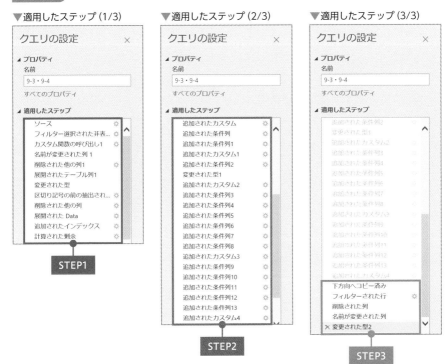

　今回もステップ数が多いため、全体を3つのステップに分割して解説します（各コマンドの解説は、必要に応じて過去ページで要復習）。

まずはSTEP1ですが、今回は「9-3・9-4」フォルダー配下の複数のExcelブック（利用申込書）が対象のため、図8-2-7,8-2-8の手順を終えてから、図9-4-2の手順に進んでください。

図9-4-2 「神エクセル」の複数帳票→テーブル形式への集約手順①

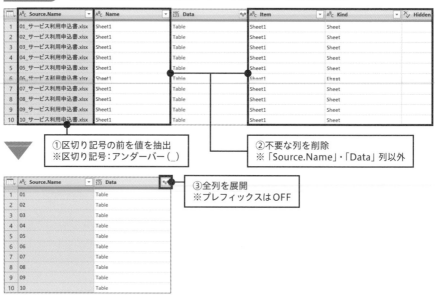

今回は、手順①でブック名から通し番号を抽出しましたが、通し番号の要素がない場合は「インデックス列」等を活用しましょう（この通し番号が、最終的なテーブル上の通し番号になります）。

続いて、ブック名の通し番号とは別に、作業用として各レコードが各帳票の何行目かを示す通し番号も振っていきましょう。そのために、「インデックス列」＋「剰余」を活用します（図9-4-3）。

図9-4-3　「神エクセル」の複数帳票→テーブル形式への集約手順②

④インデックス列を追加（0始まり）

= Table.ExpandTableColumn(削除された他の列, "Data", {"Column1", "Column2", "Column3", "Column4", "Column5",

⑤「19」で除算した剰余を計算

手順⑤は、今回の各帳票は19行あるために「19」で除算しています。

【STEP2】「条件列」・「カスタム列」で 点在するデータを列単位に整理する

事前準備が終わったら、続いてSTEP2です。

ここでは、点在する各データを列単位にまとめていきますが、活用するのは「条件列」と「カスタム列」です。

いずれも共通するのは、条件判定の基準は各データの左側にある見出し的な情報か、手順⑤で割り当てたインデックス（0~18）です。そして、条件に当てはまらない場合は、すべて「null」にしましょう。

まず、「申込日」から「性別」までは、以下の条件で列を追加します（図9-4-4）。

図9-4-4 「神エクセル」の複数帳票→テーブル形式への集約手順③

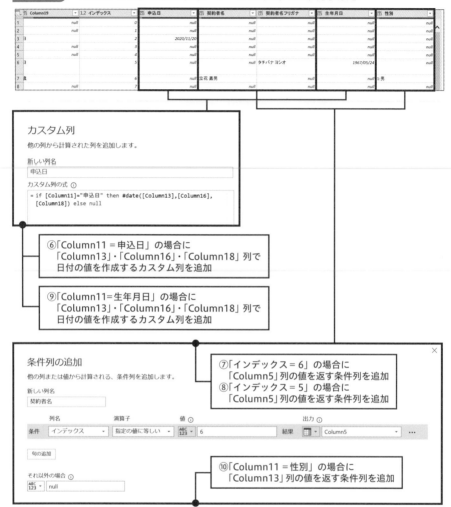

手順⑥⑨は、セルが年/月/日でセルが分かれているため、「#date」を活用しています（詳細は4-5参照）。

次に、残りの契約者情報の列も追加していきます（図9-4-5）。

なお、「〒」は各番号が1セルずつ分かれているため、「Text.Combine」というM関数で文字を連結します（手順⑫）。

> **Text.Combine(テキスト値,[区切り記号])**
> 一連のテキスト値を1つのテキスト値に連結します。

図9-4-5 「神エクセル」の複数帳票→テーブル形式への集約手順④

⑪データ型を変更
※すべて→テキスト
※「Column6」~「Column13」列

⑬「Column14 = 都道府県」の場合に
「Column16」列の値を返す条件列を追加
⑭「Column5 = 都道府県以降住所」の場合に
「Column9」列の値を返す条件列を追加
⑮「Column2 = 電話番号」の場合に
「Column5」列の値を返す条件列を追加
⑯「Column10 = メールアドレス」の場合に
「Column13」列の値を返す条件列を追加

⑫「Column5 = 〒」の場合に
「Column6」~「Column13」列の値を
連結するカスタム列を追加

カスタム列
他の列から計算された列を追加します。

新しい列名
契約住所〒

カスタム列の式 ⓘ

```
= if [Column5]="〒" then
    Text.Combine({[Column6],[Column7],[Column8],[Column9],
            [Column10],[Column11],[Column12],[Column13]})
  else
    null
```

ちなみに、「Text.Combine」は対象データが「テキスト」のデータ型でないとエラーになるため、手順⑪で事前にデータ型を変更しています。

続いて、同じ要領で請求情報の列も追加していきます（図9-4-6）。

図9-4-6 「神エクセル」の複数帳票→テーブル形式への集約手順⑤

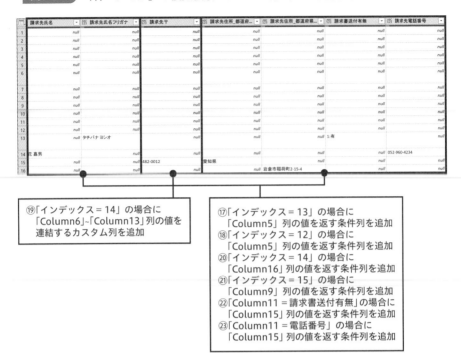

⑲「インデックス = 14」の場合に
「Column6」~「Column13」列の値を
連結するカスタム列を追加

⑰「インデックス = 13」の場合に
「Column5」列の値を返す条件列を追加
⑱「インデックス = 12」の場合に
「Column5」列の値を返す条件列を追加
⑳「インデックス = 14」の場合に
「Column16」列の値を返す条件列を追加
㉑「インデックス = 15」の場合に
「Column9」列の値を返す条件列を追加
㉒「Column11 = 請求書送付有無」の場合に
「Column15」列の値を返す条件列を追加
㉓「Column11 = 電話番号」の場合に
「Column15」列の値を返す条件列を追加

　STEP2の最後に、申込内容の列も追加していきます（図9-4-7）。

　手順㉕が日付なので「#date」を使いますが、その対象の「Column13」列が手順⑪によりデータ型が「テキスト」になっているため、M関数の「Number. FromText」で「整数」に変換しています。

> **Number.FromText(テキスト値)**
> 一般的なテキスト形式から数値を作成します。

　手順㉕の数式の通り、ワークシート上の関数と同様にM関数も複数の関数をネストすることが可能です。

図9-4-7　「神エクセル」の複数帳票→テーブル形式への集約手順⑥

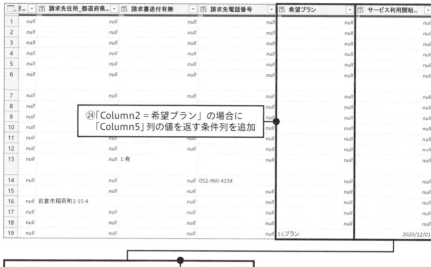

㉔「Column2＝希望プラン」の場合に
「Column5」列の値を返す条件列を追加

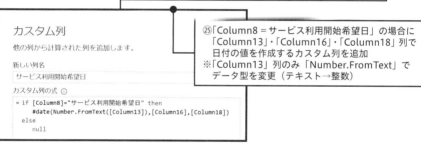

カスタム列

他の列から計算された列を追加します。

新しい列名

サービス利用開始希望日

カスタム列の式 ⓘ

```
= if [Column8]="サービス利用開始希望日" then
    #date(Number.FromText([Column13]),[Column16],[Column18])
  else
    null
```

㉕「Column8＝サービス利用開始希望日」の場合に
「Column13」・「Column16」・「Column18」列で
日付の値を作成するカスタム列を追加
※「Column13」列のみ「Number.FromText」で
データ型を変更（テキスト→整数）

【STEP3】必要なレコードのみ残し、データを整える

最後にSTEP3です。

STEP2で追加した列をすべてフィルで下方向へコピーし、各帳票の最終行のみ
で絞り込み、必要なレコードのみ残しましょう（図9-4-8）。

第9章

「神エクセル」でも、順序を踏めば「使えるデータ」へ収集／整形できる

図9-4-8　「神エクセル」の複数帳票→テーブル形式への集約手順⑦

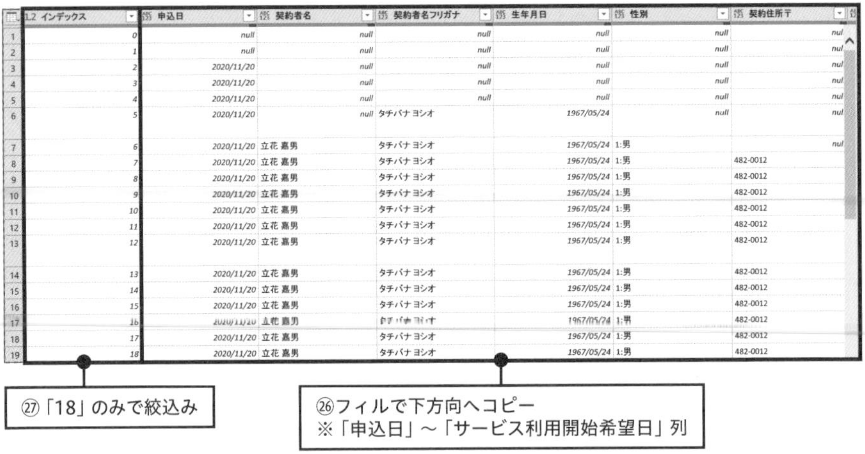

	インデックス	申込日	契約者名	契約者名フリガナ	生年月日	性別	契約住所〒
1	0	null	null	null	null	null	nul
2	1	null	null	null	null	null	nul
3	2	2020/11/20	null	null	null	null	nul
4	3	2020/11/20	null	null	null	null	nul
5	4	2020/11/20	null	null	null	null	nul
6	5	2020/11/20	null	タチバナ ヨシオ	1967/05/24	null	nul
7	6	2020/11/20	立花 嘉男	タチバナ ヨシオ	1967/05/24	1:男	nul
8	7	2020/11/20	立花 嘉男	タチバナ ヨシオ	1967/05/24	1:男	482-0012
9	8	2020/11/20	立花 嘉男	タチバナ ヨシオ	1967/05/24	1:男	482-0012
10	9	2020/11/20	立花 嘉男	タチバナ ヨシオ	1967/05/24	1:男	482-0012
11	10	2020/11/20	立花 嘉男	タチバナ ヨシオ	1967/05/24	1:男	482-0012
12	11	2020/11/20	立花 嘉男	タチバナ ヨシオ	1967/05/24	1:男	482-0012
13	12	2020/11/20	立花 嘉男	タチバナ ヨシオ	1967/05/24	1:男	482-0012
14	13	2020/11/20	立花 嘉男	タチバナ ヨシオ	1967/05/24	1:男	482-0012
15	14	2020/11/20	立花 嘉男	タチバナ ヨシオ	1967/05/24	1:男	482-0012
16	15	2020/11/20	立花 嘉男	タチバナ ヨシオ	1967/05/24	1:男	482-0012
17	16	2020/11/20	立花 嘉男	タチバナ ヨシオ	1967/05/24	1:男	482-0012
18	17	2020/11/20	立花 嘉男	タチバナ ヨシオ	1967/05/24	1:男	482-0012
19	18	2020/11/20	立花 嘉男	タチバナ ヨシオ	1967/05/24	1:男	482-0012

㉗「18」のみで絞込み
㉖フィルで下方向へコピー
※「申込日」～「サービス利用開始希望日」列

最後に、不要な列（各帳票の元からあった列＋「インデックス」）の削除や列名/データ型の変更を行い、データを綺麗に整えた上で任意の読み込み先へ出力すれば完了です（図9-4-9）。

一部新たなM関数は使いましたが、ここまで解説したテクニックを駆使すれば、神エクセルでも対処可能なことが分かったかと思います。

他にも、各データの座標（何行目、何列目か）を一覧化し、それを基準に前処理を行う方法もあります。

こちらの方が難易度は高いですが、興味があれば「神エクセル パワークエリ」等のキーワードでネット検索してみてください。

図9-4-9 「神エクセル」の複数帳票→テーブル形式への集約手順⑧

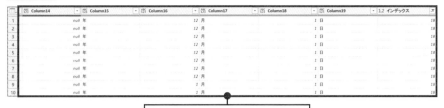

㉘不要な列を削除
※「Column1」~「インデックス」列

㉙列名を変更
※「Source.Name」→「No.」

㉚データ型を変更
※リボン「変換」タブ→「データ型」で
複数列のデータ型をまとめて変更可能

コラム **パワークエリを調べる際は、Microsoft 社の公式サイトを参照しよう**

　M 関数等、パワークエリ関連の調べものをネットで行う際は、Microsoft Docs 等の Microsoft 社公式のサイトから確認しましょう。少々分かりにくい部分もありますが、信頼のおける公式情報を確認してから、不足する部分を書籍やネット等で補完する、という流れが学習を行う上で確実です。

　これは、本書で詳細説明を割愛したパワーピボットも同様です。パワークエリ＋パワーピボットのモダン Excel はまだ関連書籍も少ないため、公式情報は必ず確認しておきましょう。

おわりに

　本書では、データ収集/整形/加工といったExcelの前処理に関する各種テクニックを、実務の頻出なケース別に解説してきました。手作業から始まり、関数・パワークエリを活用した自動化まで幅広く取り上げましたが、まずは各テクニックの有効さ・便利さについて、ご理解いただけたのではないでしょうか。

　なお、本書のテクニックをすべて覚える必要はありません。まず行っていただきたいのは、「あなたの」実務でどのケースが該当しそうか選定することです。

　次に、そのケースを自動化するための関数かパワークエリのテクニックを、とにかく実務で使い倒してください。練習と実践では得られる経験値が断然異なります。実践でうまく行かない場合、本書に立ち返り、そのテクニック自体の理解が浅かったのか、それとも他のテクニックで解決できないか等、ぜひ試行錯誤をしてください。

　Excelのスキルアップは、いかにこうした試行錯誤を繰り返したかが如実に関係していきます。それは、試行錯誤の中で各機能に対する理解が深まるからです。そうした積み重ねをしていくと、あなたの実務上で起こり得る各ケースに最適なExcel機能を使いこなせるようになっていきます。つまり、Excelを良いとこ取りで使いこなせるようになるというわけです。

　結果、あなたのExcelの前処理の作業時間は圧倒的に削減できているはずです。それこそが、まさに本書を通じてあなたにたどり着いていただきたいゴールです。

　前処理時間の削減で生まれた時間や精神的ゆとりを、そもそもの目的であるデータ集計/分析の方に割り当て、成果創出へつなげてください。

　なお、データ集計/分析に自信がない方は、本書の兄弟本『Excelでできるデータの集計・分析を極めるための本』を参考にしていただくことをおすすめします。

　ぜひ本書を通じて、あなたのデータの前処理スキルをレベルアップさせてください。そして、前処理の作業時間の削減につなげてください。

　本書がその一助になれたなら、これに勝る喜びはありません。

索引

◎著者紹介

森田 貢士 (もりた こうし)

通信会社勤務の現役会社員。BPO（ビジネス・プロセス・アウトソーシング）サービスに15年以上従事。通信/金融/製造/運輸/官公庁等のさまざまな業界のクライアント企業のカスタマーサポート、バックオフィスセンターの業務設計/立上げ、運用管理を経験。

クライアントや業務内容が異なる環境下で、各センターの採算管理やKPIマネジメント（生産性/品質向上）、スタッフ管理、CS調査・ES調査のデータ集計/分析等の各業務にExcelを試行錯誤しながら活用し、Excelに関するノウハウを蓄積。

会社員と並行しながら、自身の実務経験で得たExcelのノウハウをコンテンツ化し、ブログ（月間15万PV以上）、メルマガ（読者3,000名以上）、YouTube（登録者2,000名以上）、出版、講座等でExcelスキルを高めたい方向けにノウハウを提供中。

▼ブログ　　　▼メルマガ　　　▼YouTube

カバーデザイン：坂本真一郎（クオルデザイン）

本文デザイン・DTP：有限会社 中央制作社

パワークエリも関数もぜんぶ使う！
Excelでできるデータの収集・整形・加工を極めるための本

2022年 3月10日　初版第1刷発行
2024年10月 2日　初版第4刷発行

著者　　森田 貢士
発行人　片柳 秀夫
編集人　志水 宣晴
発行　　ソシム株式会社
　　　　https://www.socym.co.jp/
　　　　〒 101-0064　東京都千代田区神田猿楽町 1-5-15 猿楽町 SS ビル
　　　　TEL：(03)5217-2400（代表）
　　　　FAX：(03)5217-2420

印刷・製本　　中央精版印刷株式会社